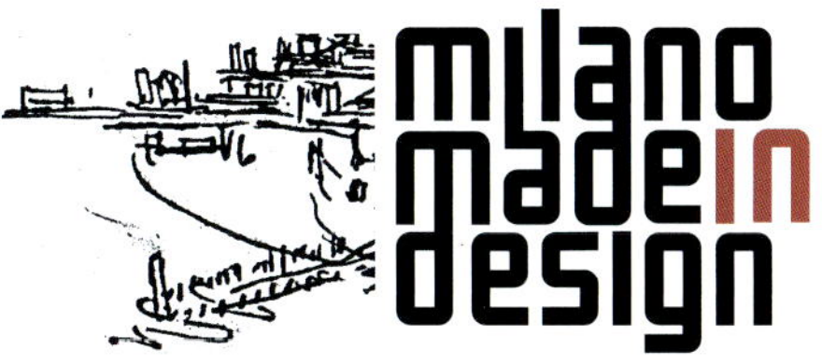
milano
made in
design

AF477118

milanomadeindesign

1st stop May 19 - June 10, 2006
Milk Gallery
450 West 15th Street, New York

comitato scientifico scientific committee
Gillo Dorfles, *presidente onorario honorary chairman*
Aldo Colonetti, *coordinatore, direttore Istituto europeo di design coordinator, director Istituto Europeo di Design*
Franco Origoni, *architetto architect*
Paolo Rosa, *Studio Azzurro*
Lodovico Gualzetti, *grafico graphic designer*
Fabio Terragni, *Milano Metropoli Agenzia di Sviluppo*
Alberto Bassi, *Università IUAV di Venezia IUAV University of Venice*
Giuliano Simonelli, *Politecnico di Milano, delegato Camera di Commercio di Milano Politecnico of Milan, delegate Chamber of Commerce of Milan*
Aldo Bonomi, *AASTER Milano AASTER Milan*
Paolo Boffi, *imprenditore entrepreneur*
Arturo Dell'Acqua Bellavitis, *Triennale di Milano Triennale of Milan*
Giorgio Monaci, *settore attività economiche e innovazione, Provincia di Milano economic activities and innovation, Province of Milan*
Pia Benci, *direzione centrale cultura e turismo, Provincia di Milano culture and tourism central direction, Province of Milan*
Angelo Cappellini, *settore beni culturali, arti visive, musei, Provincia di Milano cultural goods, visual arts, museums sector, Province of Milan*

coordinamento comitato scientifico e mostra
coordination of scientific committee and exhibition
Aldo Colonetti

progetto allestimento design layout
Franco Origoni e Anna Steiner
con/with Annalisa Treccani
Veronica Caglio
Paolo Giacomazzi
Elena Gravaghi
Greta Savoldelli
Barbara Gizzi

progetto multimediale multimedia design
Studio Azzurro
Paolo Rosa, *coordinamento coordination*
Fabio Cirifino, *fotografia photography*
Stefano Roveda, *sistemi interattivi e tecnologici interactive and technological systems*
Marco Barsottini, Lorenzo Sarti e/and Mauro Macella, *elaborazioni dei sistemi interattivi-tecnologici e editing delle installazioni elaboration of interactive technological systems and installation editing*
Ornella Costanzo, Rosalinda Iuliano e Laura Santamaria, *produzione esecutiva executive production*
Antonio Augugliaro, *montaggio montage*
Mario Coccimiglio, *operatore video video operator*
Alberto Morelli e/and Stefano Scarani, *elaborazioni sonore sound effects*
Tommaso Leddi, *progettazione delle interfacce hardware hardware interface design*
Alberto Bernocchi Massagli e/and Emanuele Siboni, *sistemi informatici-hardware information systems hardware*
Caterina Filice, *elaborazioni grafiche graphics*
Delphine Tonglet, *relazioni esterne external relations*
Reiner Bumke, *produzione generale general production*

progetto grafico graphic design
Magutdesign
Lodovico Gualzetti
Andrea Schieppati

reperimento materiali e ricerca iconografica
material procurement and iconographical research
Alberto Bassi, *coordinamento coordination*
Fiorella Bulegato
Ali Filippini
Claudia Cipriani

redazione interviste interview editor
Ali Filippini

allestimento layout
Massimo Marelli, *KREA sas*

cura catalogo catalogue
Aldo Colonetti
Alberto Bassi

grafica e impaginazione graphics and page design
Magutdesign
Lodovico Gualzetti
Roberto Maremmani
Francesca Vanzetta

coordinamento editoriale e redazione
editorial coordination
Fiorella Bulegato

traduzioni translations
Barringer Fifield

prestampa prepress
Fotolitomilanese

organizzazione organization
Milano Metropoli Agenzia di Sviluppo
Fabio Terragni, *amministratore delegato Ceo*
Laura De Venezia, *responsabile progetto project head*
Daniela Vergani e Sabrina Asperti, *stampa e comunicazione press and communications*
Luca De Venezia, *marketing*

Con un particolare ringraziamento a Luigi Vimercati, Assessore della Provincia di Milano, per aver creduto, sostenuto e seguito l'iniziativa fin dai suoi primi passi.

With a special thanks to Luigi Vimercati, Councillor of the Province of Milan, for the trust, the care and the support given to the initiative.

promotori promotors
Provincia di Milano Province of Milan
Camera di Commercio di Milano Chamber of Commerce of Milan

in collaborazione con in collaboration with
Corriere della Sera

patrocini patronage
Ministero degli Affari Esteri Ministry of Foreign Affairs
Ministero delle Attività Produttive Ministry of Productive Activities
Fondazione Fiera Milano
La Triennale di Milano Triennale of Milan

sponsor sponsors
Pirelli
Macef Milano
Milanoserravalle Milanotangenziali

con il contributo di contributors
Regione Lombardia
Fondazione 3M
Fondazione Cariplo
Viappiani Printing

con il supporto di supporters
CIAL Consorzio Imballaggi Alluminio
COMIECO Consorzio per il Recupero e il riciclo degli imballaggi a base cellulosica

fotografie di photography of
Gentile Caldinelli, 22
Aldo Castoldi, 60
Sergio Fermi, 44, 45
© Archivio Fuksas, 66, 68, 69
Fondazione ISEC, 22
© Uliano Lucas, 52, 53
Attilio Maranzano, 67
Pino Musi, 36, 37
Toni Nicolini, 62
Matteo Origoni, 58
Alberto Piovano, 34 sx
Federico Pollini, 25, 28, 32, 33, 38, 55, 74, 76, 78, 79
Giovanni Rainoldi, 22, 77
© Philippe Ruault, 68
Vaclav Sedy, 34
Stefano Topuntoli, 9, 20, 26

Contrasto due, Roma - www.contrasto.it

isbn 10 88-6965-025-1
isbn 13 978-88-6965-025-3

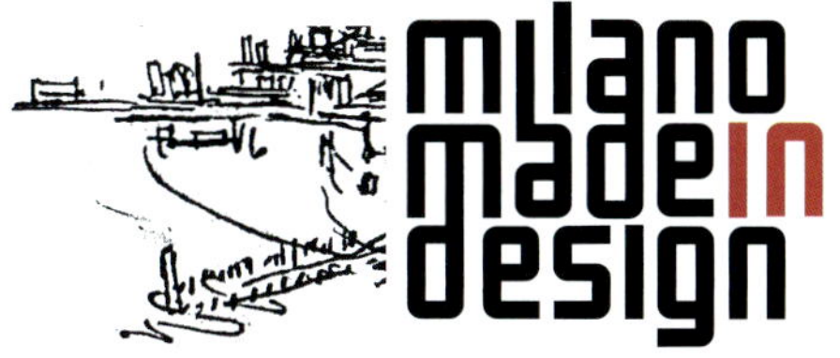

Territorio uomini idee

contrasto

La Provincia di Milano, insieme alla Camera di Commercio di Milano, ha voluto organizzare la mostra itinerante "Milanomadeindesign" con un obiettivo ben preciso: promuovere in tutto il mondo il sistema produttivo milanese, che ha nel design la sua eccellenza e il suo motore creativo. Il design inteso sia come disciplina di carattere estetico sia, soprattutto, come regista presente in tutte le fasi della produzione, secondo un modello non facilmente replicabile per via della peculiare combinazione di cultura imprenditoriale, botteghe artigianali, piccole e medie imprese, strutture formative e di ricerca diffuse sul territorio: una vera e propria "fabbrica infinita della creatività", che alimenta una qualità progettuale e industriale unica al mondo. "Milanomadeindesign" è un'iniziativa forte, sulla quale la Provincia punta molto per potenziare la competitività dell'area metropolitana milanese. Milano è una grande metropoli, con circa 330.000 imprese e 1.700.000 occupati, un prodotto interno lordo pari a oltre il 10 per cento di tutto il Pil nazionale. È insomma un'importante realtà funzionale, che va ben oltre i confini stessi della provincia e si caratterizza come una metropoli dall'accentuato dinamismo. Una metropoli per vari aspetti magmatica, comunque in grado di generare centinaia di migliaia di opportunità di lavoro ogni anno. Pochi dati, questi, ma sufficienti per far capire quanto la Grande Milano continui a essere una locomotiva del sistema economico e produttivo dell'Italia, una protagonista di primo piano in Europa e nel mondo. Non bisogna però abbassare la guardia e mantenere un livello di competitività tale da continuare a misurarsi con le altre realtà economiche.
"Milanomadeindesign" vuole dunque essere un'occasione non solo per testimoniare il primato milanese nel design, ma anche per riaffermare a livello internazionale le opportunità del sistema Milano e le capacità delle sue aziende. La mostra è inoltre un momento di alto profilo per promuovere il confronto e l'integrazione tra le imprese milanesi e straniere della "fabbrica della creatività", in un'ottica di proficue sinergie.

Filippo Penati
Presidente della Provincia di Milano

L'iniziativa "Milanomadeindesign" nasce dalla volontà di dare visibilità ad un settore che ha saputo coniugare la creatività italiana con realtà produttive e terziarie di eccellenza, dando vita ad un sistema economico unico nel suo genere.
La città, da sempre ai vertici mondiali della cultura del design, è infatti il nodo centrale di un contesto regionale in grado di realizzare un'offerta competitiva a livello internazionale. L'export del design lombardo ha raggiunto nel 2005 un valore di 2 miliardi di euro, di cui 950 milioni riferibili alla sola area milanese, che ha venduto i suoi prodotti principalmente sul mercato europeo (67% delle esportazioni) e su quello statunitense (15,3%) e ha registrato una crescita notevole dell'export con Cina (+45%), Argentina (+46%) e Mediterraneo (+36%).
Con oltre cento oggetti raccolti tra le imprese di punta del design milanese, l'esposizione "Milanomadeindesign" porta nel mondo, attraverso varie tappe nelle principali capitali, l'intreccio dei diversi saperi che concorrono a determinare un risultato innovativo nei settori della creatività, della progettazione, della realizzazione artigiana e industriale.
Da sempre impegnata nella definizione di politiche di marketing territoriale, la Camera di Commercio di Milano è consapevole delle opportunità derivanti dalla valorizzazione del design milanese e dall'integrazione delle sue imprese con i mercati esteri. Per favorire questa evoluzione, sarà presente all'interno della mostra anche con uno Sportello per l'Attrattività in grado di rispondere alle richieste di informazioni e di accogliere proposte di contatto tra business internazionale e milanese.

Carlo Giuseppe Maria Sangalli
Presidente Camera di Commercio di Milano

La Lombardia, con Milano in prima fila, è il luogo storico in cui il design ha preso avvio e si è consolidato e dove è tuttora raccolto uno straordinario patrimonio, arricchitosi nel corso degli anni. Fu proprio nel 1954, che si tenne nel capoluogo lombardo il convegno internazionale del design e nacquero la rivista "Stile Industria" e l'Associazione per il Disegno Industriale. Milano è, inoltre, sede della facoltà di disegno industriale più grande del mondo ed è considerata la capitale mondiale del design, luogo di creazione e diffusione di idee, sede dei più importanti studi internazionali.
Il design in Lombardia rappresenta la sintesi di una storia unica di creatività, competenza e passione di professionisti, piccole e grandi imprese, sedi espositive di rilievo internazionale e centri di ricerca. La nostra regione in particolare ha sviluppato una sua originalità nel campo del design, che la contraddistingue anche rispetto ai più noti stilemi internazionali.
In questo catalogo troverete, quindi, una viva testimonianza del contributo che la Lombardia ha dato e sta dando al design mondiale e al sistema produttivo italiano, attraverso il suo ricco patrimonio storico, fatto di tradizione ma soprattutto di vivacità, creatività e capacità di adattamento.
Essa affonda le sue radici in una concezione del lavoro che valorizza la capacità di plasmare creativamente la materia e in una lunga tradizione artigiana ancor oggi molto viva. La Lombardia è realmente la capitale di quella cultura di progetto, che sintetizza estetica e funzionalità in una originalità spesso contigua all'arte contemporanea.

Roberto Formigoni
Presidente Regione Lombardia

The Province of Milan, along with the Chamber of Commerce of Milan, has organized the traveling exhibition "Milanomadeindesign" with a precise goal: to promote throughout the world the Milanese productive system, which has its excellence and its creative motor in design. Design understood both as a discipline of an aesthetic character, but above all as a guide through all phases of production, in a model that would be impossible to reproduce elsewhere because of the peculiar combination of entrepreneurial culture, artisans, small and medium-size businesses, and training and research facilities in this territory: a real "infinite factory of creativity", which nourishes a quality of design and industry unique in the world.
"Milanomadeindesign" is a forceful initiative which the Province is counting on to improve the competitive quality of the Milanese metropolitan area. Milan is a great city with about 330,000 businesses and 1,700,000 workers, a gross domestic product equal to more than 10% of that of the whole of Italy. It is an important functional reality which goes beyond the boundaries of the province itself as a remarkably dynamic metropolis. A metropolis that in certain aspects is a magma, but that is able to generate hundreds of thousands of work opportunities each year. These few figures are enough to show how the "Grande Milano" continues to be a locomotive in the economic and productive system of Italy, and a protagonist in Europe and the world. It is necessary to keep on top of the situation, however, to maintain a competitive edge so as to measure up against other economic forces.
"Milanomadeindesign" therefore intends not only to bear witness to the Milanese primacy in design, but also to confirm on an international level the opportunities offered by the system which centers on Milan, as well as the capabilities of its businesses. The exhibition is also a high-profile way of promoting comparison and integration of Milanese and foreign businesses in the "factory of creativity", in a context of fruitful synergy.

Filippo Penati
President of the Province of Milan

"Milanomadeindesign" was born of a desire to give visibility to a sector where Italian creativity joins productive and service businesses in creating excellence, nourishing a unique economic system.
The city has always been at the top of design culture in the world, and is also the center of a region able to compete internationally. The export of Lombard design in 2005 brought in two billion euros, of which 950 million in the area of Milan alone, with products sold mainly in Europe (67% of exports) and in the United States (15.3%), while exports to China grew remarkably (+45%), as did those to Argentina (+46%) and to Mediterranean countries (+36%).
With more than a hundred objects collected from the most advanced Milanese design businesses, the exhibition "Milanomadeindesign" will show several of the world's capitals the complexity of this area's various capacities, which have together brought innovation to design and to its artisan and industrial expressions.
Milan's Chamber of Commerce has always been committed to territorial marketing policies, and it is aware of the opportunities deriving from a greater understanding of Milanese design and the integration of its businesses into foreign markets. To favor this evolution, it will be present at the exhibition with an attraction center, offering information and welcoming proposals for contacts between international businesses and Milanese ones.

Carlo Giuseppe Maria Sangalli
President of the Chamber of Commerce of Milan

Lombardy, with Milan in the vanguard, is the place where design historically got its start and grew strong, and which now enjoys an extraordinary patrimony enriched through the years. It was in 1954 that the Lombard capital hosted the international design convention and the magazine Stile Industria was born, along with the Associazione per il Disegno Industriale. Milan is also seat of the world's biggest university department of industrial design, and is considered the global capital of design, a place for the creation and communication of ideas, and seat of the most important international studios.
Design in Lombardy represents the synthesis of a unique history of creativity, competence, and passion on the part of professionals, small and big businesses, internationally important exhibitions, and research centers. Our region has developed a spirit of originality in the field of design that sets it apart from even the most renowned international style centers.
This lively catalogue testifies to the contribution Lombardy has given and is giving to the world of design and to the Italian productive system through its rich historical patrimony, a rich legacy of traditions but above all of vivacity, creativity, and adaptability.
All this has deeply roots in a concept of work which emphasizes the capacity to shape matter creatively, as well as in an ancient artisan tradition still very much alive today. Lombardy really is the capital of that culture of design which synthesizes aesthetics and functionality in an originality often close to contemporary art.

Roberto Formigoni
President of Lombardy Region

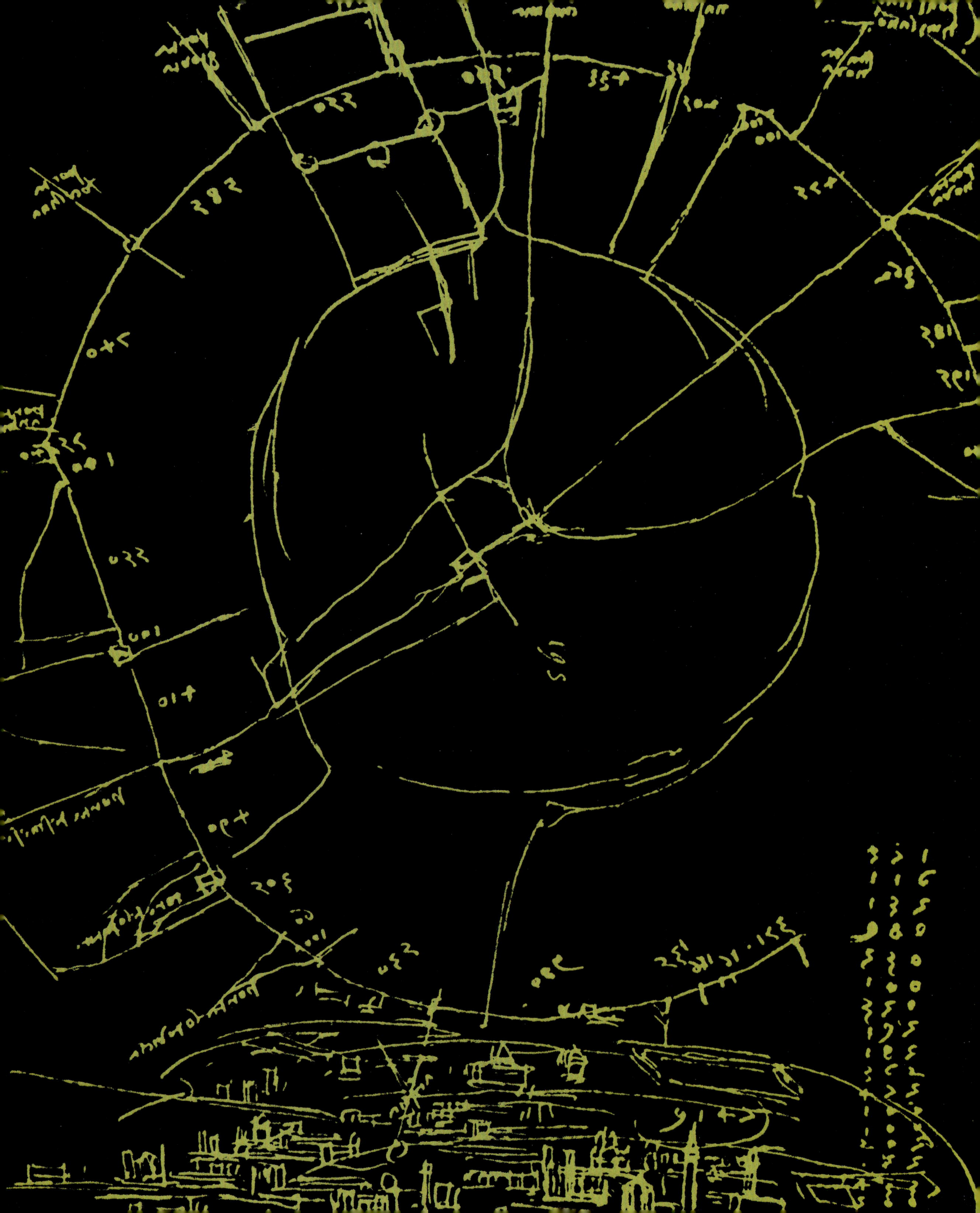

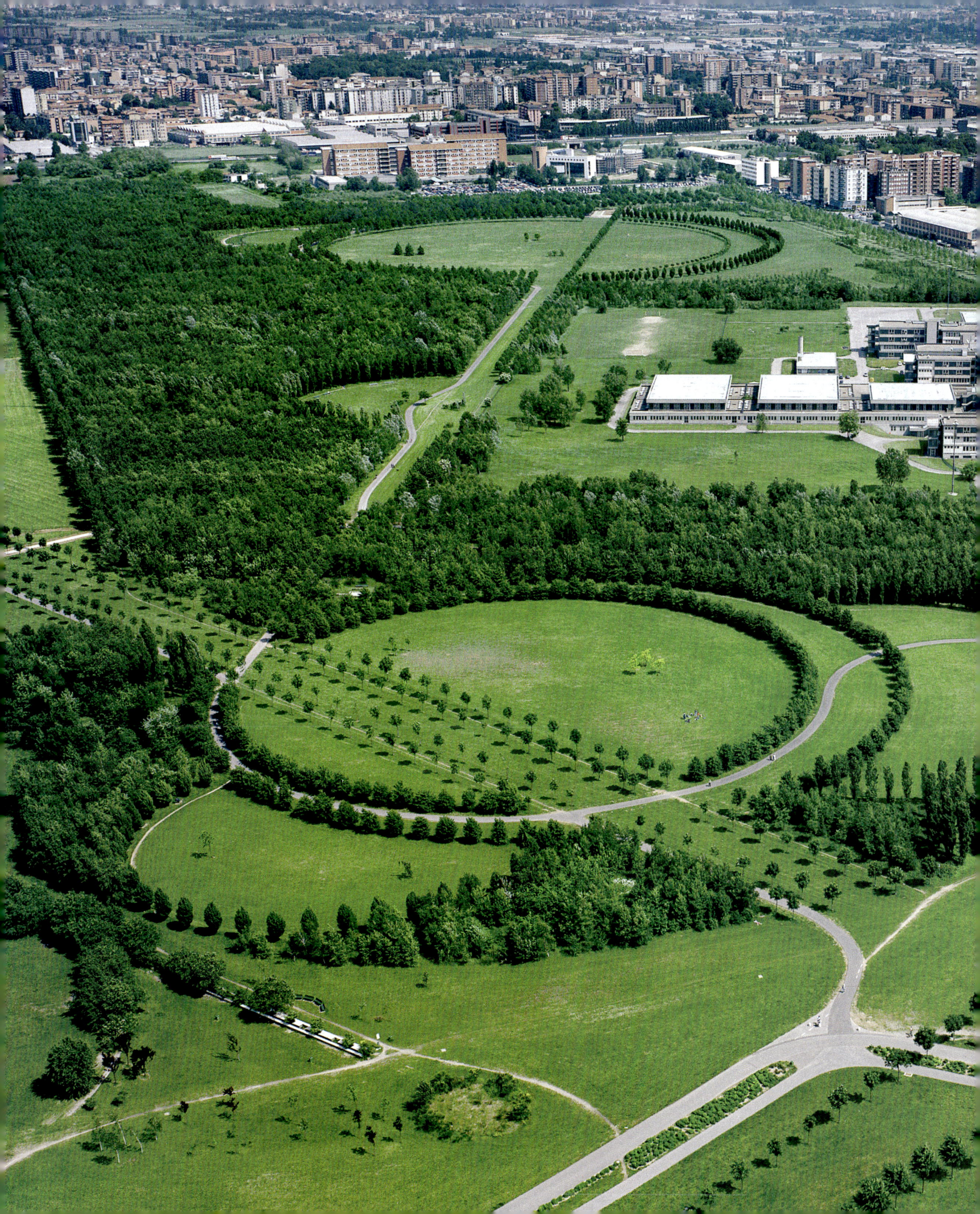

Presente e futuro della Provincia di Milano
Present and future of the Province of Milan

Una provincia, come quella di Milano, tra le più vaste, ricche di memorie storico-artistiche, ma anche di recentissime attività industriali e terziarie, è il risultato di trasformazioni e di interventi strutturali che hanno portato alla definizione di un territorio che comprende, oltre al capoluogo, 189 comuni. Per definire questo straordinario territorio, è necessario prendere in considerazione non solo le esigenze della vecchia Milano e di quelle dei diversi comuni, ma anche dell'intera area provinciale, la quale costituisce un tutto unico che, inteso nel suo insieme, coi suoi singoli nuclei urbani e il suo hinterland, viene a coincidere con la grande conurbazione ambrosiana, che di per sé (con i suoi circa 4 milioni di abitanti) è da considerare come un organismo unitario e come una delle maggiori metropoli europee. Milano ha il privilegio di poter contare già in partenza su molti nuclei urbani ben saldati con la città storica. Credo che si debba tener conto di questa unitarietà per tutto quanto si riferisce ai mezzi di trasporto, alle arterie del traffico, alle dinamiche industriali, ai piani agricoli e a quelli culturali. Credo che il destino di Milano e della sua provincia, perlomeno nella nostra epoca, sia stato strettamente legato, e lo sarà sempre di più nel futuro, allo sviluppo del design e, in generale, dell'innovazione progettuale, nei suoi differenti aspetti. Questo per ragioni anche storiche: ad un certo punto Milano ha lasciato a Roma il ruolo di città capitale, con la relativa prevalenza per quanto riguarda la politica rappresentativa. Non avendo dunque possibilità di essere una capitale politica, un po' alla volta Milano si è trasformata nella capitale dell'industria, del commercio, della finanza, della cultura. È interessante che con la trasformazione o la scomparsa delle grandi industrie – come è avvenuto a Sesto San Giovanni con Breda, Marelli o Falck, che fra l'altro ne occupavano buona parte del territorio – e la dismissione di grandi impianti produttivi, Milano è diventata una città rivolta al terziario, alla realizzazione e commercio di produzioni legate, ad esempio, all'arredamento, al mobile, alla moda e, più in generale, al vivere domestico, alle nuove tecnologie, anche in settori legati ai mezzi di trasporto. La cultura del design rappresenta, infatti, per l'area metropolitana milanese una eccellenza fondamentale. Un valore aggiunto da enfatizzare per dare vantaggio competitivo al sistema produttivo locale sulla scena economica globale. Il connubio Milano/Design non è – come avviene in altri settori – il risultato del semplice utilizzo della città come vetrina per la commercializzazione, ma è il risultato della notevolissima capacità di un ampio territorio di mettere in relazione gli elementi essenziali della filiera produttiva. "Milanomadeindesign", una iniziativa dedicata al territorio, agli uomini e alle idee della Grande Milano, rappresenta un'occasione sia dal punto di vista della promozione sia per quanto riguarda possibili sviluppi tra questa straordinaria area territoriale e il resto del mondo. Senza dimenticare la storia e le tradizioni che hanno le proprie radici nella figura di Leonardo da Vinci, una sorta di proto-designer che disegnava oggetti, strutture e architetture al centro delle quali presente era sempre l'uomo. Il nostro territorio mostra ancora i segni di questo unico e straordinario artista-ingegnere, e nello stesso tempo guarda in avanti nel segno di una cultura progettuale che trasforma il nostro modo di vivere, coniugando insieme tecnologie e rispetto dell'uomo.

Gillo Dorfles

A province like that of Milan, big and rich in historical and artistic memories, but also in its recent manufacturing and service industries, is the result of transformations and structural interventions that have created a territory including, besides the capital, 189 municipalities. To define this extraordinary territory, it is necessary to take into consideration not only old Milan and the various municipalities, but also the entire provincial area, a sole entity which altogether, with its urban centers and its hinterland, coincides with the great Milanese urban area. This, with its 4 million inhabitants, is to be considered a single organism, one of the major European metropolises. Milan has the privilege of being able to count on many urban centers with solid connections to the historical city. I believe that it is necessary to bear in mind this unitary quality for everything related to transport, traffic, business dynamics, agricultural planning, and cultural projects. I believe that the destiny of Milan and its province, at least in our era, has been and ever more will be linked to the development of design and to innovation in its different aspects. This is true for reasons that have a long history: at a certain point Milan left the function of capital city to Rome, where representative politics prevail. No longer a political capital, little by little Milan became the capital of industry, of commerce, of finance, and of culture. It is interesting that with the transformation or disappearance of the big industries – as in Sesto San Giovanni with Breda, Marelli or Falck, which occupied among other things a good part of the territory – and the decommissioning of the big factories, Milan has become a city focused on the service sector, on the creation and sale of products linked to home furnishings, to fashion, and more generally to domestic life and to new technology, including transportation technology. The culture of design in fact represents for the Milanese metropolitan area a fundamental excellence. An added value which gives a competitive advantage to the local productive system in the world economy. The marriage of Milan to design is not – as happens in other sectors – the result of a simple use of the city as showcase for commercial enterprises, but is the result of the remarkable capacity of a big territory to coordinate the essential elements of the productive chain. "Milanomadeindesign", a project dedicated to the territory, the people, and the ideas of the "Grande Milano", represents an occasion for promotion of new developments between this extraordinary territory and the rest of the world – without forgetting historical traditions going back to Leonardo da Vinci, a sort of proto-designer who designed objects and structures and architecture where man was always at the center.
Our territory still shows the legacy of this unique artist-engineer, even as it looks forward to a design culture that will transform our way of life, joining technology with respect for humanity.

Gillo Dorfles

Progettare l'arte
Designing art

Milano è una città a cui sono molto legato. Sono arrivato dalle Marche agli inizi degli anni cinquanta e qui ho scoperto l'ambiente della grafica e del design che si lega alla tradizione astratta degli anni trenta e alla cultura del Bauhaus e ho incontrato artisti ed intellettuali come Enrico Baj, Sergio Dangelo, Umberto Milani, Roberto Sanesi, Ugo Mulas e poi Ettore Sottsass, Fernanda Pivano e tanti altri ancora.
Nel 1954, insieme a mio fratello Giò, ho esposto alla Triennale, nel settore arti applicate, gioielli realizzati con il metodo di fusione su osso di seppia e oggetti sbalzati in rame, molto apprezzati dallo stesso Lucio Fontana, che subito ci incoraggiò. Quelle esperienze e quelle frequentazioni sono state importanti per il mio lavoro artistico: in un certo senso si può dire che abbia iniziato la mia attività con il design, realizzando gioielli, ornamenti e oggetti d'uso. Il mio arrivo alla scultura è stato un crescendo che è partito dal fare gioielli e piccoli "rilievi", seguendo le tecniche degli artigiani. Il design, nella sua specificità e nella evidente differenziazione rispetto all'arte, è, anzitutto, un'operazione inventiva. Il momento della progettazione è fondante e deve conciliare la creatività di dare forme d'arte all'oggetto di produzione industriale con le componenti funzionali e i processi produttivi dell'oggetto stesso.
In Italia, paese di grandi tradizioni artigiane, il design è stato molto importante sin dal dopoguerra: basta pensare a quanto spazio gli è dato nel nuovo MoMA di New York, da poco riaperto al pubblico. Infatti, mentre alcune opere dell'arte italiana, presenti nel precedente allestimento, sono state in un certo senso "sacrificate", quelle del nostro design hanno tutte grande visibilità e rilievo. Certamente il design, quando contiene un elemento originale di progettazione e di intelligenza, è una forma espressiva capace di interpretare e sintetizzare il proprio tempo e a volte, persino, di anticiparne le tensioni e le dinamiche. Per questa ragione, ho deciso di realizzare la mia Fondazione in questo territorio milanese, che è la mia terra d'adozione.
Dopo una prima esperienza, vissuta qualche anno fa a Rozzano, nella periferia meridionale milanese, la Fondazione si è trasferita a Milano in via Solari, nel complesso delle ex acciaierie Riva Calzoni, specializzate nella realizzazione di grandi turbine elettriche: da qui uscirono gli impianti per le cascate del Niagara. Uno spazio di circa tremila metri quadrati che gli architetti Pierluigi Cerri e Alessandro Colombo hanno restaurato, mantenendo la qualità dell'ambiente, che si presenta oggi come un vero e proprio spazio museale. Un luogo della produzione industriale, dentro il tessuto del territorio milanese che si trasforma in una struttura espositiva, nella quale rimangono, come testimonianze della storia produttiva e del lavoro dell'uomo, le strutture architettoniche. È il destino di questo territorio essere dinamico e in sintonia con le trasformazioni culturali della città. Il ruolo della Fondazione, riconosciuta dal Ministero dei beni culturali nel 1997, è anzitutto quello di far conoscere il mio lavoro, di esporre a rotazione le opere della collezione, un gruppo significativo di mie sculture che in parte ho donato alla Fondazione al momento della sua costituzione e in parte ho destinato a future donazioni. La Fondazione organizza grandi mostre temporanee, letture, seminari, eventi teatrali e musicali. Vuole essere un laboratorio di idee e di iniziative per l'arte e la conoscenza, un luogo di incontro e di partecipazione per la vita culturale di Milano, una città che deve tornare a guardare il mondo con uno sguardo nuovo e aperto alla ricerca.

Arnaldo Pomodoro

Milan is a city I am very attached to. I arrived from the Marches at the beginning of the 1950s and it was here that I discovered the world of graphics and design which was linked to the abstract tradition of the 1930s and to Bauhaus, and I met artists and intellectuals like Enrico Baj, Sergio Dangelo, Umberto Milani, Roberto Sanesi, Ugo Mulas, and then Ettore Sottsass, Fernanda Pivano and many others. In 1954, along with my brother Giò, at the Triennale, in the applied arts section, I exhibited jewels realized with the method of cuttlefish casting and objects in copper relief that were highly appreciated by Lucio Fontana himself, who immediately encouraged us. Those experiences and acquaintances were important for my artistic work: in a certain sense one could say that I began my activity with design, creating jewels, ornaments, and useful objects. My approach to sculpture was a crescendo which began with making jewels and little reliefs, following artisan techniques.
In its specific nature and obvious difference from art, design is above all an inventive operation. The moment of designing is fundamental and must reconcile the creativity of giving artistic form to the object produced industrially, with the functional components and productive processes of the object itself.
In Italy, a country of great artisan traditions, design has been very important since World War II: it is enough to consider how much space is dedicated to it in the new MoMA in New York, recently reopened to the public. In fact, some Italian works of art previously on view have been in a certain sense "sacrificed", while those of our design have great visibility. Certainly design, when it contains an element of innovation and intelligence, is an expressive form able to interpret and synthesize its own time and even, on occasion, to anticipate its tensions and dynamics. This is the reason I decided to set up my foundation in this Milanese territory, my adopted land.
After a first experience in the southern periphery of Milan in Rozzano, the foundation moved to Milan itself in via Solari, into the complex of the former Riva Calzoni steel mills which were specialized in building big electrical turbines, including those for Niagara Falls. A space of about three thousand square meters which the architects Pierluigi Cerri and Alessandro Colombo have restored, while keeping the space's quality, and which now serves as a proper museum space. A place of industrial production within the fabric of the territory of Milan that is transformed into an exhibition structure, where the old architectural elements remain as witnesses to the productive history and labor of man. It is the destiny of this territory to be dynamic and in harmony with the cultural transformations of the city.
The role of the foundation, which was recognized by the cultural heritage ministry in 1997, is that of acquainting people with my work, showing in rotation a significant group of my sculptures, part of which I donated to the foundation when it was set up and part of which will be donated later. The foundation organizes big temporary shows, readings, seminars, theatrical and musical events. It is intended to be a laboratory of ideas and initiatives for art and understanding, a meeting place participating in the cultural life of Milan, a city which must again look at the world with a new vision open to research.

Arnaldo Pomodoro

Il territorio di Milano fra dimensione locale e reti globali
The territory of Milan between local dimension and global networks

Il territorio che da Milano si prolunga fino alle porte di Bergamo si insedia a pieno titolo in quell'asse pedemontano lombardo che è stato denominato "citta infinita".
Questa denominazione soltanto apparentemente riguarda l'estensione di un territorio effettivamente molto vasto e comprendente più province. L'"infinito" di questa città riguarda piuttosto una complessità che deriva dalla compresenza di una molteplicità di componenti: insediamenti produttivi e abitativi, infrastrutture logistiche e della comunicazione, sistemi locali dell'industria, della cultura, delle forme di convivenza, e in generale tutti quegli aspetti della vita sociale che ci autorizzano a parlare di "società complessa". La città infinita è una società complessa, infinita in quanto complessa. I luoghi si definiscono per la loro natura localizzata, puntuale e fisico-spaziale. Come tali, riguardano pratiche e comportamenti che nascono e si affermano entro i confini di specifici ambiti territoriali. Dal punto di vista economico, i luoghi sono i contesti nei quali sono all'opera i fattori che sono alla base della generazione di valore (capitali, idee imprenditoriali, manodopera qualificata, ecc.).
Dal punto di vista sociale, i luoghi sono invece gli ambiti territoriali in cui gli attori locali si riconoscono l'un l'altro in forme di vita, linguaggi e iniziative che li accomunano per qualche aspetto che li distingue da quelli presenti in altri contesti. Per qualche aspetto, insomma, in base al quale ancora oggi può essere utilizzato il concetto di "comunità".
Il concetto di flussi descrive invece quella caratteristica delle società moderne che allude alla comunicazione e interconnessione tra ambiti diversi e spesso anche lontani: interconnessione di economie, di culture, stili di vita, ecc. Si pensi a questo proposito alla Rete per lo scambio dì informazioni, merci e capitali, alla finanza con le sue dinamiche di spostamento dei capitali, ai sistemi di comunicazione per il confronto tra linguaggi, culture, esperienze.
La distinzione tra luoghi e flussi serve a descrivere la grande trasformazione in corso: il passaggio da una società caratterizzata dalla scarsa mobilità di capitale, lavoro, culture, ecc. e dalla relativa stabilità territoriale di tutto questo, ad una società contrassegnata dalla fluidità dei ruoli, dalla mobilità geografica dì persone, imprese, stili di vita e dalla velocità delle comunicazioni da un punto all'altro del sistema globale.
Questo però non significa la fine della dimensione locale, l'esaurirsi delle ragioni per le quali vale ancora la pena di operare sulle comunità locali, sui processi di sviluppo "dal basso", sulla qualità delle relazioni tra i soggetti di un luogo specifico. Infatti i flussi interconnettono, tra le altre cose proprio i luoghi. Ed anzi l'interconnessione è davvero tale se vengono fatte valere tutte le ragioni dei luoghi da interconnettere.
Questo però significa anche che i luoghi non possono più essere considerati come entità chiuse, autosufficienti. Perché vi sia interconnessione servono luoghi densi di attività, ricchi di identità e cultura, ma anche disponibili ad aprirsi verso l'esterno, a confrontarsi con altri luoghi altrettanto densi, ricchi e disponibili al confronto. In definitiva, tutto dipende dalla vitalità del locale, cioè dal ruolo che l'economia locale, ma anche la società locale – istituzioni, terzo settore, volontariato, associazioni culturali e per i diritti, ecc. – sanno svolgere per costruire economia e territorio. Tutti i soggetti locali ne sono coinvolti.
Ebbene, la complessità della città infinita di questo territorio pedemontano proprio questo mette in evidenza: un'interdipendenza dei luoghi forte dell'agire di flussi che qui hanno insediato le proprie principali infrastrutture e, d'altra parte, un agire dei flussi la cui "potenza" viene anche dalla presenza di luoghi sufficientemente "densi" da risultare disponibili a interconnettersi tra loro e con altri luoghi.
Si prenda proprio il caso delle infrastrutture che qui si sono localizzate nella logica di sviluppare i flussi di comunicazione, cioè il caso delle autonomie funzionali. Sono quelle infrastrutture dell'attuale modernità che fanno circolare merci, informazioni, saperi, che attraggono e organizzano gli spostamenti di milioni di utenti-clienti.

Aldo Bonomi

The territory stretching from Milan to the gates of Bergamo is rightly part of that Lombard axis at the foot of the mountains which has been called "infinite city". This phrase refers only partly to the extension of a territory that is in fact quite big, including several provinces. The "infinite" of this city regards mainly a complexity that derives from the presence of a multiplicity of components: areas of production and residential areas, logistical infrastructures and communication facilities, local business systems, culture systems, and community systems, and in general all those aspects of social life that justify our speaking of a "complex society". The infinite city is a complex society and is infinite because it is complex.
Places are defined by their specific local physical and spatial nature. As such, they are defined by practices and behavior within the boundaries of specific territorial areas. Economically, these places are contexts where factors creating value are at work (capital, entrepreneurial ideas, specialized labor, etc.). Socially, these places are areas where the local people recognize each other's common lifestyles, language, and initiatives, which are in some ways distinct from those of other areas. For this reason it is still possible to use the concept of "community" today.
The concept of flows describes the characteristic of modern societies that has to do with communication and interconnection between different areas, even distant ones: interconnection of economies, of cultures, of lifestyles, etc. Consider in this context the networks for exchanging information, goods, and resources, the world of finance with its dynamics for moving capital, the communication systems for comparing languages, cultures, experiences.
The distinction between places and flows serves to describe the great transformation underway: the movement away from a society characterized by the scarce mobility of capital, labor, culture, etc., toward one of geographical mobility – of people, businesses, lifestyles – and by the speed of communications from one point to the other in the global system.
This does not mean the end of the local dimension, however; it is still worthwhile to operate in local communities, on "grass roots" development processes and on the quality of relations among subjects of a specific place. In fact the flows interconnect the places, along with other things. And this interconnection really connects when it facilitates contact among all the aspects of the places. This also means, however, that the places can no longer be considered as closed and self-sufficient entities. For there to be interconnection, there must be places thick with activity, rich in identity and culture, but also willing to open up to the outside, to deal with other places equally active, rich, and willing to open up. In the last analysis, everything depends on the vitality of local things, that is, on the role the local economy, but also the local society – institutions, services, volunteers, cultural and rights associations – play in building the economy and the territory. Everyone in the local area is affected.
The complexity of the infinite city of this area casts a light precisely on this: an interdependence of places in the flows that have their principal infrastructures here, and, on the other hand, an action of flows whose power comes from the presence of places sufficiently "dense" to be available to interconnect among themselves and with other places.
Take the case of the infrastructures which are located here in the context of developing flows of communication, that is, the case of the functional autonomies. These are now the important infrastructures that circulate goods, information, knowledge, that attract and organize the movements of millions of user-customers.

Aldo Bonomi

milanomadeindesign
territorio uomini idee

Milano e il suo territorio, ovvero la Grande Milano che si espande dal centro verso tutta la provincia, fino ai confini con altre realtà culturali e produttive, rappresenta una realtà unica di uomini, idee, di innovazione, al servizio della progettazione e della produzione.
"Milanomadeindesign" è una mostra e un libro, accompagnato da uno strumento fondamentale, una sorta di grande mappa di orientamento, la Directory, che raccontano una straordinaria esperienza, sempre in movimento, al centro della quale la cultura del design, inteso come "saper fare" nella direzione della dimensione estetica, costituisce la caratteristica e la differenza fondamentale rispetto ad altri territori nel mondo.
Territorio, uomini e idee sembrano, nel nostro caso, parlare il linguaggio di Leonardo da Vinci, milanese d'adozione, il nostro genio rinascimentale che ha progettato e trasformato la città, il sistema di trasporti su acqua, le macchine per produrre meglio e con minor fatica; insomma, il progetto inteso come ricerca applicata, senza mai dimenticare la centralità dell'uomo e soprattutto la libertà di pensare, concretamente, un futuro migliore. Per questa ragione il simbolo della mostra itinerante è un disegno leonardesco della provincia di Milano.
Da Leonardo al "futuro che è già qui", attraverso il ruolo del design, inteso come l'unico linguaggio della differenza che sa comunicare al mondo un modo diverso di vivere il tempo che ci appartiene.
Il rapporto Milano/Design è il risultato della straordinaria capacità di un ampio territorio, la nostra provincia, di mettere in relazione gli elementi essenziali della filiera produttiva, i luoghi della produzione materiale con le tradizioni artigianali, in modo tale che la ricerca e la formazione siano parte integrante del processo.
Milano e il suo territorio come riferimento dell'economia e della progettazione di tutto il Paese, Milano e il suo territorio come vetrina e luogo di scambio di prodotti e di idee per il mondo intero, soprattutto attraverso le sue grandi eccellenze: la nuova Fiera di Massimiliano Fuksas, il Salone Internazionale del Mobile, il Macef, La Triennale, il Compasso d'oro-ADI, il premio più importante al mondo per quanto riguarda il design industriale, dalla sedia all'elicottero, dalla caffettiera ai nuovi materiali.
"Milanomadeindesign" racconta e mette in mostra tutti questi protagonisti, declinando lo stato dell'arte attuale con le prospettive di sviluppo e di trasformazione, evidenziando alcune caratteristiche, uniche e originali, che abbiamo chiamato "isole tematiche", perché sono delle vere e proprie eccellenze, presenti in tutti quei prodotti e progetti che parlano il linguaggio dell'innovazione insieme all'attenzione verso la persona, ovvero il centro di uno sviluppo che non dimentica i valori di una tecnologia umanistica, per tornare al nostro Leonardo: fatto a mano, amare il dettaglio, luci e ombre, casa dolce casa, ovunque comodi, mangiar bene, mito e velocità, vestiti oggetti, idee materiali, scienza e ricerca, segni e grafie.
Dalla comunicazione alla produzione, dalla progettazione alla rappresentazione dove il concetto di "su misura" si coniuga con la dimensione industriale del grande numero, sia per quanto riguarda i prodotti di design, sia in relazione alla moda, sia quando si parla di tecnologie avanzate nei settori dell'automotive e dell'aereonautica.
Il libro e la mostra sono un'occasione per far conoscere al mondo il nostro sistema, inteso come una "fabbrica infinita" nella quale ciascuno è protagonista e parte integrante e necessaria di un processo che è in grado di portare a termine qualsiasi itinerario produttivo, anche il più innovativo; il tutto nel segno di una particolare riconoscibilità estetica perché, come scrive Gillo Dorfles, Presidente onorario del comitato scientifico della mostra, "non è possibile prescindere ormai dal considerare come determinante l'influsso del prodotto industriale su tutto quanto il panorama dell'arte visuale contemporanea".
"Milanomadeindesign" è una mostra che parla di tutto questo, senza dimenticare che la progettazione e la produzione è una storia che appartiene a un determinato territorio e soprattutto a uomini che pensano liberamente il futuro del mondo.
A questi uomini, a questi protagonisti sono dedicati il libro e la mostra.

Aldo Colonetti

Milan and its territory, the Great Milan which expands into the whole province and up to the edges of other cultural and productive realities, represents something unique in its people, its ideas, its innovation, its design and its production.

"Milanomadeindesign" is an exhibition and a book, accompanied by a fundamental tool, a sort of great orientation map, the Directory, which narrates an extraordinary and ever-changing experience centered on the culture of design, understood as know-how in an aesthetic dimension, which is what distinguishes ours from other territories of the world.

Territory, people, and ideas seem in our case to speak the language of Leonardo da Vinci, an adopted Milanese, our Renaissance genius who planned and transformed the city, the water transportation system, the machinery to produce ever more easily; in short, design understood as applied research, without ever forgetting the central position of man and his freedom to think practically about a better future. For this reason the symbol of the traveling exhibition is a Leonardo drawing of the province of Milan.

From Leonardo to the "future that is already here" through the role of design, the sole language of difference able to communicate to the world a different way of living our time.

The relationship Milan/Design is the result of the extraordinary capacity of a wide territory, our province, to connect essential elements along the line of production, the places of traditional artisan production, in such a way that research and training become integral parts of the process.

Milan and its territory as a point of reference for economy and design for the whole country, Milan and its territory as showcase and place of exchange of products and ideas for the entire world, above all through what is best here: the new fair of Massimiliano Fuksas, the Salone Internazionale del Mobile, the Macef, the Triennale, and the Compasso d'oro-ADI, the most important design prize in the world, which concerns industrial design from a chair to a helicopter, a coffee machine to new materials.

"Milanomadeindesign" narrates and displays all this procession of current art and its prospects for development and transformation, in registering its unique characteristics as "theme islands", which represent the authentic excellence of all those products and projects that speak the language of innovation along with an attention to the person, to return to our Leonardo: fatto a mano, amare il dettaglio, luci e ombre, casa dolce casa, ovunque comodi, mangiar bene, mito e velocità, vestiti oggetti, idee materiali, scienza e ricerca, segni e grafie.

From communication to production, from design to its presentation, where "custom made" joins mass production, both in objects of design and in fashion, or in advanced technology in the automotive and aeronautic sectors.

The book and the exhibition are an occasion for showing the world our system, as an "infinite factory" where everyone is a protagonist, integral and necessary to a process able to produce even the most innovative products, always under the aegis of a particular aesthetics, about which Gillo Dorfles, Honorary President of the Scientific Committee of the exhibition, writes, "it is no longer possible to ignore the decisive influence of the industrial product on the whole panorama of all of contemporary visual art".

"Milanomadeindesign" is an exhibition that expresses all of this, without forgetting the fact that design and production is the story of a specific territory and of people who think freely about the future of the world.

To these people, to these protagonists, are this book and this exhibition dedicated.

Aldo Colonetti

La mostra
The exhibition

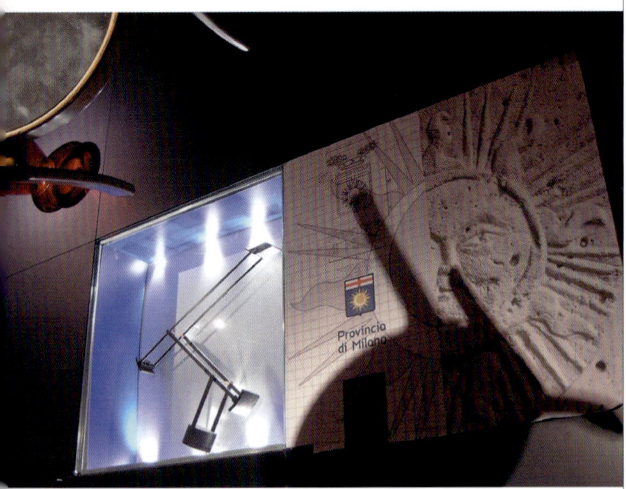

Oggetti esposti nel pavimento, oggetti appoggiati sul pavimento, oggetti in teche verticali che salgono verso l'alto, oggetti che scendono dal soffitto e si librano nell'aria, immagini semitrasparenti, fogli impalpabili che indirizzano il visitatore, il territorio di cui si parla, su cui si cammina e reagisce interattivamente con il visitatore. La mostra non vuole inseguire effetti speciali, ma raccontare con discrezione e senza enfasi l'innovazione del territorio, frutti di ricerca in campi produttivi estremamente diversi e che grazie all'attività del progetto dialogano, si mischiano, rendono possibili strade fino ad un attimo prima impercorribili.
Un mondo che rende palpabile il problema dei flussi di prodotto e di pensiero. Tra stalattiti e stalagmiti si cammina su un pavimento flottante, che non modifica lo spazio dell'esposizione ma si ferma un attimo prima dei muri dichiarando la sua presenza temporanea.
Vetrine incassate nel pavimento, illuminate da fibre ottiche, ospitano oggetti o varianti dell'oggetto messo in mostra. Un pavimento blu scuro che assorbe la luce e valorizza per contrasto i colori brillanti e forti caratteristici della nostra produzione. Immagini e didascalie sono inserite a pavimento e suggeriscono decodifiche dell'oggetto esposto. La plasticità del rivestimento di una sedia, la possibilità di variare l'intensità della luce con un semplice tocco del corpo illuminante. Oggetti reali, prodotti, ma anche ricerche di prodotto e produzione.
Una macchina ricostruita con componenti dell'auto prodotti per varie case automobilistiche ed esposta un attimo prima della sua implosione: la realizzazione del prodotto. Stoffa trafilata con i metalli; oggetti per la casa che sottolineano una ricerca continua verso il bello, l'utile e soprattutto il comodo nell'uso quotidiano. Infinità di dettagli che si collocano nei vestiti, nei mobili, nelle auto, nelle lampade che fanno del prodotto della città infinita un prodotto di alta qualità. Un'aggregazione per isole tematiche che volutamente mischia progetto e prodotto di settori merceologici diversi. Un'esposizione che sottolinea la cultura del progetto nel suo rapporto fra produzione e prodotto.

Franco Origoni

Objects exposed in the floor, objects lying on the floor, objects in vertical cases rising upward, objects descending from the ceiling and quivering in the air, semi-transparent images, impalpable sheets that orient the visitor, the territory spoken of, walked on, reacts and interacts with the visitor.
The exhibition is not testing special effects, but with discreet lack of emphasis narrates innovation in the territory, the fruits of research in vastly different fields of production, which mix in the project, making possible roads hitherto impossible. A world that gives substance to the flows of the product and flows of thought. Between stalactites and stalagmites, one walks on a floating floor, which does not change the space of the exhibition but stops a second before the walls declaring its presence to be temporary.
Showcases sunk in the pavement, illuminated by fiber optics, shelter objects on show or variations on the object on show. A dark blue floor which absorbs light and enhances, by contrast, the strong brilliant colors of what we produce.
Images and captions are inserted into the pavement and suggest ways of decoding the object displayed.
The plastic quality of a seat cover, the possibility of varying light with a simple touch of the lamp.
Real objects and products, but also product research and research for production.
A machine rebuilt with components of cars from various companies, shown the second before its implosion: the realization of the product. Fabric shot through with metals; household objects reflecting a constant search for the beautiful, the useful and above all the comfortable in daily use. Infinity of details in clothes, in furniture, in automobiles, in lamps that make the product of the infinite city a product of high quality. An aggregation in theme islands that intentionally mixes projects and products of different merchandising categories. An exhibition that underlines the culture of design in its relation with production and project.

Franco Origoni

Le mappe interattive
The interactive maps

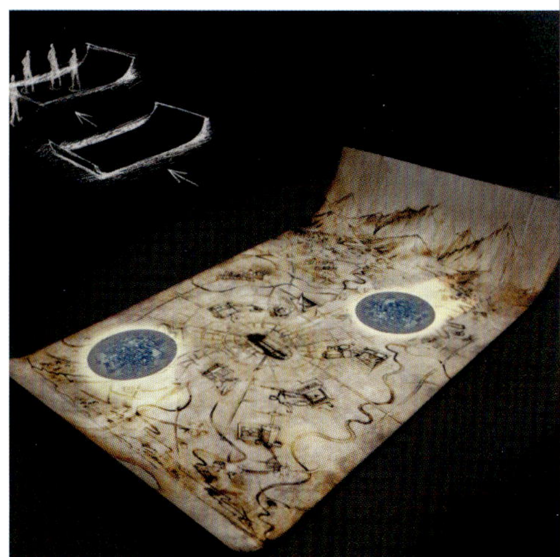

L'intervento di Studio Azzurro, che cura la parte multimediale della mostra, è affidato ad una folata di vento. Un soffio che fa volare le immagini fra gli oggetti esposti, che srotola sul pavimento la grande mappa, che fa ruotare una sfera come un mondo e scintillare i riflessi dei video nello spazio.
Un moto leggero e volatile di immaterialità fra "le cose" che ha lo scopo di scoprire l'ambiente, evidenziare il territorio ma soprattutto mostrare il clima creativo di idee e di sapienza, di storia e di tecnica che ha generato la grande avventura del design e che continua a innovarlo.
Un vento generativo dunque per intrecciare passato e futuro. Così il sapore leonardesco della mappa, simbolicamente distante dall'iperrealismo di "Google earth" si apre ad una partecipata interazione che manifesta la costante umana e lo spessore emozionale di un luogo. Un fluire di risorse uniche e inimitabili, attivate sotto i passi degli spettatori che attraversano il territorio e lo trasformano, anche dal giorno alla notte. Anche i fogli, quasi trasparenti per la loro leggerezza, sembrano catturare nelle trame dei loro disegni impressi le icone elettroniche dei temi salienti e i ritratti dei protagonisti che raccontano la loro esperienza. Un vento fatto di luce che si spande e illumina con il proprio movimento, ma che come ogni luce deve essere continuamente alimentata da una convinta attenzione e da una dichiarata passione.

Paolo Rosa

The contribution of Studio Azzurro, which is handling the exhibition's multi-media aspect, is entrusted to a gust of wind. A breeze that makes images fly among the objects on view, that unrolls the big map on the pavement, that makes a sphere spin like a globe and sparkle with reflections of the videos.
A light volatile movement of immateriality among "the things" which aims at disclosing an environment, revealing a territory, but above all at displaying the creative climate, the ideas and knowledge and history and techniques which have generated the great adventure of design, and which continue to renew it.
A regenerating wind, therefore, weaving past into future. That is why the map has a Leonardesque quality, symbolically distant from the hyper-realism of "Google earth" and open to intense interaction, expression of the humanity and emotional depth of a place. A flow of unique and inimitable resources activated by the steps of visitors crossing the territory and transforming it, even from day into night.
Even the sheets, almost transparent in their lightness, seem to catch in the lines of their images the electronic icons of our themes and the portraits of the protagonists who narrate their experience. A wind made of light which expands and illuminates with its own movement, but which like every light needs the nurture of constant attention and clarified passion.

Paolo Rosa

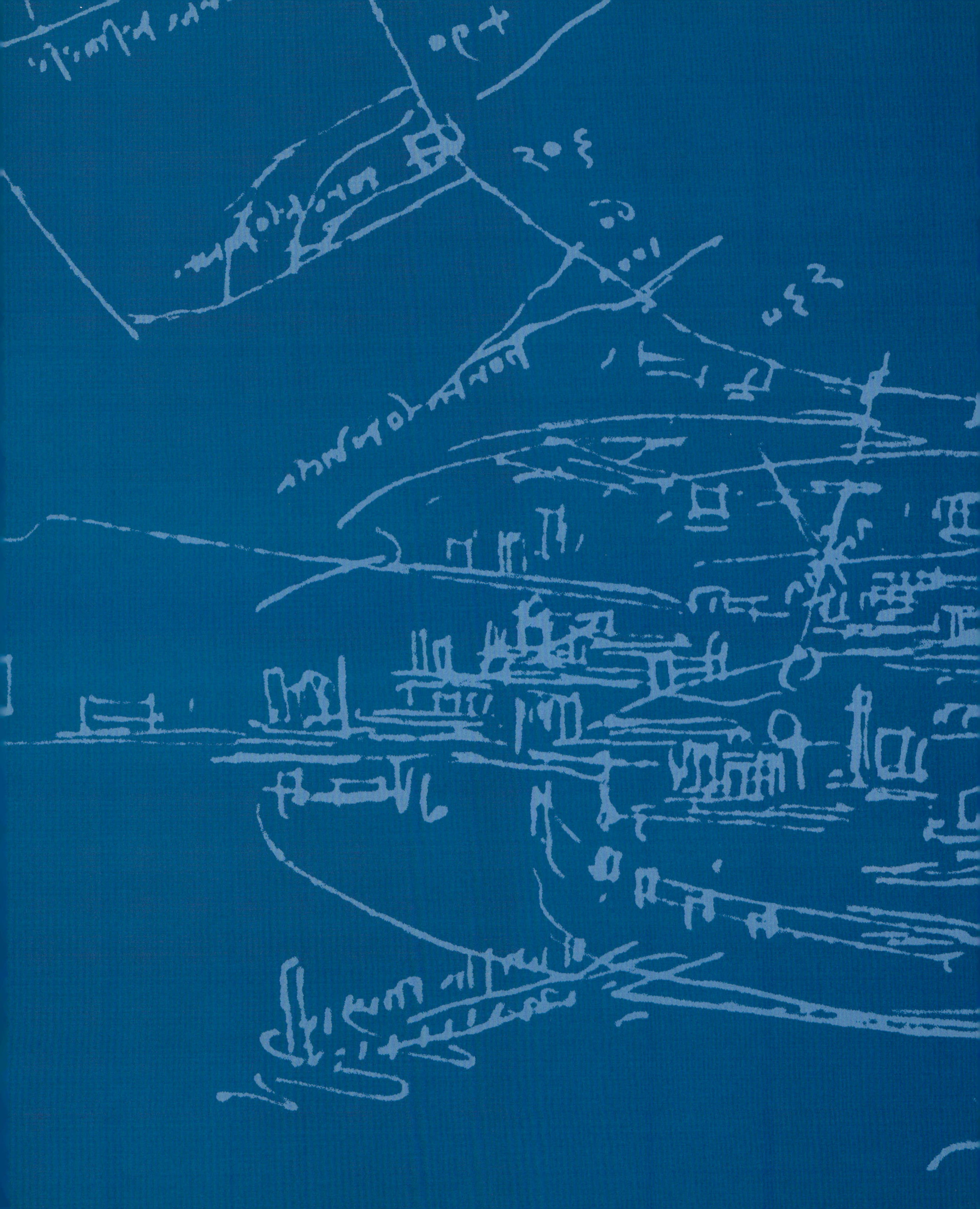

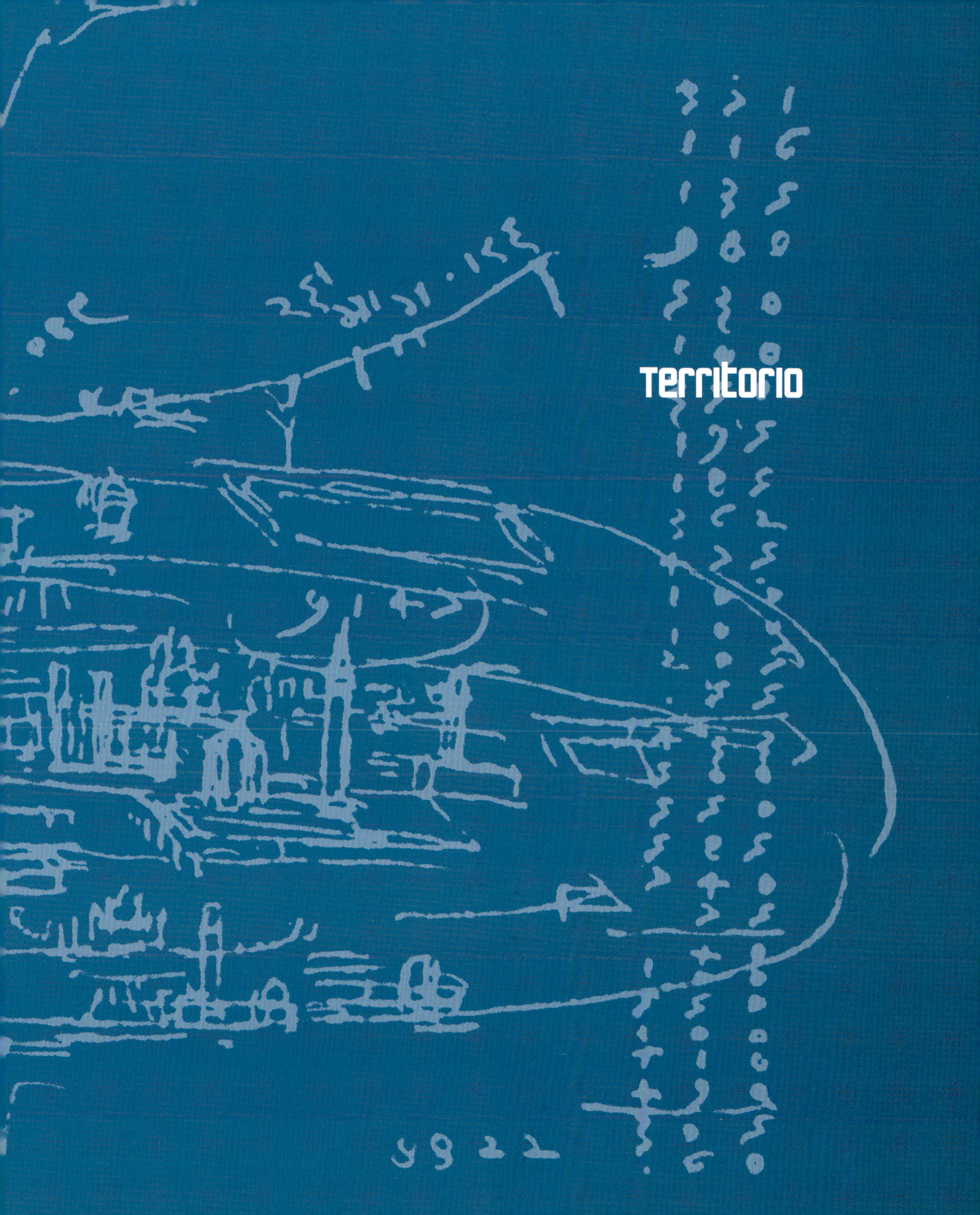
Territorio

Milano è una città con importanti monumenti storici (come ad esempio il Duomo, il Castello Sforzesco, la Galleria e la Scala) cui si sono nel tempo affiancati architetture e interventi contemporanei all'interno di uno sviluppo metropolitano che ormai tocca un territorio assai vasto.

La città infinita
The infinite city

Milan is a city of important historical monuments (like the Duomo, Castello Sforzesco, the Galleria and La Scala) and new architecture as well, in a vast metropolitan area.

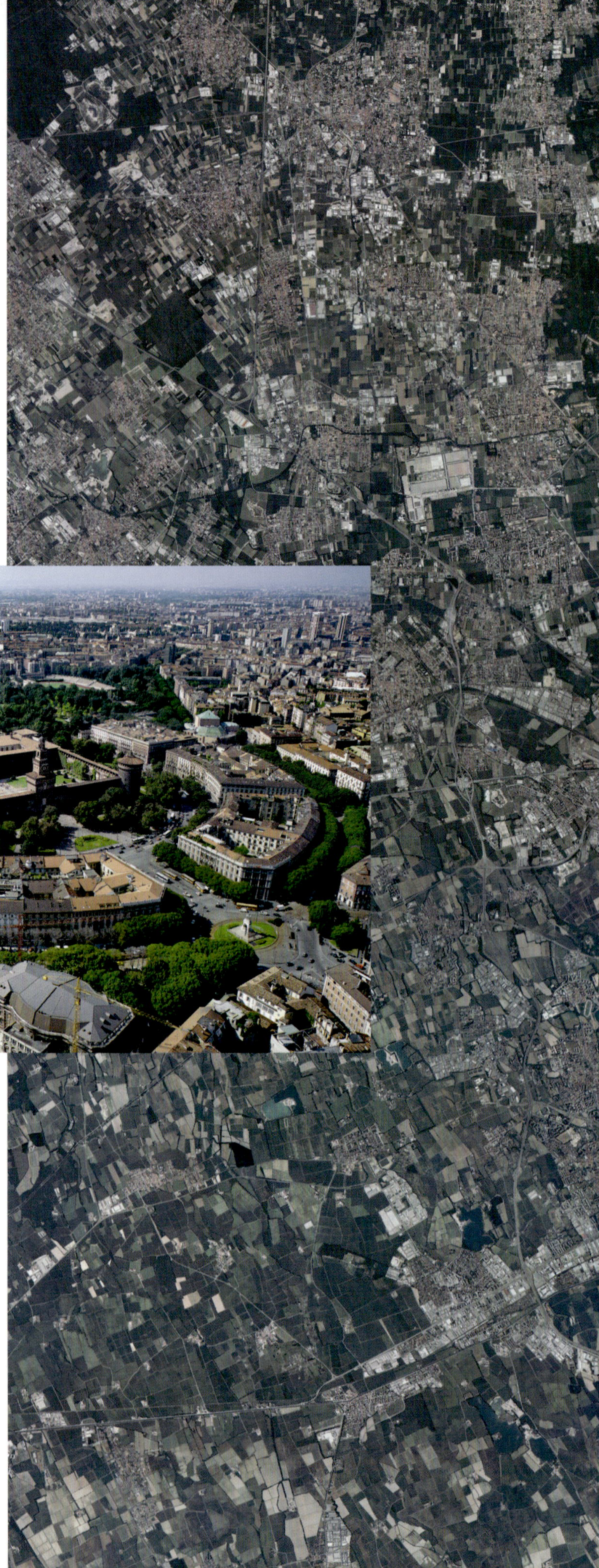

Particolare de "La Città Infinita" mostra della Triennale di Milano, progettata dallo studio Origoni e Steiner (2004) (si ringrazia Regione Lombardia, Dir. Gen. Territorio Urbanistica); foto aerea dell'area del Castello Sforzesco

Detail of "La Città Infinita", exhibition at the Triennale of Milan, designed by Origoni and Steiner studio (2004) (thanks Regione Lombardia, Dir. Gen. Territorio Urbanistica); aerial photograph of Castello Sforzesco

Dov'è oggi il centro di Milano? Una domanda difficile così come è difficile leggere la planimetria vitale di una città così pulsante, contraddittoria e viva. Forse il centro non è più indicabile semplicemente con un dito sulla carta, si può solo intuire con una sintesi mentale che tenga conto di tutti i fattori.
Emilio Pozzi, storico

Where is the center of Milan today? This is a difficult question, because it is difficult to read the living map of a city that is so pulsating, contradictory, and energetic. Perhaps the center cannot be indicated by simply pointing to a spot on the map, but must be intuited through a mental synthesis that takes all factors into consideration.
Emilio Pozzi, historian

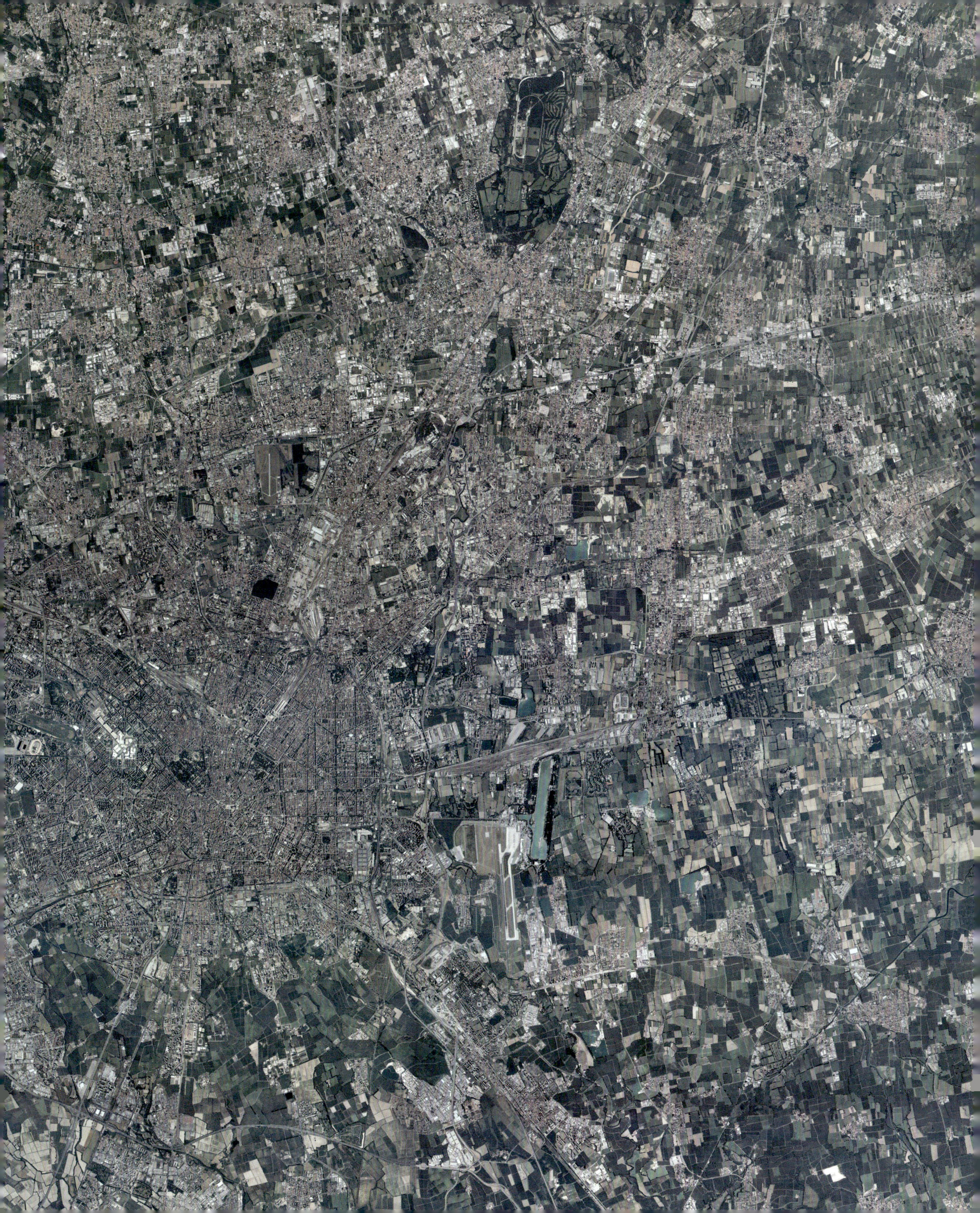

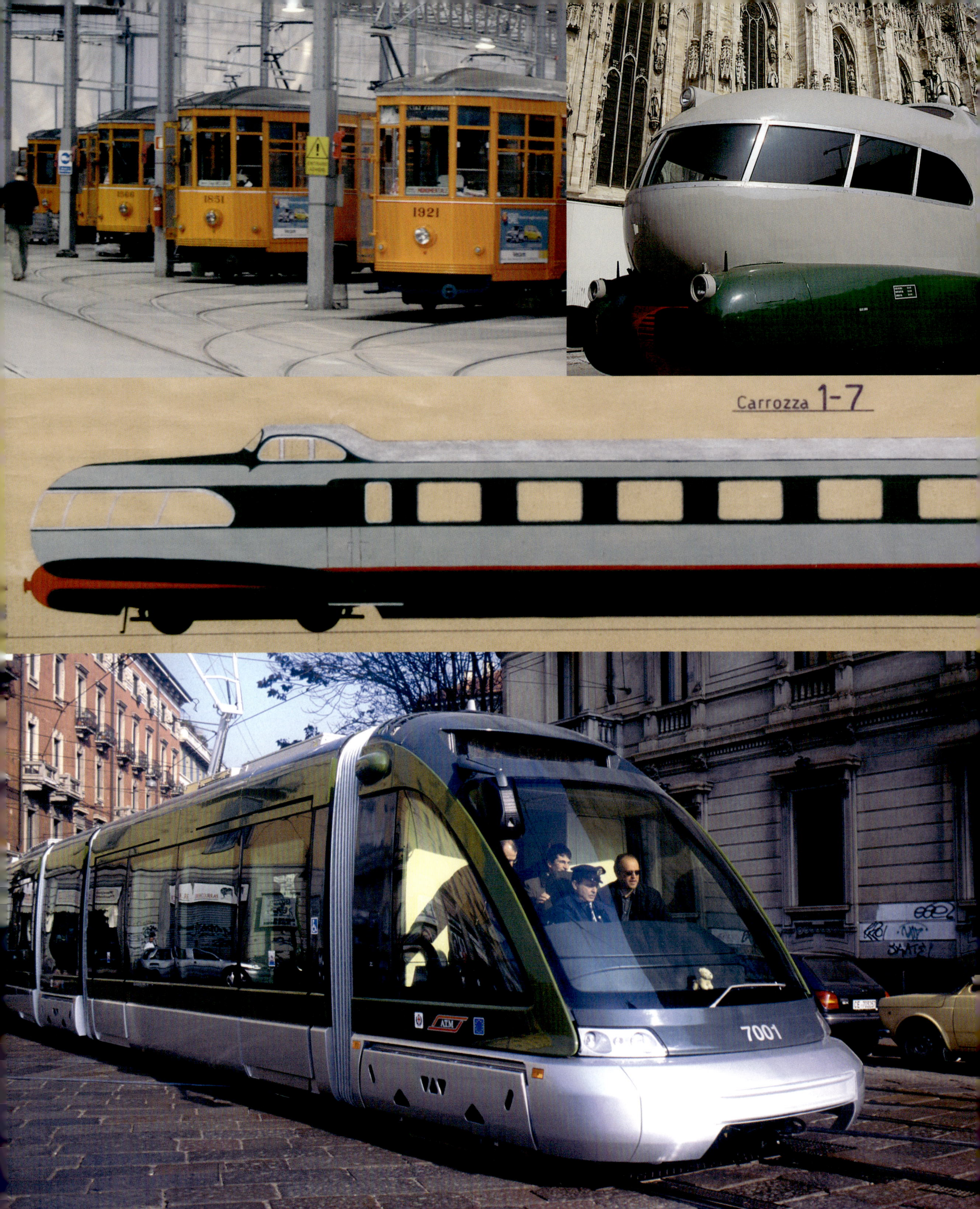
1851
1921
Carrozza 1-7
ATM
7001

Mezzi di trasporto pubblico a Milano: il tram degli anni Venti ancora circolante; l'elettrotreno Breda Etr 300 di Giulio Minoletti in piazza Duomo in occasione di una mostra e nei disegni di progetto degli anni Cinquanta (conservati all'Isec di Sesto San Giovanni); il recente Eurotram di Zagato

USCITA

SAN BABILA

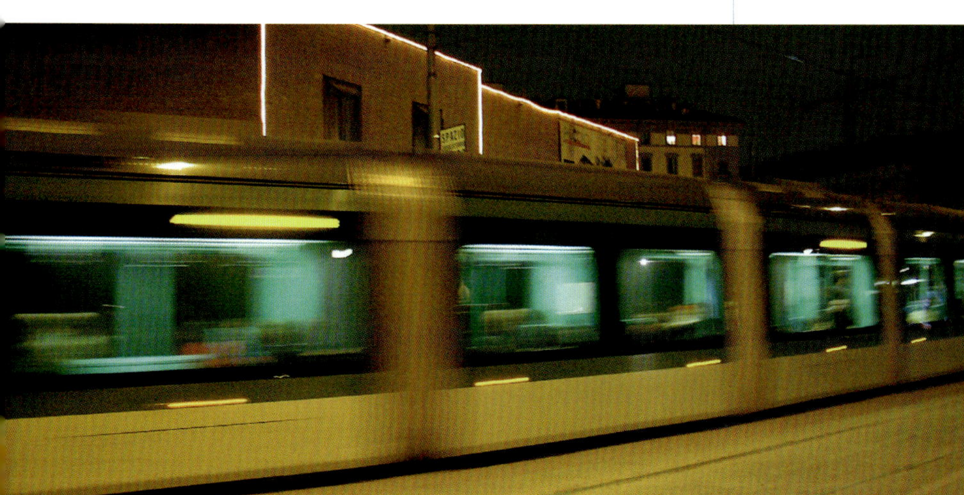

Public transport in Milan: 1920s tram still in circulation; the Breda Etr 300 electric train of Giulio Minoletti in piazza Duomo on the occasion of an exhibition and in the design plans of the 1950s (conserved in the Isec of Sesto San Giovanni); the recent Eurotram of Zagato

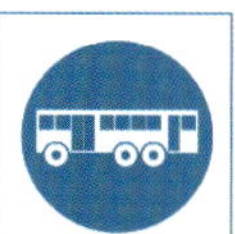

N

Bus per :

P.za Duomo
L.go Augusto
P.za 5 Giornate
F.lli Bronzetti
P.za M.Adeleide
Via Plinio
Staxione Centrale

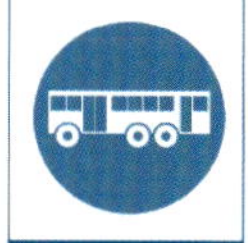

27

Bus per :

Via T.Grossi
P.za Cavour
P.za Oberdan
Via Morgagni
P.za Loreto
St. Lambrate
Centrale

TRENO PER

PALESTRO
P. VENEZIA
LIMA
LORETO
PASTEUR
ROVERETO
TURRO
GORLA
PRECOTTO
VILLA S.G.
S. MARELLI

Transfer Exit

1 2

Downto
& Brook

Stazioni della Metropolitana di Milano progettate da Albini-Helg con grafica di Bob Noorda Unimark International (1963) che, con Massimo Vignelli, ha poi anche lavorato a quella di New York (1971)

Subway stations in Milan designed by Albini-Helg with graphics by Bob Noorda Unimark International (1963) who, with Massimo Vignelli, worked later on New York's subway system (1971)

CORRIERE DELLA SERA

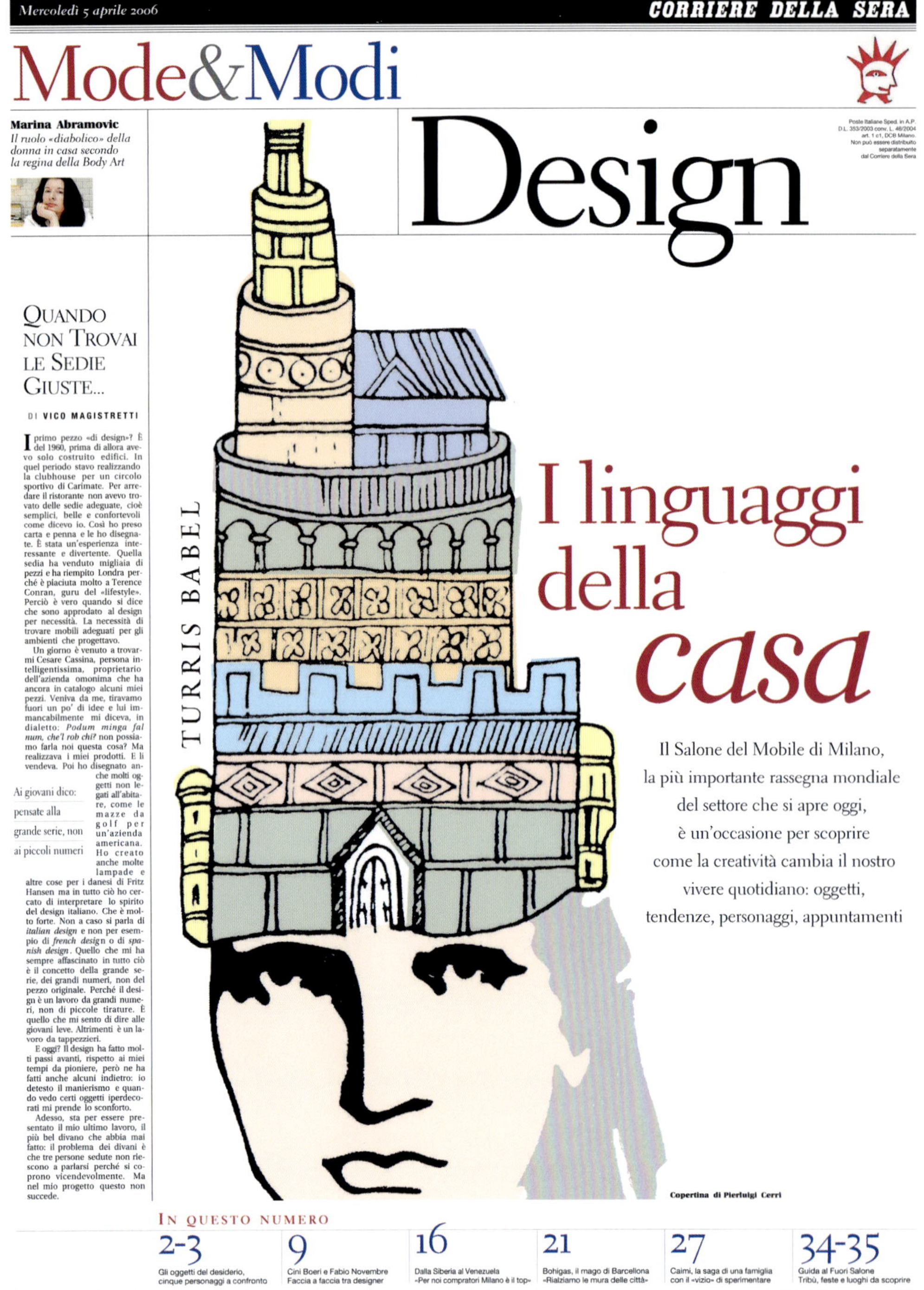

Mercoledì 5 aprile 2006 — CORRIERE DELLA SERA

Mode&Modi

Marina Abramovic
Il ruolo «diabolico» della donna in casa secondo la regina della Body Art

Design

Poste Italiane Sped. in A.P. D.L. 353/2003 conv. L. 46/2004 art. 1 c1, DCB Milano. Non può essere distribuito separatamente dal Corriere della Sera

Quando non trovai le sedie giuste...

DI VICO MAGISTRETTI

Il primo pezzo «di design»? È del 1960, prima di allora avevo solo costruito edifici. In quel periodo stavo realizzando la clubhouse per un circolo sportivo di Carimate. Per arredare il ristorante non avevo trovato delle sedie adeguate, cioè semplici, belle e confortevoli come dicevo io. Così ho preso carta e penna e le ho disegnate. È stata un'esperienza interessante e divertente. Quella sedia ha venduto migliaia di pezzi e ha riempito Londra perché è piaciuta molto a Terence Conran, guru del «lifestyle». Perciò è vero quando si dice che sono approdato al design per necessità. La necessità di trovare mobili adeguati per gli ambienti che progettavo.

Un giorno è venuto a trovarmi Cesare Cassina, persona intelligentissima, proprietario dell'azienda omonima che ha ancora in catalogo alcuni miei pezzi. Veniva da me, tiravamo fuori un po' di idee e lui immancabilmente mi diceva, in dialetto: *Podum minga fal num, che'l rob chi?* non possiamo farla noi questa cosa? Ma realizzava i miei prodotti. E li vendeva. Poi ho disegnato anche molti oggetti non legati all'abitare, come le mazze da golf per un'azienda americana. Ho creato anche molte lampade e altre cose per i danesi di Fritz Hansen ma in tutto ciò ho cercato di interpretare lo spirito del design italiano. Che è molto forte. Non a caso si parla di *italian design* e non per esempio di *french design* o di *spanish design*. Quello che mi ha sempre affascinato in tutto ciò è il concetto della grande serie, dei grandi numeri, non del pezzo originale. Perché il design è un lavoro da grandi numeri, non di piccole tirature. È quello che mi sento di dire alle giovani leve. Altrimenti è un lavoro da tappezzieri.

Ai giovani dico: pensate alla grande serie, non ai piccoli numeri

E oggi? Il design ha fatto molti passi avanti, rispetto ai miei tempi da pioniere, però ne ha fatti anche alcuni indietro: io detesto il manierismo e quando vedo certi oggetti iperdecorati mi prende lo sconforto.

Adesso, sta per essere presentato il mio ultimo lavoro, il più bel divano che abbia mai fatto: il problema dei divani è che tre persone sedute non riescono a parlarsi perché si coprono vicendevolmente. Ma nel mio progetto questo non succede.

TURRIS BABEL

I linguaggi della *casa*

Il Salone del Mobile di Milano, la più importante rassegna mondiale del settore che si apre oggi, è un'occasione per scoprire come la creatività cambia il nostro vivere quotidiano: oggetti, tendenze, personaggi, appuntamenti

Copertina di Pierluigi Cerri

IN QUESTO NUMERO

2-3 Gli oggetti del desiderio, cinque personaggi a confronto
9 Cini Boeri e Fabio Novembre Faccia a faccia tra designer
16 Dalla Siberia al Venezuela «Per noi compratori Milano è il top»
21 Bohigas, il mago di Barcellona «Rialziamo le mura delle città»
27 Caimi, la saga di una famiglia con il «vizio» di sperimentare
34-35 Guida al Fuori Salone Tribù, feste e luoghi da scoprire

Nel 2005 il "Corriere della Sera" ha compiuto 130 anni. Nella notte tra il 19 e il 20 luglio il giornale italiano più prestigioso e venduto ha modificato il formato, introdotto il colore in tutte le pagine, potenziata l'impostazione editoriale, ha arricchito il giornale nei contenuti e nella grafica. Il punto centrale della progettazione del nuovo "Corriere della Sera" è stato mantenere inalterata l'identità del quotidiano. Sul piano visivo si trattava di coniugare tradizione con innovazione, bisognava rispettare la storia del giornale, mantenere il suo aspetto identitario e contemporaneamente rinnovare la formula dei codici grafici, introdurre il colore in ogni parte del giornale e con esso valorizzare l'uso delle immagini.
Gianluigi Colin, art director

In 2005 the "Corriere della Sera" celebrated its 130th anniversary. The night of July 19-20 the most prestigious and most circulated Italian newspaper modified its format, introducing color on all pages, improving the editorial framework, and enriching the paper in its contents and graphics. The central point of designing the new "Corriere della Sera" was to maintain its identity unchanged. Visually that meant linking tradition and innovation, respecting the paper's history and identity while renewing the formula of its graphic codes, bringing color into every part of the paper, and improving the use of images.
Gianluigi Colin, art director

Testata del "Corriere della Sera" e prima pagina dell'inserto Design

Masthead of "Corriere della Sera" and front page of Design section

La Galleria Vittorio Emanuele II, progettata da Giuseppe Mengoni (1861-72) e, in primo piano, la Vespa, un classico del design italiano

The Vittorio Emanuele II gallery designed by Giuseppe Mengoni (1861-72) and, in the foreground on the occasion of an exhibition, a Vespa, a classic of Italian design

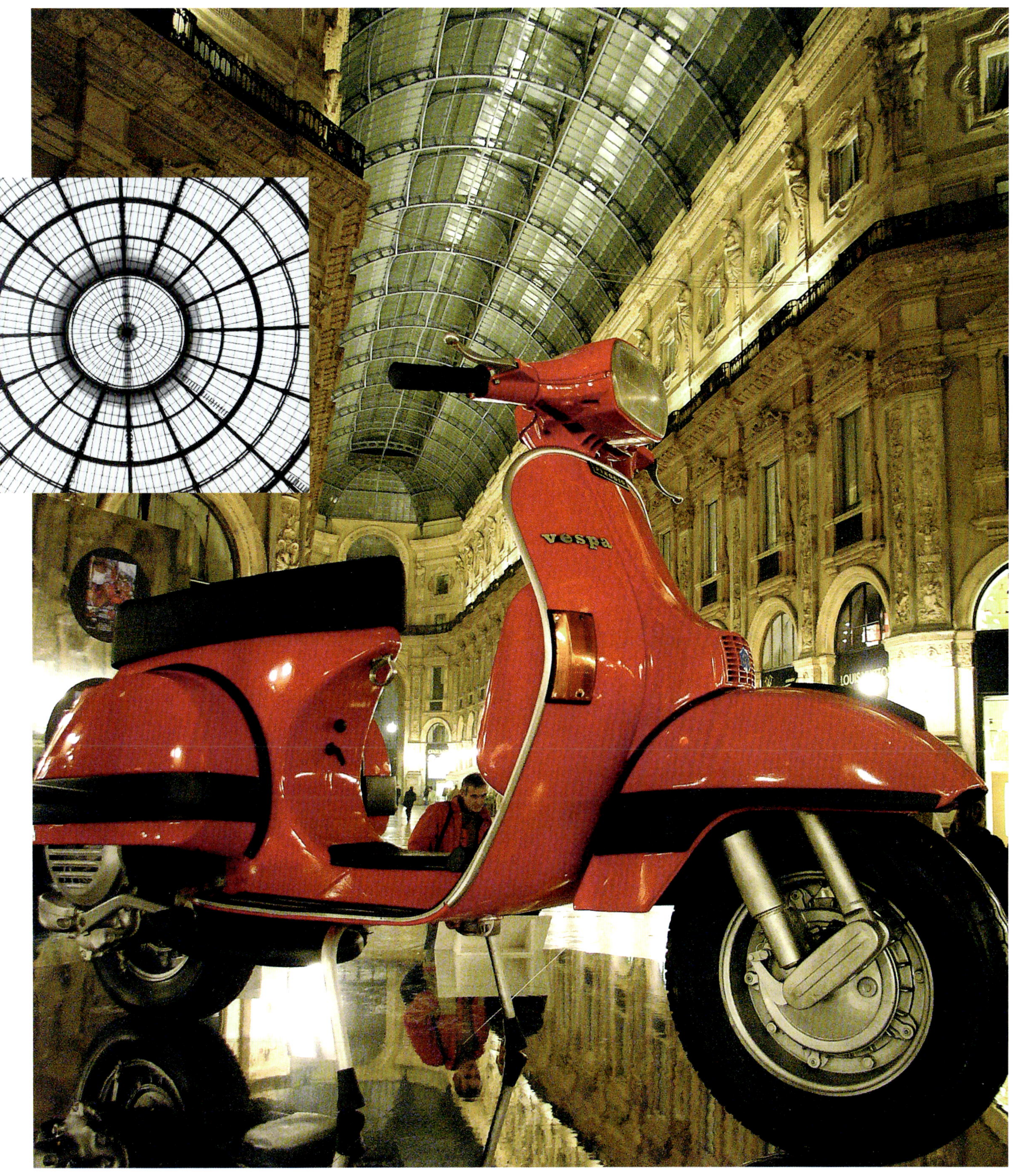
vespa

In una realtà insediativa che ha assunto i contorni di una città "infinita", le trasformazioni urbanistiche e architettoniche di alcune aree strategiche sono state affidate ai maggiori architetti e studi di progettazione internazionali.

La città metropolitana
The metropolitan city

In an agglomeration which has assumed the outline of an "infinite" city, the urban and architectural transformations of some strategic areas have been entrusted to the most important international architects and design studios.

Veduta aerea della città di Milano, con la direttrice stradale di corso San Gottardo verso nord

Aerial view of the city of Milan, with the traffic artery corso San Gottardo going north

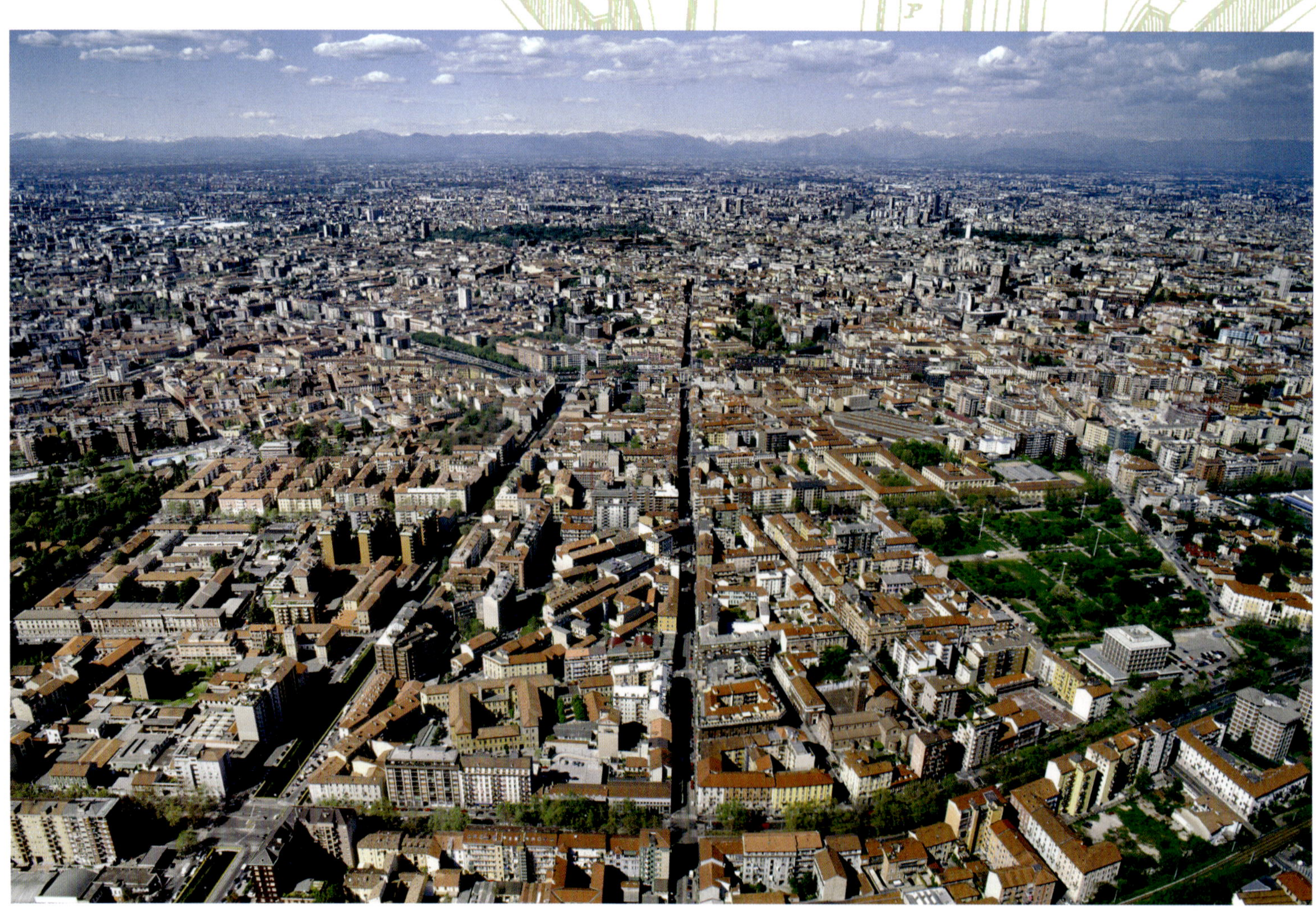

A quarant'anni suonati dalla sua nascita, il grattacielo (Pirelli) è ancora giovane: la sua figura non ha cessato di emozionarci ogni volta che la guardiamo svettare oltre il profilo della città, con quelle forme acute, con il taglio d'ombra che la divide verticalmente in tutta la loro altezza, con quella copertura volante che ne conclude la sommità in un sorprendente gioco di proporzioni.
Milano non è Manhattan, il suo tessuto edificato non abbonda di eccezionali emergenze architettoniche, ma qui indubbiamente la città ha saputo mobilitare le sue forze migliori per esprimere un momento di capacità progettuale, di vigorosa fiducia in se stessa.
Eugenio Gentili Tedeschi, architetto

Forty years after its birth, the skyscraper (Pirelli) is still young: it has not ceased to move us whenever we see it rising high above the city, with its sharpness, with the cut of shadow that divides it vertically top to bottom, with its floating cap and its surprising play of proportions.
Milan is not Manhattan, the city is not full of exceptional architectural high points, but here the city mobilized its best energies to express a robust faith in itself, through its capacity for design.
Eugenio Gentili Tedeschi, architect

Incisione di Daniel Stoopendal, "Milano", in Giorgio Grevio, "Thesaurus Antiquitatum et historiarum Italiae", Leida 1704 (Civica raccolte stampe A. Bertarelli, Milano)

Engraving of Daniel Stoopendal, "Milano", in Giorgio Grevio, "Thesaurus Antiquitatum et historiarum Italiae", Leida 1704 (Civica raccolte stampe A. Bertarelli, Milano)

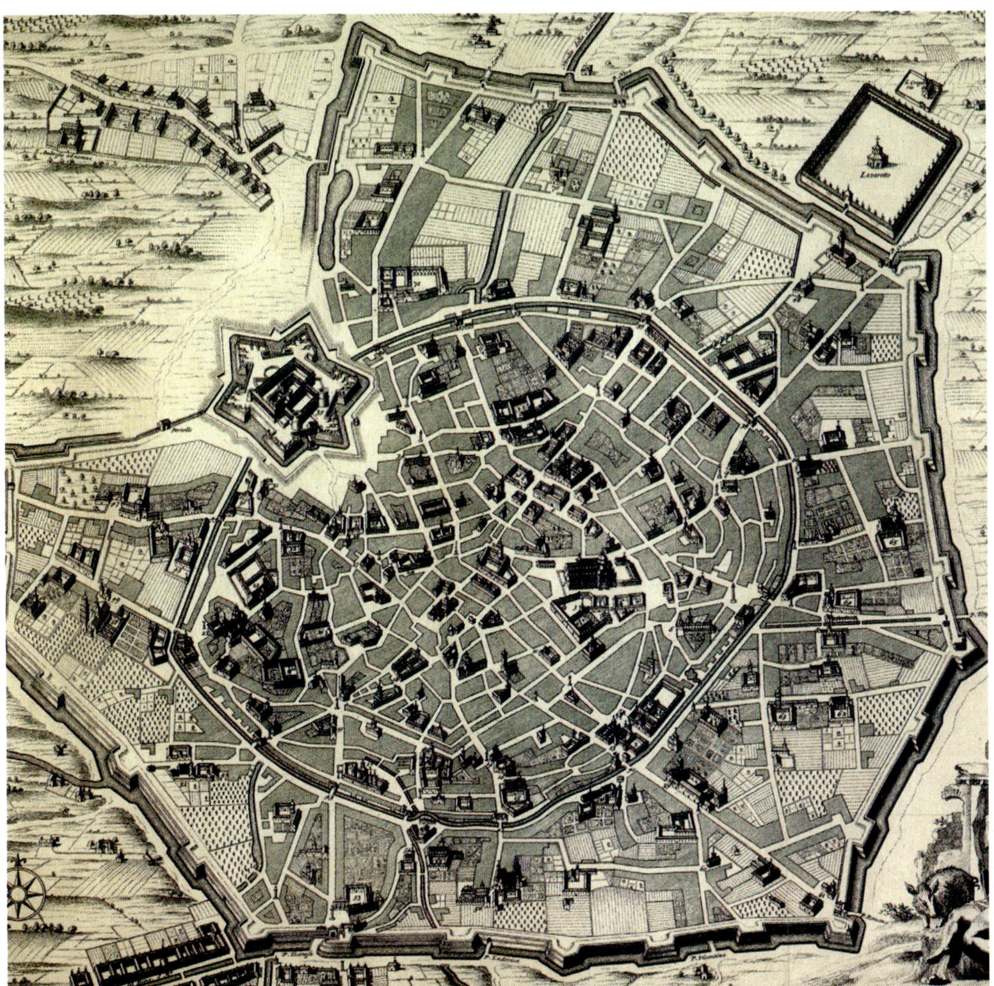

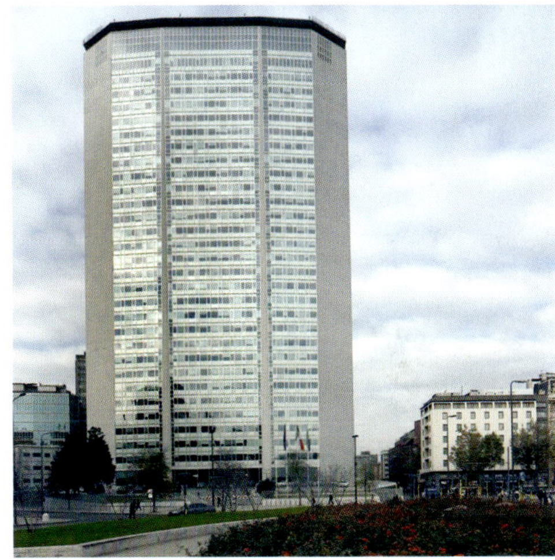

Il grattacielo Pirelli progettato da Gio Ponti (1956)

Pirelli building designed by Gio Ponti (1956)

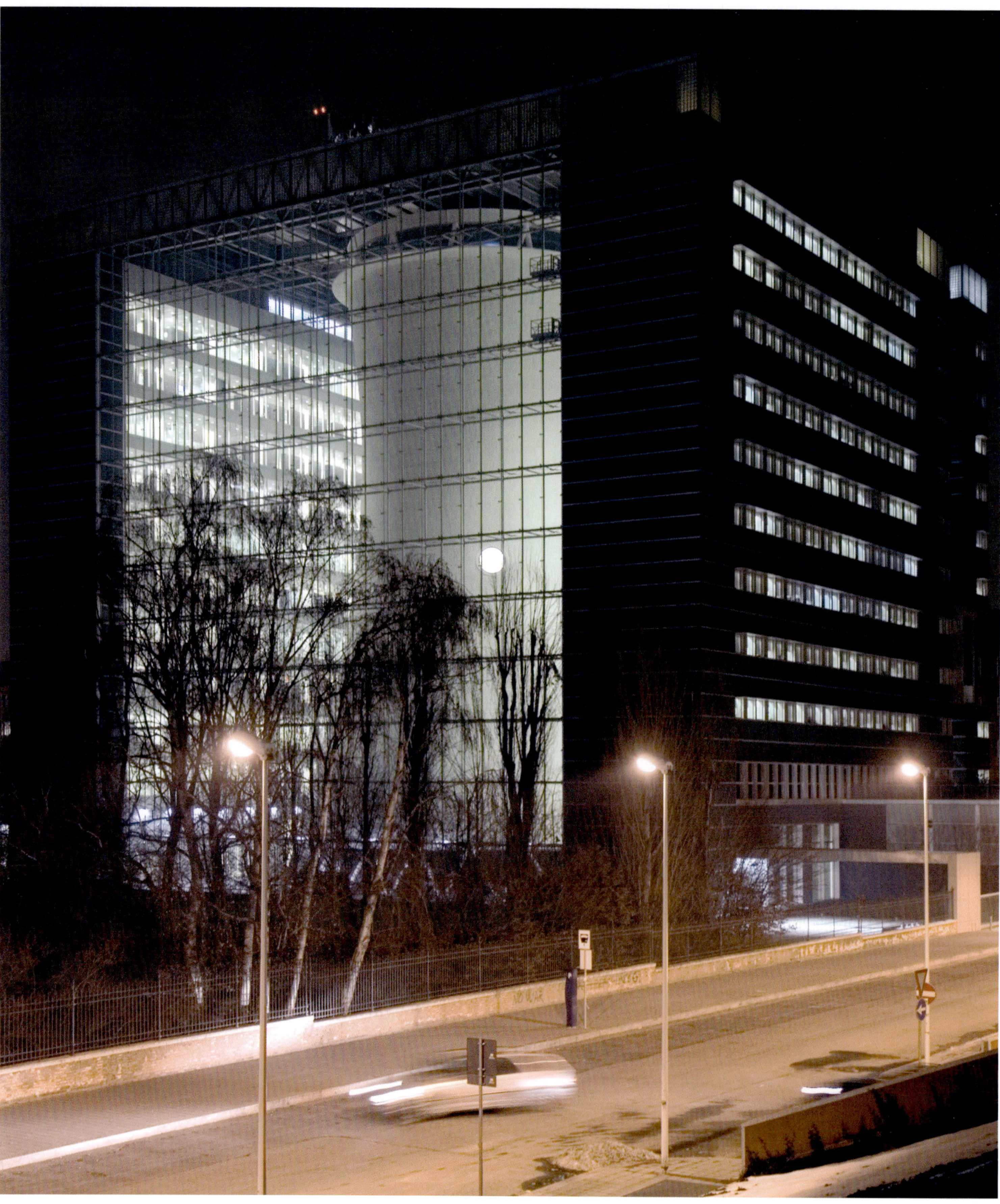

La torre di raffreddamento dei vecchi impianti produttivi è recuperata all'interno dell'edificio sede dell'headquarter Pirelli nell'area Bicocca, progettato da Gregotti Associati International, a testimonianza della volontà di far dialogare passato e presente

The cooling tower of the old factory is recovered inside the building which is the headquarters of Pirelli in the Bicocca area, designed by Gregotti Associati International, evidence of the will to connect past and present in a dialogue

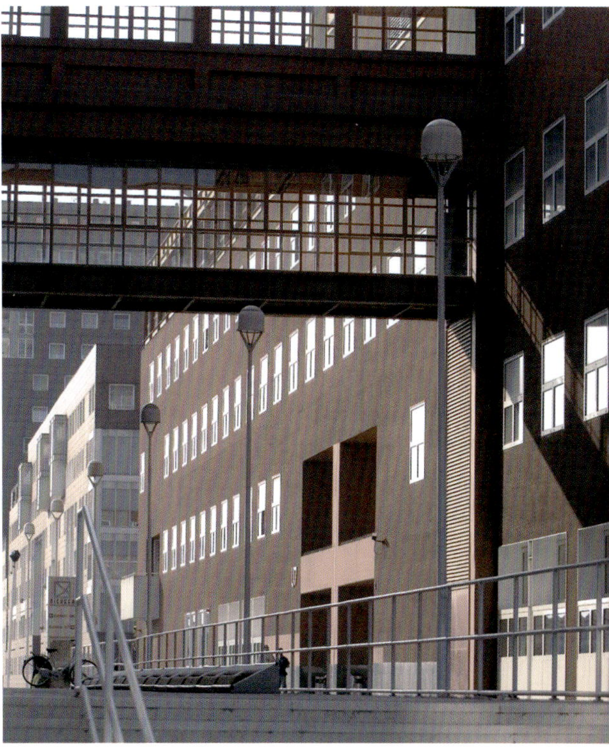

Architetture contemporanee progettate da Gregotti Associati International nell'area della Bicocca

Contemporary architecture designed by Gregotti Associati International for the Bicocca area

Questi anni hanno visto nel campo dell'architettura urbana europea una serie di importanti lavori concentrati sulla trasformazione della città costruita, in qualche modo simmetrici al fenomeno dell'urbanizzazione della campagna. Lo sforzo di rivitalizzazione degli spazi infrastrutturali della città è stato favorito dalla occasione storica della dismissione di vaste aree industriali e di grandi servizi urbani. Anche l'insediamento di Bicocca ha questa origine, ma si cala nello specifico dell'area metropolitana del nord-est milanese con il progetto di fondare una nuovo polo di centralità, progetto favorito dalla presenza nell'area di funzioni diversificate capaci di stabilire scambi necessari con altre parti del territorio urbanizzato (università, servizi, abitazioni, ricerca, terziario ed un grande teatro d'opera e di concerti) che ci hanno permesso di proporre per essa lo slogan "un centro storico per la periferia". Il nostro studio sta lavorando alle realizzazioni di questo progetto dalla metà degli anni Ottanta. Alcuni edifici sono ristrutturazioni di precedenti costruzioni industriali, altri sono nuovi e sono stati pensati in modo da essere coerenti per scala ed uso urbano a quelli ristrutturati. Costruire un'architettura civile, semplice, senza la ricerca dell'applauso, è ciò che abbiamo cercato di fare nel progetto della Bicocca durante il delicato passaggio dai principî al costruito. Il progetto Bicocca è il risultato di un'occasione storica e sociale del tutto speciale (la dismissione di gran parte delle aree della grande industria) e di un'organizzazione molto complessa a cui hanno partecipato moltissimi attori determinanti, i numerosi architetti del nostro studio, poi ingegneri, tecnici di ogni tipo, e prima di tutti le strutture tecniche ed economiche della società promotrice. E solo dalla loro solidarietà culturale, al di là delle infinite occasioni di discussione, che sarà forse possibile la realizzazione compiuta del progetto Bicocca.

Vittorio Gregotti, architetto

European urban architecture in these last few years has found expression in a series of important works aiming at the transformation of the built city, in some ways symmetrical to the phenomenon of the urbanization of the countryside. The effort to revitalize the infrastructural spaces of the city has been favored by the historical decommissioning of vast industrial areas and of big urban services. This is the origin of the area of Bicocca, but its intent is to serve as a new focus for the metropolitan area of northeastern Milan; the plan is to encourage the presence there of diversified functions able to create the necessary exchanges with other parts of the urbanized territory (university, services, dwellings, research, and a big opera and concert hall), to justify the slogan "a historical center for the periphery". Our studio has been working to get this project realized since the mid 1980s. Some of its buildings are old factories restructured, others are new and were conceived to be coherent in scale and urban use with those that have been restructured. To build simple civil architecture, without looking for applause, is what we have tried to do in the Bicocca project throughout the delicate passage from an enunciation of principles to getting things built. The Bicocca project is the result of an entirely special historical and social opportunity (the decommissioning of a great part of the areas occupied by big industry) and of a very complex organization, in which very many decisive actors were taking part, the numerous architects of our studio, and then engineers and technicians of every type, and above all the technical and economic structures of the company promoting the project. It is only because of their cultural solidarity, beyond the infinite occasions of discussion, that it will perhaps be possible to realize the Bicocca project fully.

Vittorio Gregotti, architect

I prodotti portatori di innovazione generano un circolo virtuoso di attività che premia i designer e le aziende, la rete dei subfornitori, le filiere a monte e la distribuzione a valle, arricchendo il sistema e generando occupazione.
Gli elementi che caratterizzano il sistema italiano del design sono essenzialmente due: il tipo di prodotti offerti e il sistema attraverso cui sono realizzati, commercializzati e soprattutto comunicati. La prassi italiana di fare innovazione è essenzialmente legata al processo progettuale che ha storicamente sviluppato una cultura tecnica molto più vicina alle logiche del laboratorio artigianale, che non a quelle della grande industria, pur se preceduta da un'attenta ricerca tecnologica e materica.
Realtà queste da ascriversi al potenziale tecnico diffuso sul territorio – e quasi mai patrimonio esclusivo della singola azienda – che ha potuto crescere e svilupparsi grazie alla rete di piccole e medie imprese della trasformazione, basate su economie di specializzazione e spesso organizzate in distretti integrati.
Giulio Ballio, ingegnere e rettore del Politecnico di Milano

Innovative products generate a virtuous circle of activities rewarding designers and businesses, the network of suppliers, the related businesses upstream and downstream, enriching the system and creating jobs.
The elements characterizing the Italian system of design are essentially two: the type of products offered and the system that realizes them, sells them, and above all communicates them. The Italian practice of innovating is essentially linked to the design process that has historically developed a technical culture much closer to the logic of the artisan's workshop than to that of big industry, even though it is based on careful technical and material research.
This is a reality connected to the technical potential spread throughout the territory – and almost never the exclusive patrimony of a single business – that has been able to grow and develop thanks to the network of small and mid size enterprises engaged in transformation, based on the economies of specialization and often organized into integrated districts.
Giulio Ballio, engineer and rector of the Politecnico of Milan

POLITECNICO
MILANO

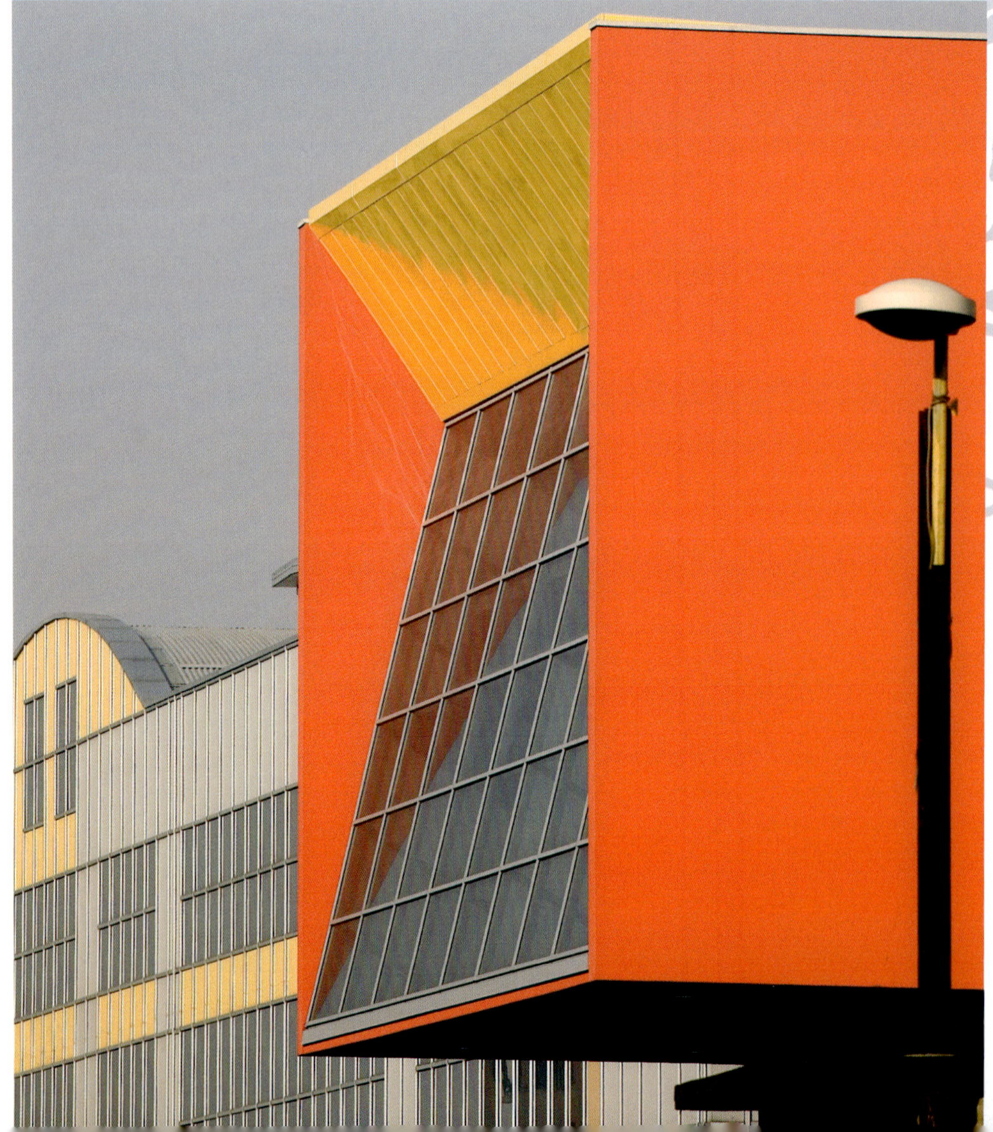

Edifici del Politecnico di Milano in zona Bovisa e il marchio dell'Università

Buildings of the Politecnico of Milan in the Bovisa area and the trademark of the Politecnico

Il "quartiere industriale nord" di Milano in un disegno di Mario Stroppa (inizio novecento)

The "north industrial quarter" of Milan in a drawing by Mario Stroppa (early 1900s).

Più che i numeri – un milione e mezzo di metri quadrati – qui la cosa importante è l'idea. Siamo aiutati dal fatto che le tracce del progetto ci sono già. Sono quelle delle fabbriche, che hanno lasciato tracce visibili non solo nella memoria. Ma sono anche le tracce delle strade, come viale Italia, asse centrale della fabbrica: i luoghi parlano, hanno voce, bisogna saperli ascoltare. A Sesto e nel nord Milano c'è una natura rigogliosa, straordinaria: le piante godono di grandissima salute, come dimostra il fatto che proprio nell'area delle acciaierie in dieci anni si sia formata quasi una vera e propria foresta rigogliosa, e senza che nessuno se ne sia occupato. Ci sarà un grande parco, più del Sempione a Milano. Un parco non sfrangiato, unitario, sennò diventa un verde condominiale. Dev'essere un luogo dove ci si perde dentro. Sesto è la città delle fabbriche, Falck, Marelli, Breda, che hanno avuto un ruolo non solo nella crescita economica ma anche nel progresso civile, che va rispettato e non dimenticato. Un'eredità forte e impegnativa, da non umiliare attraverso un'impostazione consumistica.
Renzo Piano, architetto

More than numbers – a million and a half square meters – the important thing here is the idea. We are encouraged by the traces of the project already in place. They are what remains of the factories which have left visible traces, as well as those in memory. But there are also traces of streets like viale Italia, the central axis of the factory: places speak, have voices, it is necessary to listen to them. In Sesto and the northern part of Milan there is an extraordinary flourishing natural world: plants here enjoy excellent health, as is shown by the fact that right in the area of the steel mills in ten years a vigorous quasi-forest has grown up, without any help from anyone. There will be a big park, bigger than the Sempione Park in Milan. A park that must not be cut up, unitary, if not it becomes a condominium garden. It has to be a place where you can get lost. Sesto is the city of factories, Falck, Marelli, Breda, which have played a role not only in economic growth but also in that of civil progress, which must be respected and not forgotten. This is a strong legacy demanding a commitment, which should not be humiliated by a consumer-society orientation.
Renzo Piano, architect

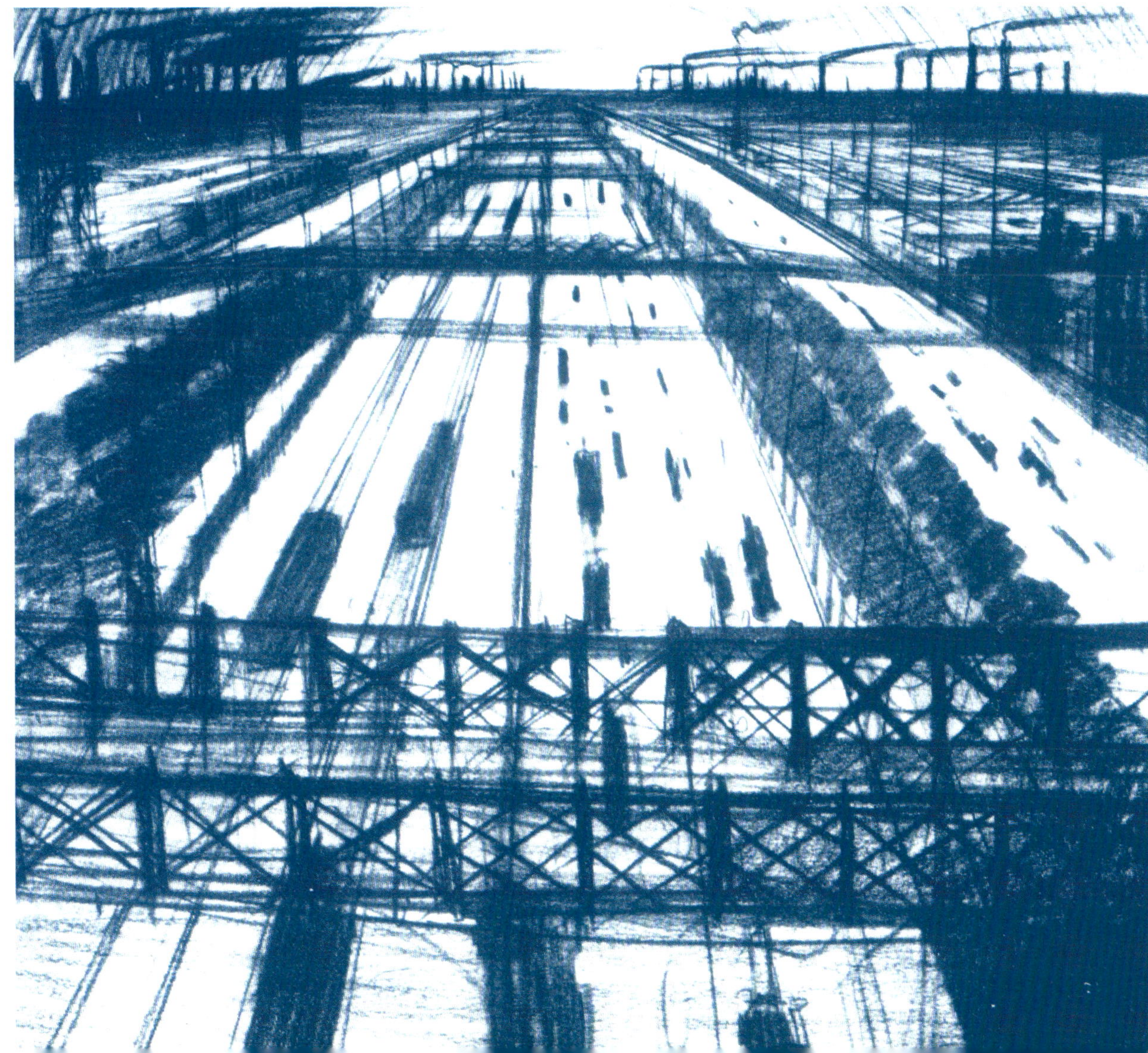

A Milano e in tutta la provincia è presente una ricca realtà museale e artistica con opere e monumenti di rilevanza internazionale.

Milano città d'arte
Milan city of art

Milan and its province are filled with museums and internationally important works of art.

Probabilmente alla fine del 1482 Leonardo si trasferiva a Milano da Firenze, sollecitato e forse direttamente inviato nella città lombarda da Lorenzo il Magnifico nel quadro di un disegno politico e diplomatico più vasto che mirava a consolidare i rapporti tra le due signorie. L'apice di questa attività è certo costituito dal "Cenacolo", dipinto nel Refettorio delle Grazie tra il 1494 e il 1498, con il quale Leonardo realizzò un vero e proprio "manifesto" dell'arte moderna, introducendo nelle raffigurazioni degli apostoli i "moti mentali" e l'azione drammatica, combinando l'introspezione psicologica con lo studio delle espressioni umane.
Pietro C. Marani, storico

It was probably at the end of 1482 that Leonardo moved from Florence to Milan, motivated and perhaps even sent to the Lombard city by Lorenzo il Magnifico in the context of a bigger political and diplomatic design aimed at consolidating relations between the two cities' rulers. This activity reached its highest point in the "Last Supper", painted in the Refettorio delle Grazie between 1494 and 1498, where Leonardo realized an authentic "manifesto" of modern art, disclosing in the portraits of the apostles their "mental movements" and dramatic action which combined psychological introspection with the study of human expressions.
Pietro C. Marani, historian

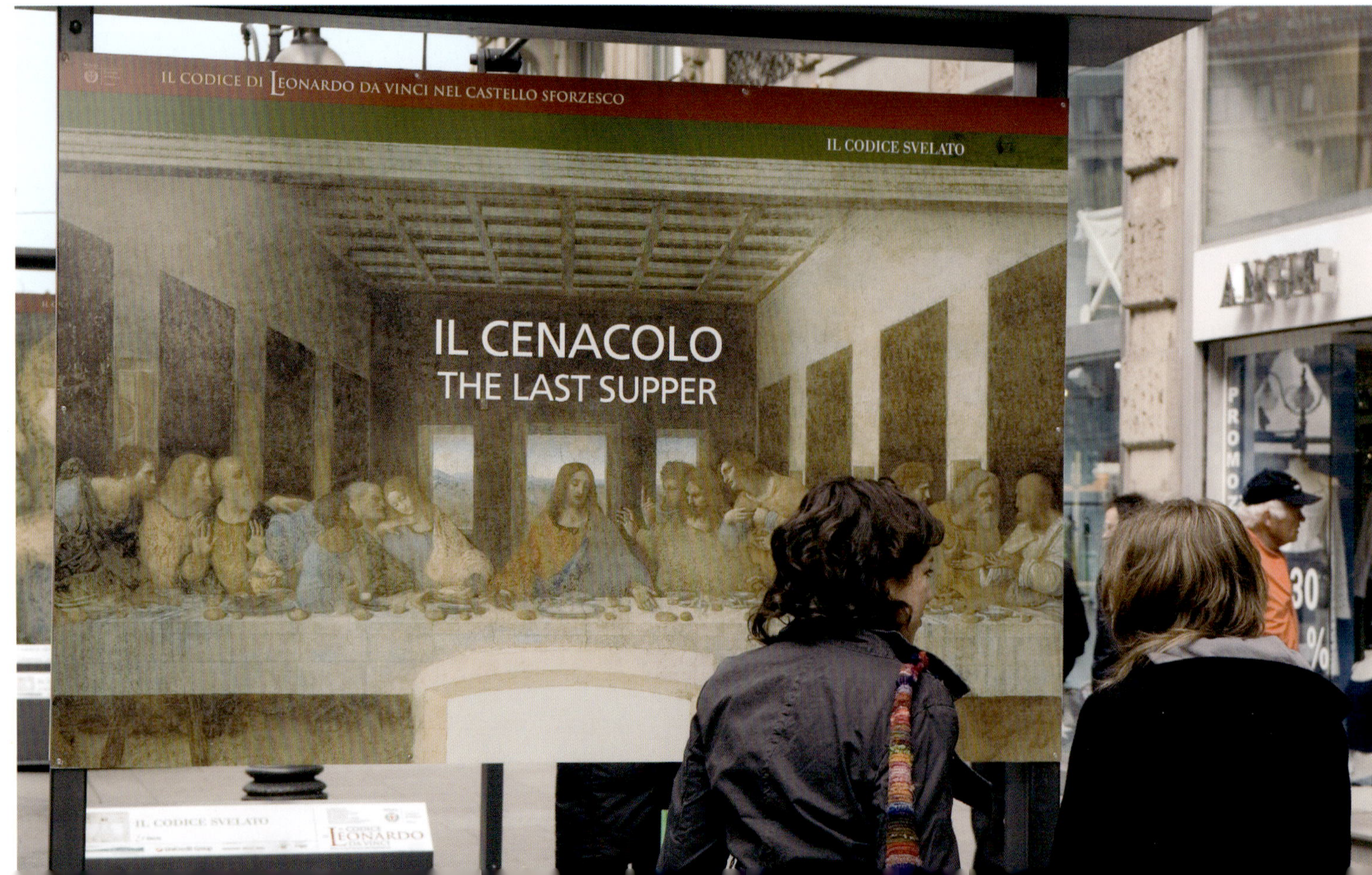

Il manifesto di una mostra ripropone l'"Ultima cena", il capolavoro di Leonardo da Vinci, conservato a Santa Maria delle Grazie

The poster of a show with the "Ultima cena" of Leonardo da Vinci in Santa Maria delle Grazie in Milan

Lontana è la mia conoscenza della Pala di Piero della Francesca: risale alla mia adolescenza e alle visite che di tanto in tanto facevo alla Pinacoteca di Brera.
La prima sensazione che mi aveva comunicato era stata quella di un'immobilità e di un silenzio sospeso, anche se pieno di vibrazioni. Poi tutta la composizione architettonica e figurativa, osservata più attentamente, mi era sembrata uscire dal silenzio e dall'immobilità, come se improvvisamente avesse cominciato ad effondere una vaga sonorità con la scansione ritmica delle figure dei santi, quasi pietrificate, ciascuna in corrispondenza con le lastre altrettanto cadenzate dell'intarsiatura dell'abside, con il ritmo rigoroso e dinamico della composita struttura architettonica, con lo stacco di luce e ombra sul fondo, con la discesa del famoso uovo al centro, un geniale coup de théâtre per me, pur nel rispetto di tutti i vari simboli che gli sono stati attribuiti. Anche se nella pittura e nella musica si può trovare l'uso di termini identici, come ritmo, armonia, intensità, dinamismo, è assurdo cercare tra i due linguaggi un parallelismo. Sarebbe limitativo per entrambi. Di recente però mi è venuta in mente una frase che ho incontrato nel wagneriano Parsifal: "Der Raum wird hier zur Zeit" (Lo spazio qui diventa tempo) e il pensiero dalla bellezza sublime di Piero della Francesca è andato a quella altrettanto suprema di Bach: pittura e musica, spazio e tempo ricomposti insieme per rappresentare la perfezione del bello.
Claudio Abbado, direttore d'orchestra

I have long known the Pala of Piero della Francesca: I was an adolescent when I began to visit the Pinacoteca di Brera.
The first sensation it gave me was that of immobility and suspended silence, even though it was full of vibrations. Then observing it more carefully, all the architectural and figurative composition seemed to come out of the silence and immobility, as though it had suddenly begun to emit a vague sonority with the rhythmic placement of the almost petrified saints, each corresponding to the equally rhythmic bands of the intarsia of the apse, the rigorous and dynamic beat of the complex architecture, with the play of light and shadow in the background, the descent of the famous egg in the center, for me a coup de théâtre, even though I respect all the various symbolic meaning attributed to it. You can use identical terms in painting and in music, like rhythm, harmony, intensity, dynamism, and it is absurd to seek a parallelism in the two languages. It would be limiting for both. Recently, however, I recalled a phrase from Wagner's Parsifal: "Der Raum wird hier zur Zeit" (Space becomes time here) and the sublime beauty of Piero della Francesca in my mind clicked into the equally supreme beauty of Bach: painting and music, space and time recomposed to represent, together, the perfection of beauty.
Claudio Abbado, orchestra conductor

Particolare di un manifesto di Bruno Monguzzi e Roberto Sambonet per la Pinacoteca nazionale di Brera (1977)

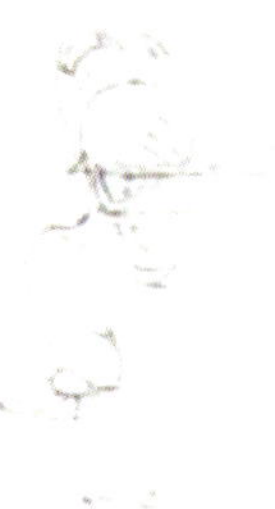
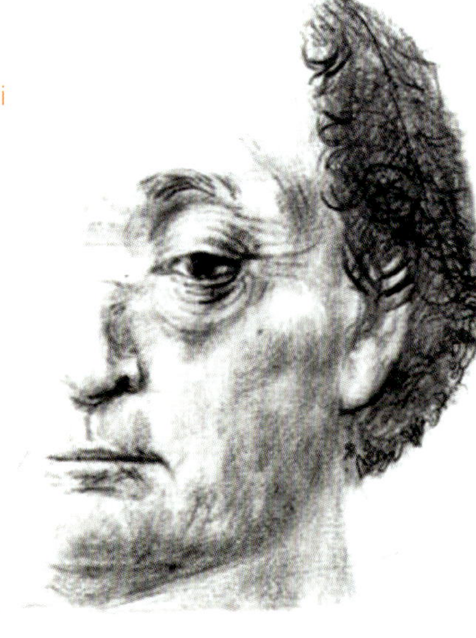

Detail of a poster of Bruno Monguzzi and Roberto Sambonet for the Pinacoteca di Brera (1977)

Una sala della Pinacoteca di Brera con la "Sacra conversazione" di Piero della Francesca (1472-74) e lo "Sposalizio della Vergine" di Raffaello Sanzio (1504)

A room of the Pinacoteca di Brera with the "Sacra conversazione" of Piero della Francesca (1472-74) and the "Sposalizio della Vergine" of Raphael (1504)

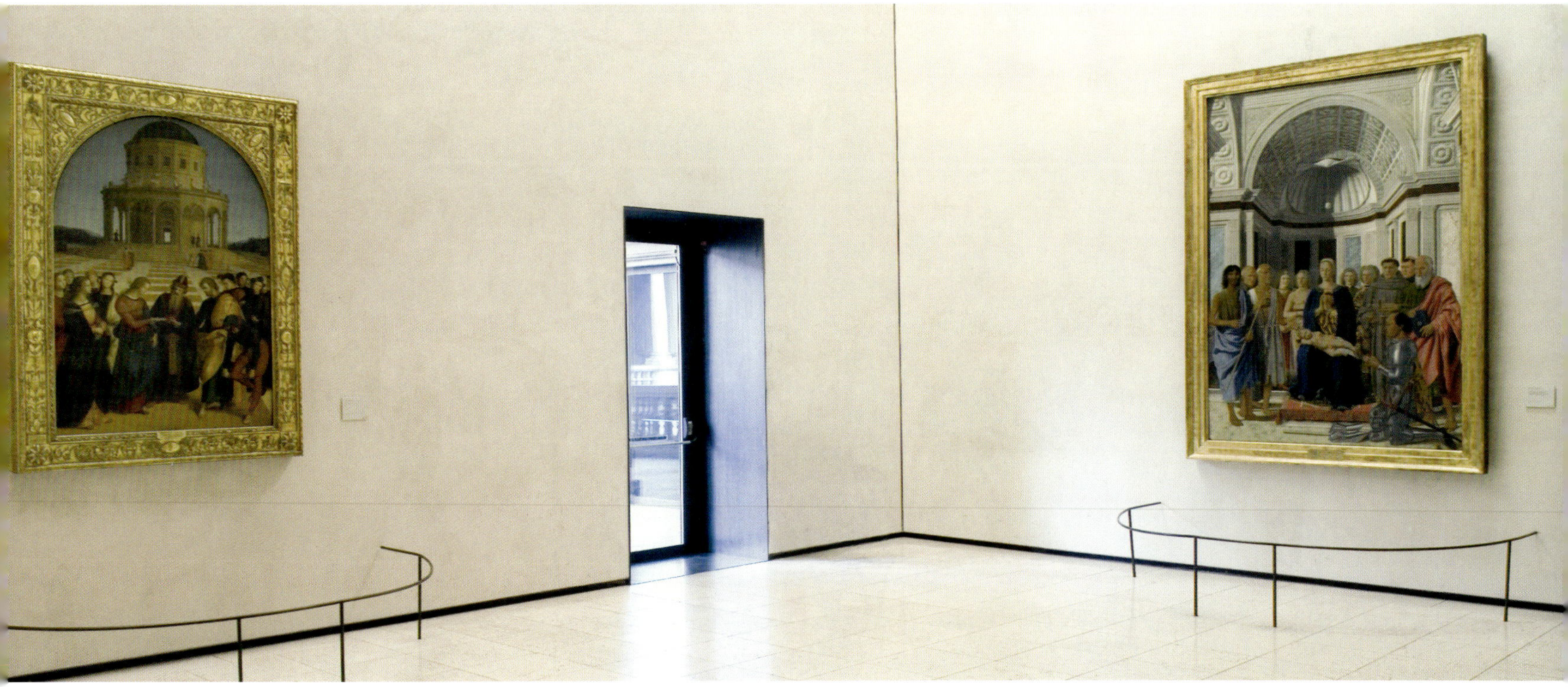

Arnaldo Pomodoro,
Colonna (1962)

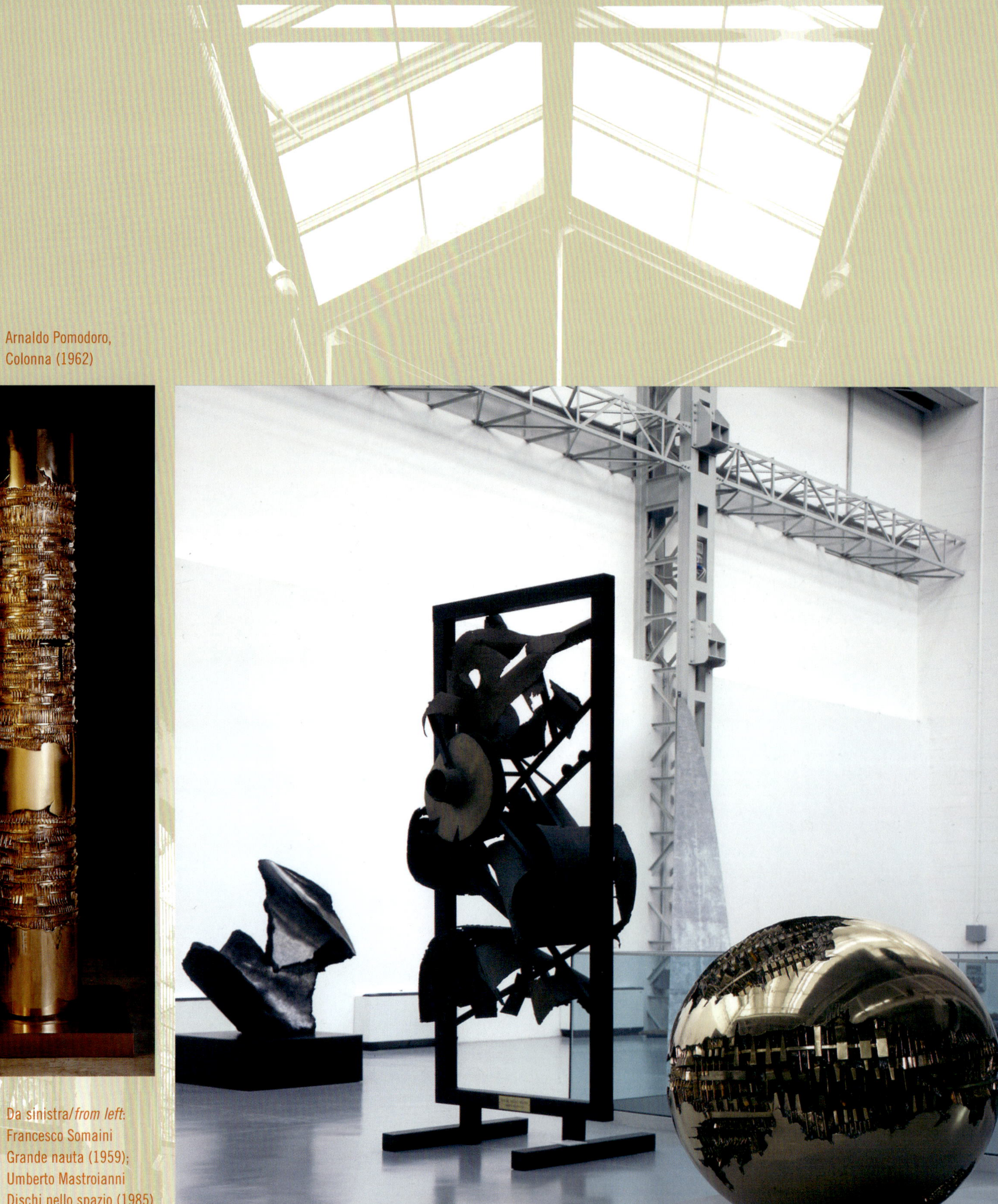

Da sinistra/*from left*:
Francesco Somaini
Grande nauta (1959);
Umberto Mastroianni
Dischi nello spazio (1985)
Arnaldo Pomodoro
Sfera n. 1 (1963)

Esempi di arte contemporanea a Milano: la Fondazione Arnaldo Pomodoro; sculture della collezione Rossini nel Parco della Villa Reale a Monza

Examples of contemporary art in Milan: the Fondazione Arnaldo Pomodoro; sculptures of the Rossini collection in the park of Villa Reale in Monza

La presenza di Leonardo a Milano è culturalmente dirompente: ogni sua elaborazione e rappresentazione si trasforma in un'innovazione epistemologica. Il suo grandioso progetto di espansione di Milano nel territorio, rifiutando il modello della città murata, prevedeva la formazione di dodici nuovi nuclei urbani per accogliere trentamila abitazioni in una corona esterna alla cerchia urbana esistente, con canali e strade di collegamento.
In un'unica tavola sono rappresentate in grande la planimetria della città con il progetto di espansione, chiaramente leggibile e misurabile nella sua analiticità e, al di sotto, integrata alla prima in una forma di comunicazione unitaria, la visione a volo d'uccello che consente una percezione globale e sintetica della proposta. Appartiene a quel programma anche lo schizzo di un progetto pilota per l'espansione di Milano: un'affascinante e straordinaria proposta di disegno urbano, modello di un sistema territoriale che implicitamente conteneva un nuovo rapporto città/campagna, finalizzato all'estensione nello spazio di qualità urbana e di ricchezza.
Virgilio Vercelloni, architetto

Leonardo's presence in Milan is culturally overwhelming: everything that he invented or represents becomes an epistemological innovation. His grandiose project to expand the city into its territory, refusing the model of the walled city, entailed creation of twelve new urban nuclei to welcome thirty thousand dwellings in a crown external to the existing urban circle, with canals and roads linking them.
In one painting, the city plan and its expansion are clearly visible and analytically measurable, with a bird's eye view of the whole proposal synthesizing it in a sort of unitary communication. This same concept appears in a sketch of a pilot project for the expansion of Milan: a fascinating and extraordinary urban design proposal, model of a territorial system that implied a new city/countryside relation, aimed at extending outward the wealth and richness of city life.
Virgilio Vercelloni, architect

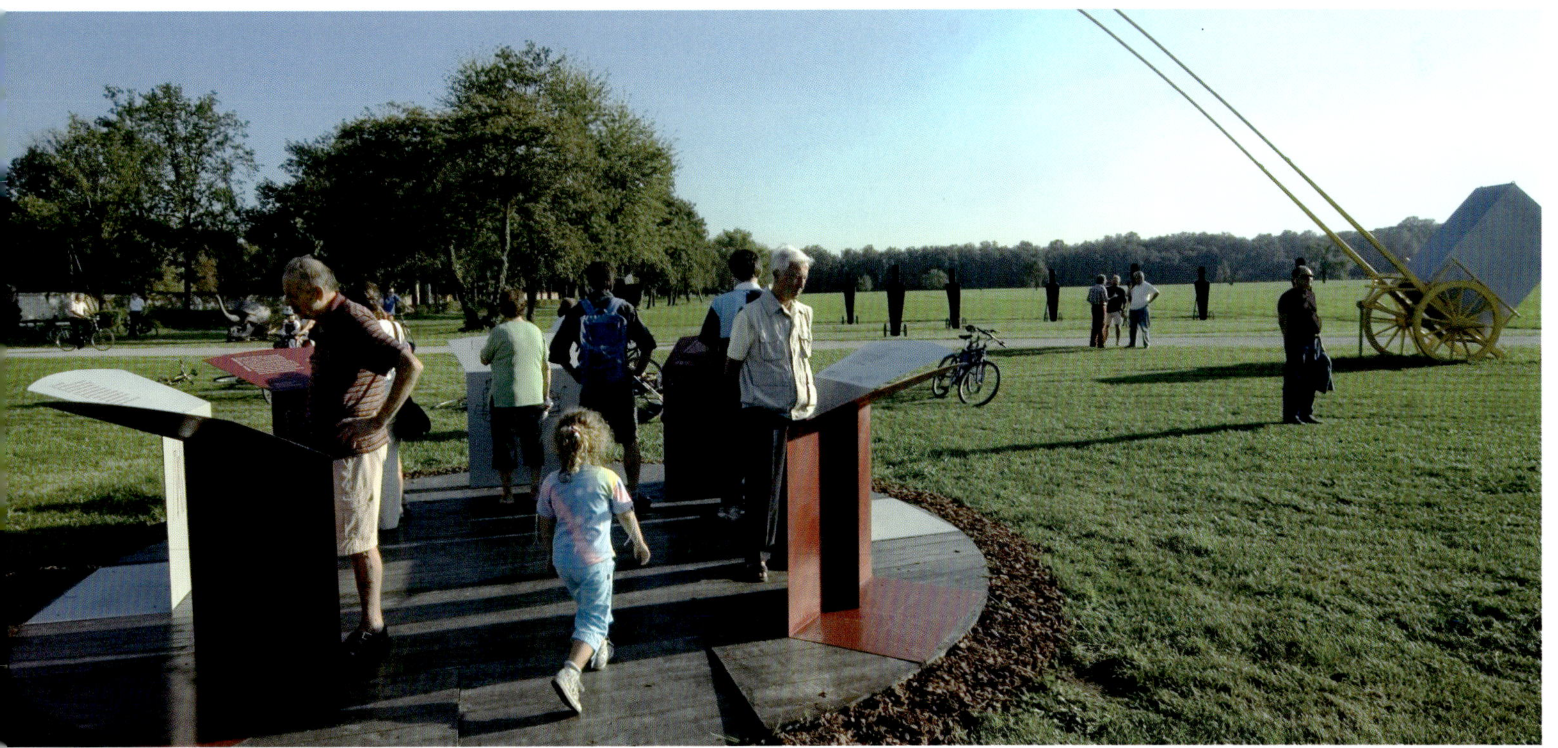

Alcune importanti istituzioni musicali e teatrali hanno sede a Milano e dal capoluogo lombardo hanno portato in tutto il mondo spettacoli, rappresentazioni e concerti contribuendo in modo decisivo all'affermazione della cultura italiana.

Musica e teatro per il mondo
Music and theater for the world

Important musical and theatrical institutions are headquartered in Milan and have taken spectacles, representations, and concerts from Milan all over the world, giving a decisive boost to the affirmation of Italian culture.

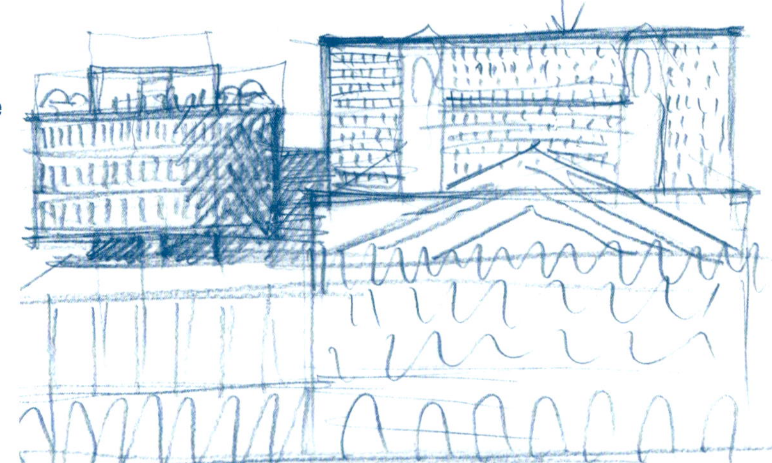

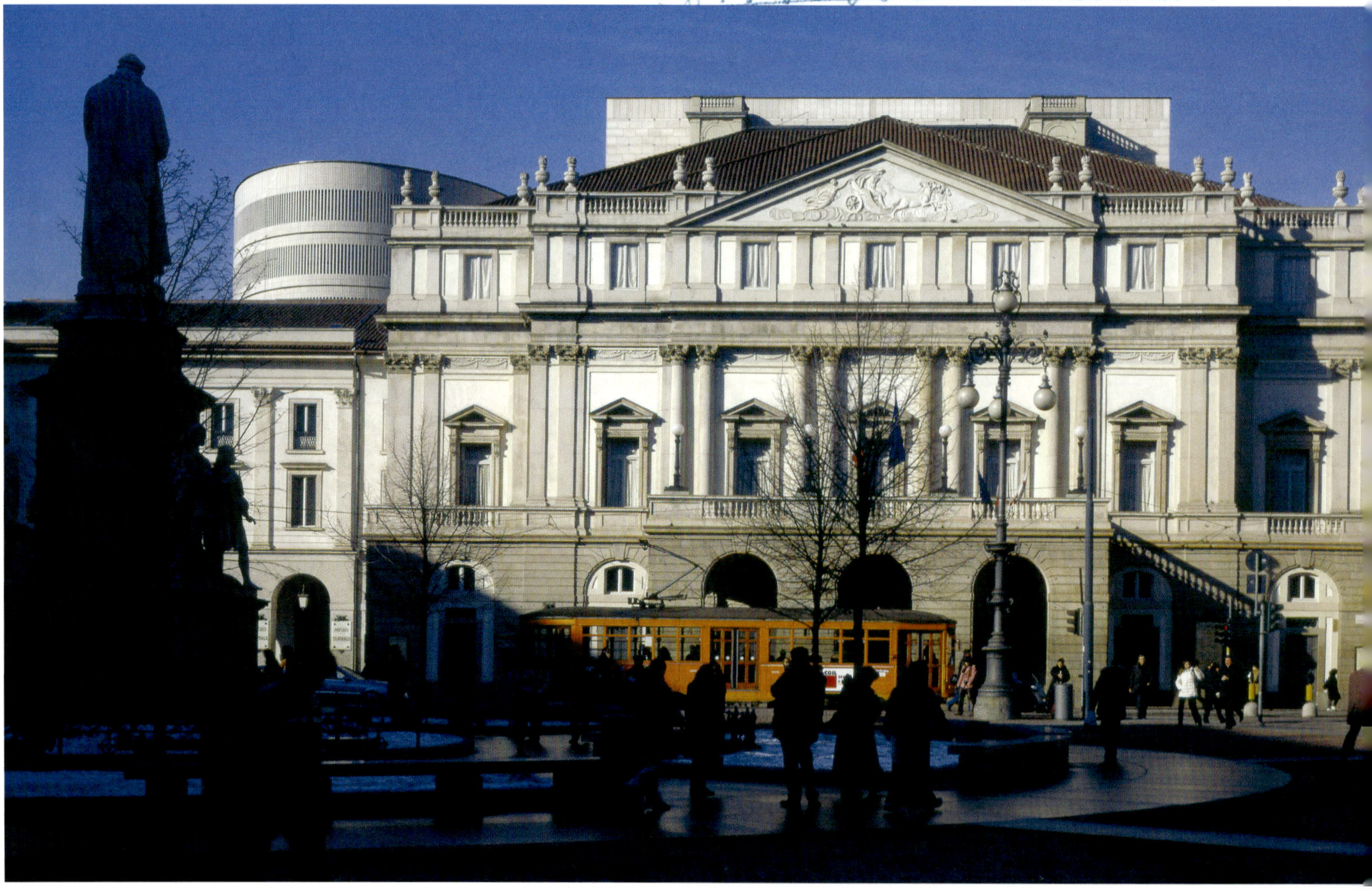

Tra le opere di Giuseppe Piermarini a Milano un posto di rilievo spetta indubbiamente al Teatro alla Scala che costituisce il primo esempio, in città, di edificio teatrale concepito come costruzione autonoma, rivelando – nonostante l'originaria funzione di teatro di corte – la propria decisa vocazione pubblica.
Giovanna D'Amia, storica

Among Giuseppe Piermarini's works in Milan La Scala holds a special place, the first example in the city of a theater conceived as an autonomous construction, revealing – despite its original function as a court theater – a decidedly public calling.
Giovanna D'Amia, historian

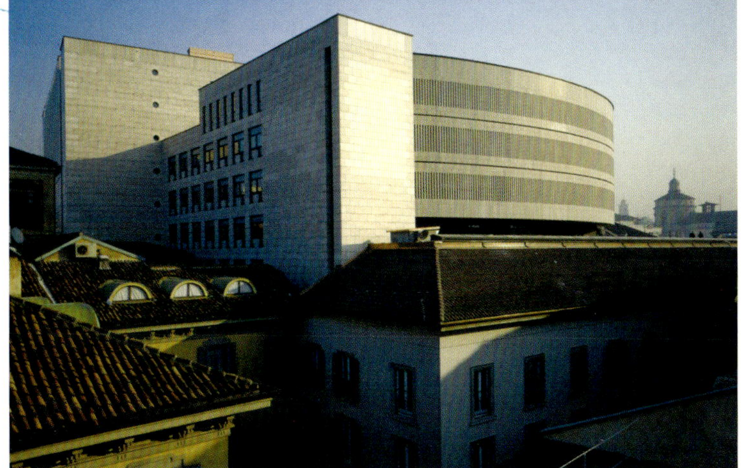

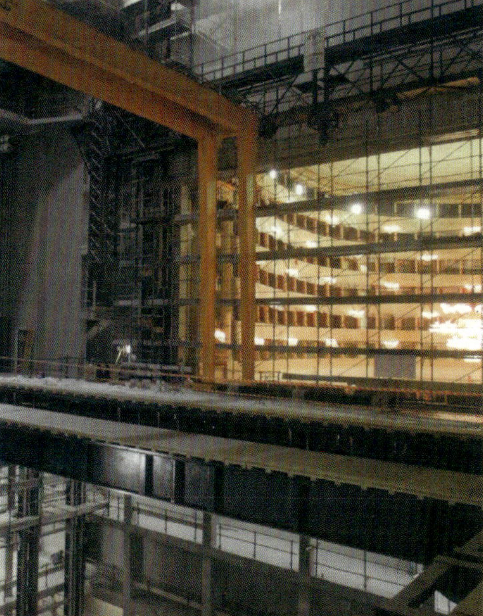

La Scala di Milano: allo storico edificio di Giuseppe Piermarini (1776-78) si affiancano le architetture recenti di Mario Botta

La Scala di Milano: the historical building by Giuseppe Piermarini (1776-78) flanked by recent work of Mario Botta

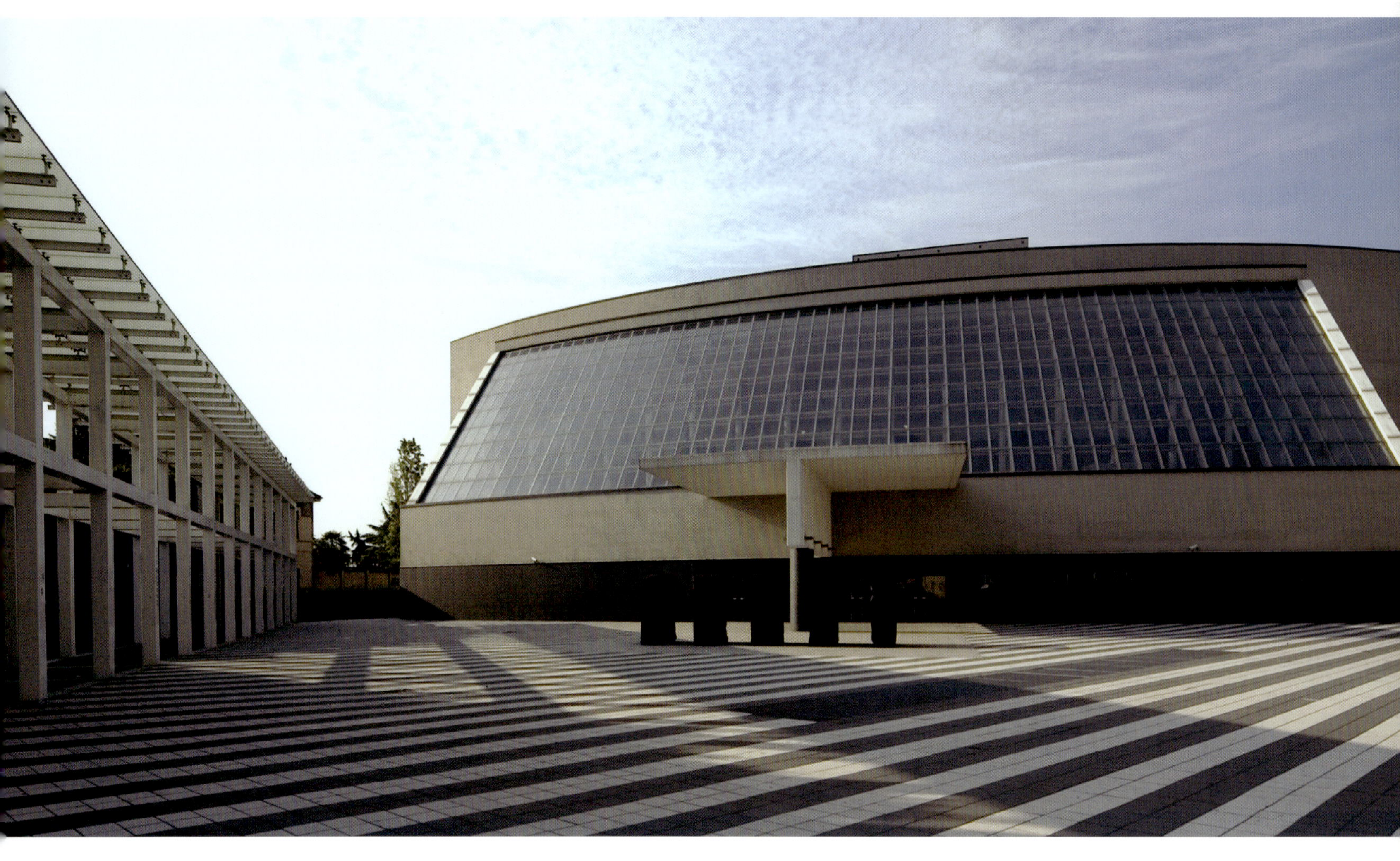

Luogo molteplice e diveniente di incontri e separazioni incrociate, mai uguale a se stesso nel suo metamorfico gioco di perpetue rifondazioni, distribuito su temporalità plurime organizzate per fasce di sovrapposizione simulatanea e destrutturabile in un serrato montaggio di prospettive eterogenee, talvolta asfittiche come il circoscritto perimetro di una stanza, talvolta remote come l'infinito dispiegarsi a raggiera delle periferie, la città è la scena ideale del nostro "senso" contemporaneo, di un senso cioè che si rivela e si nasconde nel suo perpetuo "essere altrove", di una verità che esiste, ma sfugge e che non possiamo immaginare ubicata in nessun segreto ricetto da cercare e violare, ma che ci cammina a fianco, si sposta con noi, come il continuo giro del nostro orizzonte.

Più ancora che spazio fisico, una simile città, composita e caleidoscopica, è soprattutto un luogo della mente alla cui definizione la dislocazione topografica delle strade, l'euritmica scansione dei volumi delle architetture, la fantasmagoria di colori delle luci e delle atmosfere concorrono tanto quanto la stratificazione storica e la distribuzione urbanistica dei linguaggi, il vario aggregarsi e contrapporsi dei comportamenti, il multiforme dispiegarsi delle tradizioni.

Istituzionale luogo deputato della cultura teatrale italiana del XX secolo – sede del Piccolo Teatro e della Scala e storica "alternativa borghese" nel primo Novecento alla scena "grottesca" della capitale – dopo essere già stata attivissimo laboratorio d'ipotesi poetiche in età romantica, con le sue concrzioni stilistiche, i suoi chiaroscuri urbanistici, ma anche col suo sapido vernacolo e il fittissimo reticolo di tensioni sociali da cui è percorsa, oggi più che mai, Milano tende a declinarsi spontaneamente, da un punto di vista prettamente teatrale, come "materiale drammaturgico" o meglio ancora, come "florilegio di materiali drammaturgici" di rara vitalità.

Luca Ronconi, regista

Teatro degli Arcimboldi (2002) di Vittorio Gregotti e una locandina per uno spettacolo al Piccolo Teatro progettato da Marco Zanuso: due architetture contemporanee per lo spettacolo

Theater of Arcimboldi (2002) of Vittorio Gregotti and a poster for a play at the Piccolo Teatro designed by Marco Zanuso: two contemporary pieces of architecture for the play

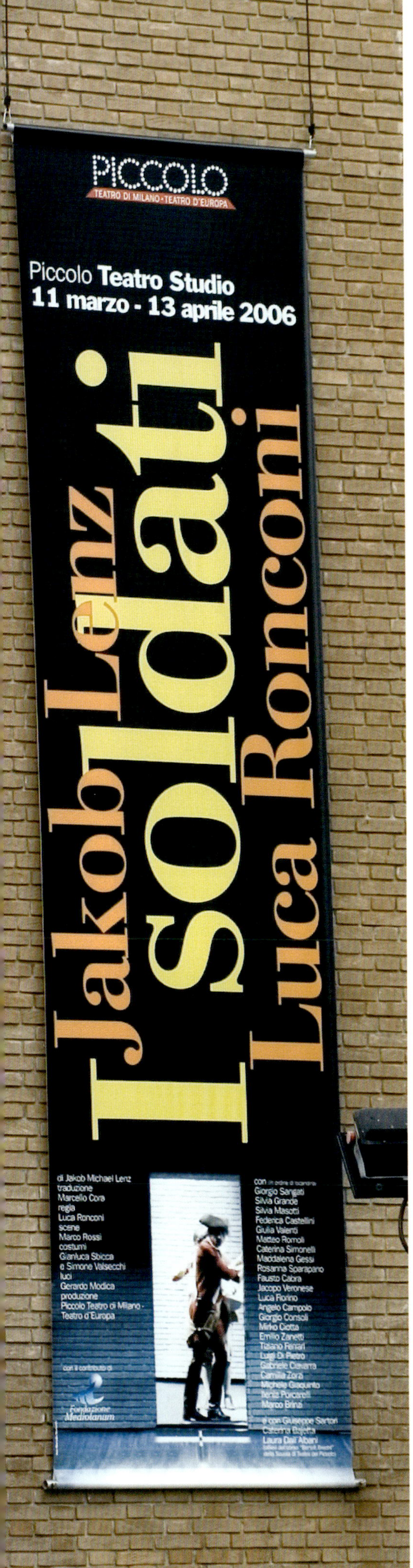

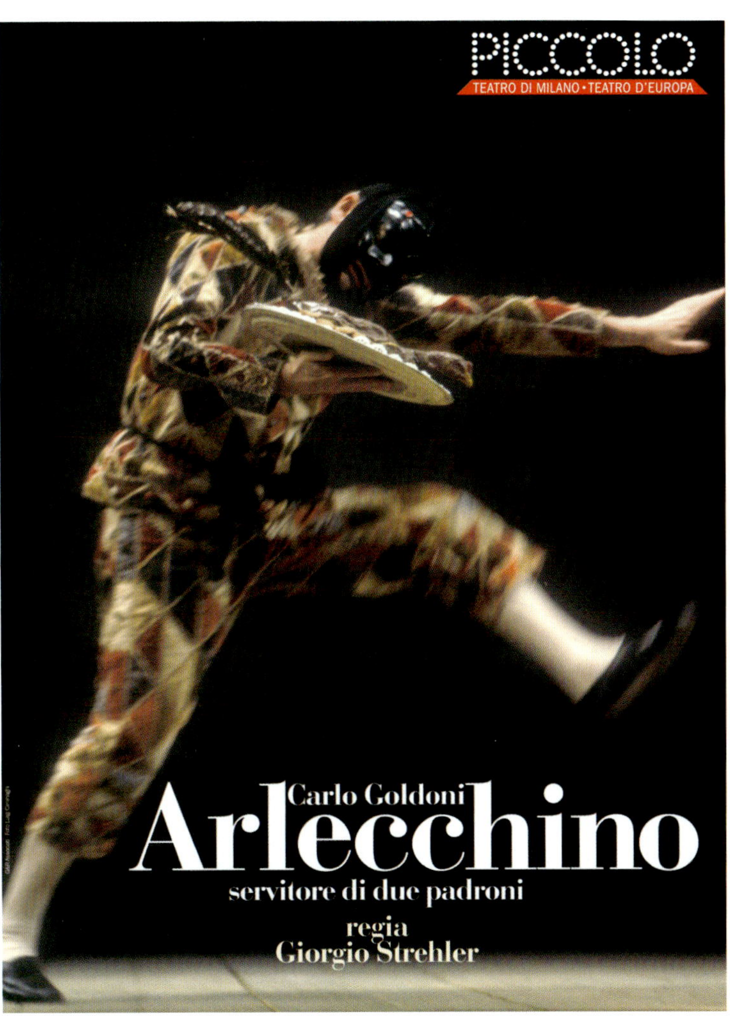

Manifesto per l'"Arlecchino" dei G&R Associati per il Piccolo Teatro di Milano (1976)

Poster for "Arlecchino" of G&R Associati for the Piccolo Teatro of Milan (1976)

A place for multiple encounters and crisscrossed separations, never the same in the playful metamorphosis of its perpetual remakes, distributed time-wise through superimposed simultaneous and deconstructurable bands in a tight montage of heterogeneous perspectives, sometimes stifling like the circumscribed perimeter of a room, sometimes remote as the infinitely unfolding rays of peripheries, the city is the ideal scene of our contemporary "sense", a sense that discloses and hides in its perpetual "being elsewhere" a truth that exists but flees, and that we cannot imagine located in any secret lair to seek out and violate, but that walks alongside us, moving with us like a continuous revolution of our own horizon.

More than a physical space, such a composite and kaleidoscopic city is above all a place of the mind whose topographical definition and displacement of roads, eurhythmic scansion of architectural volumes, phantasmagoria of lights and colors and atmospheres concurs with the stratification of history and the urban distribution of language, the varied aggregation and counterpoints of behavior, the multiform unfolding of traditions.

The institutional center of 20th Century Italian theater – seat of the Piccolo Teatro and La Scala and the historical "bourgeois alternative" in the first part of the century to the "grotesque" scene of the capital – after having been a vital laboratory of poetical hypotheses in the romantic age, with its stylistic expressions, its urban chiaroscuro, but also its vivid dialect and the tight network of social tensions running through it, now more than ever Milan tends to unroll its character spontaneously, from a purely theatrical point of view, as "dramaturgical material" or better yet, as an "anthology of dramaturgical materials" of rare vitality.

Luca Ronconi, theater director

Anche l'ambiente naturale è stato da sempre progettato, sia per quanto riguarda gli spazi verdi che le reti di connessione viaria: dalle ville patrizie al Parco Sempione, adiacente al Castello Sforzesco, fino alle aree verdi urbane e suburbane contemporanee che si estendono sul territorio.

La natura disegnata
Nature designed

The natural environment also has always been designed, both in the green spaces and in the roadways: from the patrician villas to the Sempione Park, next to the Castello Sforzesco, to the contemporary urban and suburban green spaces that extend into the territory.

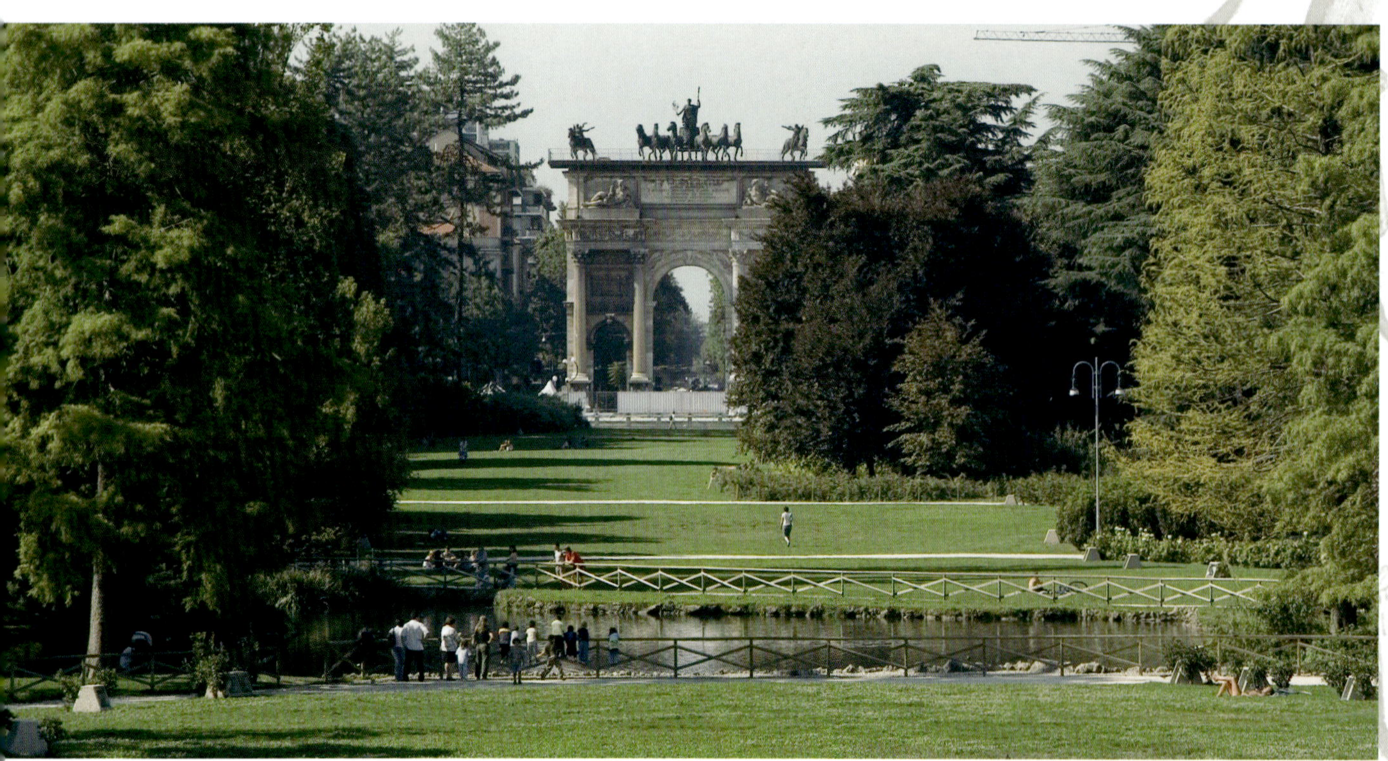

Parco Sempione
e Arco della Pace

Sempione Park and Arco della Pace

La prima fama si fa etterna insieme colli abitanti della città da lui edificata o accresciuta. I fondi dell'acque, che sono dirieto alli orti, sieno alti come il piano delli orti e colle spine possino dare l'acque ogni sera alli orti, ogni volta che s'ingorga alzando l'incastri uno mezzo braccio. E a questo sien tenuti li anziani... Naviglio. Orto. Peschiera. E niente sia gittato né canali; e che ogni barca sia tenuta a portare fori tanto loto del naviglio e pò gittato all'argine...
E trarrai di dieci città cinquemila case con trentamila abitazioni, e disgregherai tanta congregazione di popolo, che a similitudine di capre l'uno addosso all'altro stanno, empiendo ogni parte di fetore, si fanno semenza di pestilente morte.
E la città si fa di bellezza compagna del suo nome e a te utile di dazi, e fama etterna del suo accrescimento.
Leonardo Da Vinci

The first fame becomes eternal along with the inhabitants of the city built or enlarged by him. The reservoirs of water near the gardens should be as high as their ground so as to irrigate the plants through spigots each evening, lifting the closures half an arm's length each time they clog up. This should be the old men's task ... Canal. Garden. Fishpond. And nothing should be thrown in the canals; and every boat should be obliged to dredge the canal and cast the earth on the dike ... And you will get out of ten cities five thousand buildings with thirty thousand dwellings, and you will separate this great gathering of people who like goats are standing one on the other, filling everyplace with stench, and the seeds of death from pestilence. And the city becomes companion of beauty and is useful to you for taxes, and the eternal fame of its increase.
Leonardo Da Vinci

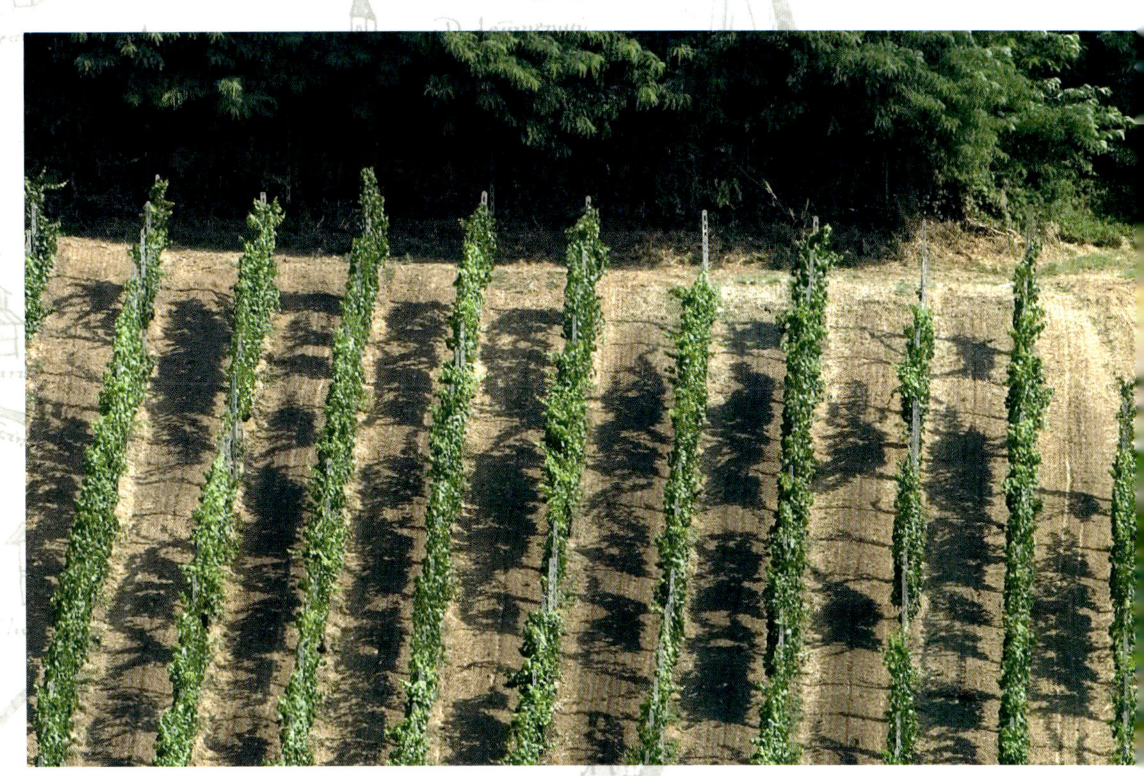

Un vigneto a San Colombano al Lambro, nella provincia milanese

A vineyard in San Colombano al Lambro in the province of Milan

Vedute di Palazzo Borromeo a Cesano Maderno e di Villa Arconati a Bollate

Views of palazzo Arese Borromeo in Cesano Maderno and of villa Arconati in Bollate

L'esempio di Milano ci afferma e ci ribadisce un concetto fondamentale: che non vi può essere città ove non vi sia un organismo, ove non si attui insomma una strutturazione organica, modellata sulla vita, dei vari settori od organi funzionali che accompagnano il corpo urbano.
Luigi Piccinato, urbanista

The example of Milan affirms and reminds us of a fundamental concept: there can be no city where there is no organism: where there is no creation of an organic structure modeled on life, in its various sectors or functional organs that are part of the urban body.
Luigi Piccinato, urban planner

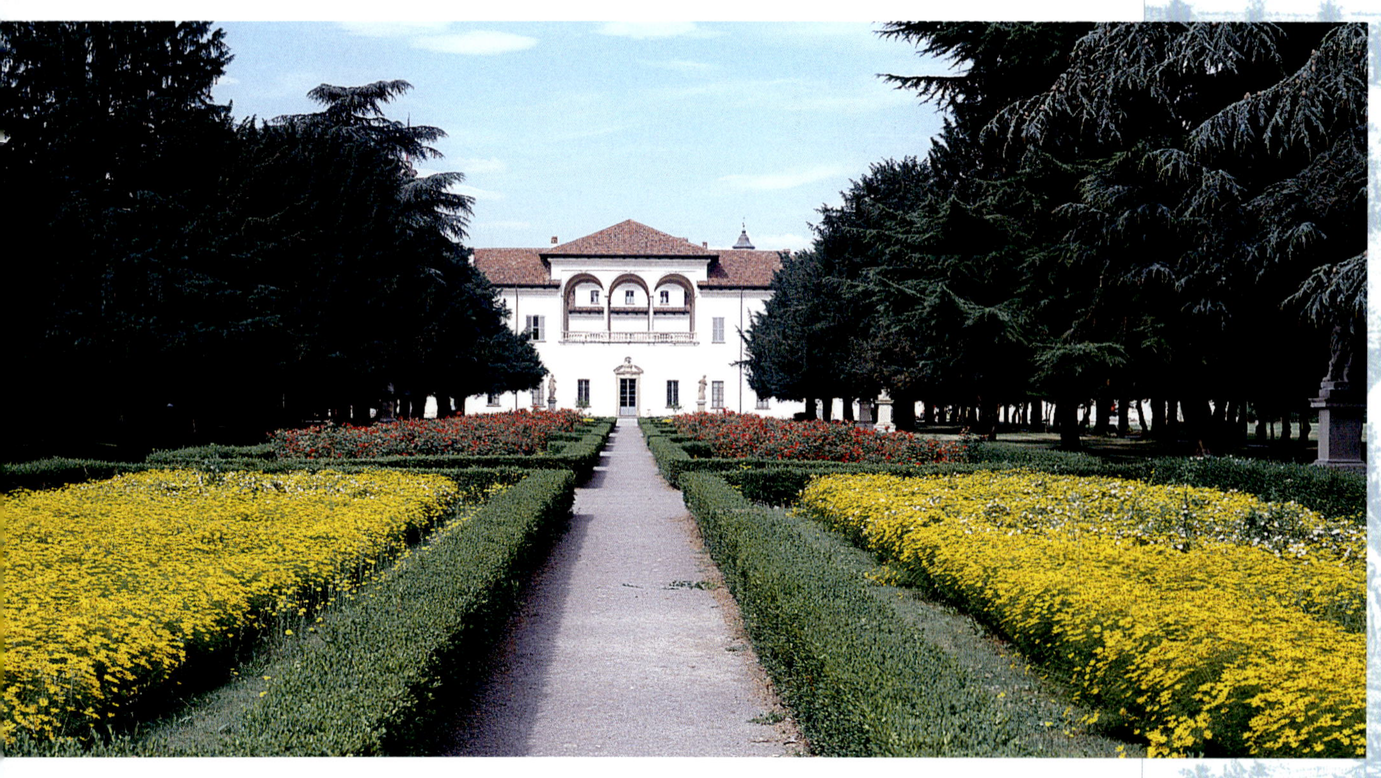

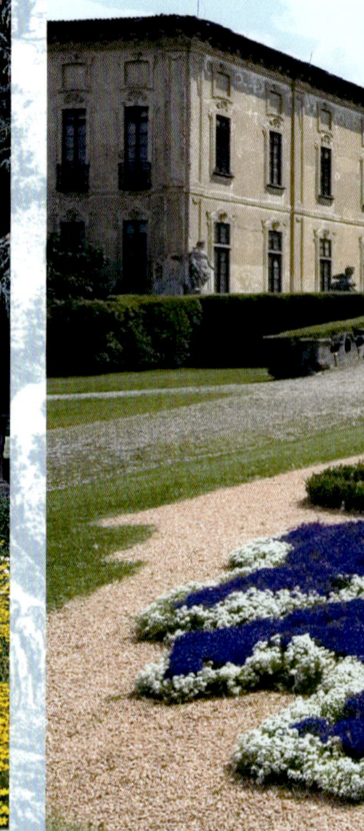

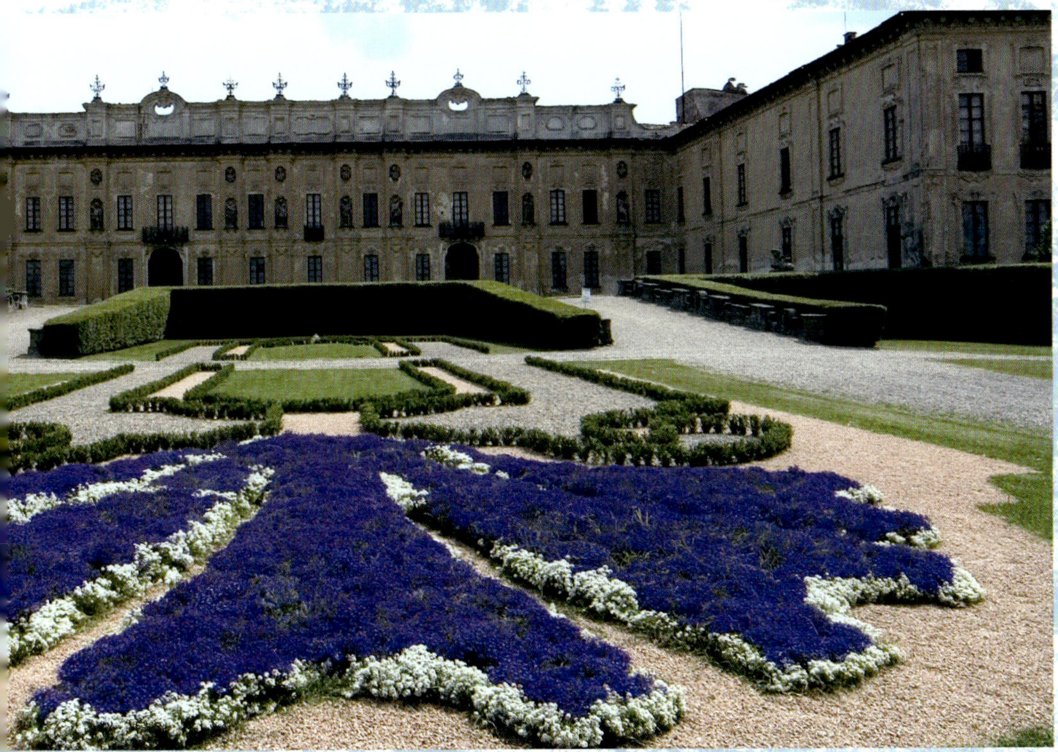

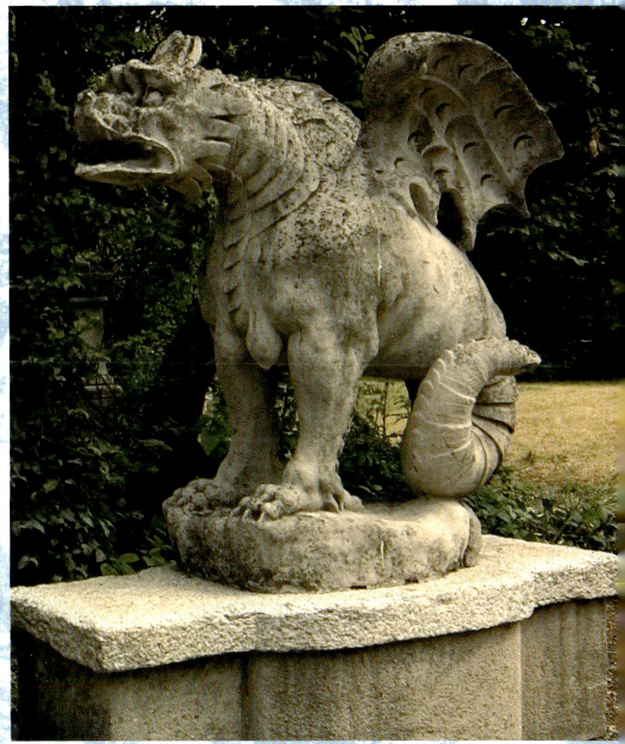

In provincia di Milano, all'autodromo di Monza posto all'interno del grande parco della Villa Reale, ogni anno si svolge il Gran Premio di Formula 1, rinomata competizione sportiva che celebra anche l'importanza che nel nostro paese riveste la progettazione per i mezzi di trasporto: automobili, motociclette, aeroplani, imbarcazioni, mezzi pubblici e biciclette.

Lo spettacolo della velocità
The spectacle of speed

In the province of Milan, at the racetrack inside the great park of Villa Reale, the Gran Premio of Formula 1 takes place each year. This famous race also celebrates the importance of our country in designing means of transport: automobiles, bicycles, motorcycles, airplanes, boats, public transport systems.

Le Ferrari durante il Gran Premio di Formula 1 all'Autodromo di Monza

A Ferrari during the Gran Premio of Formula 1 in the Autodromo of Monza

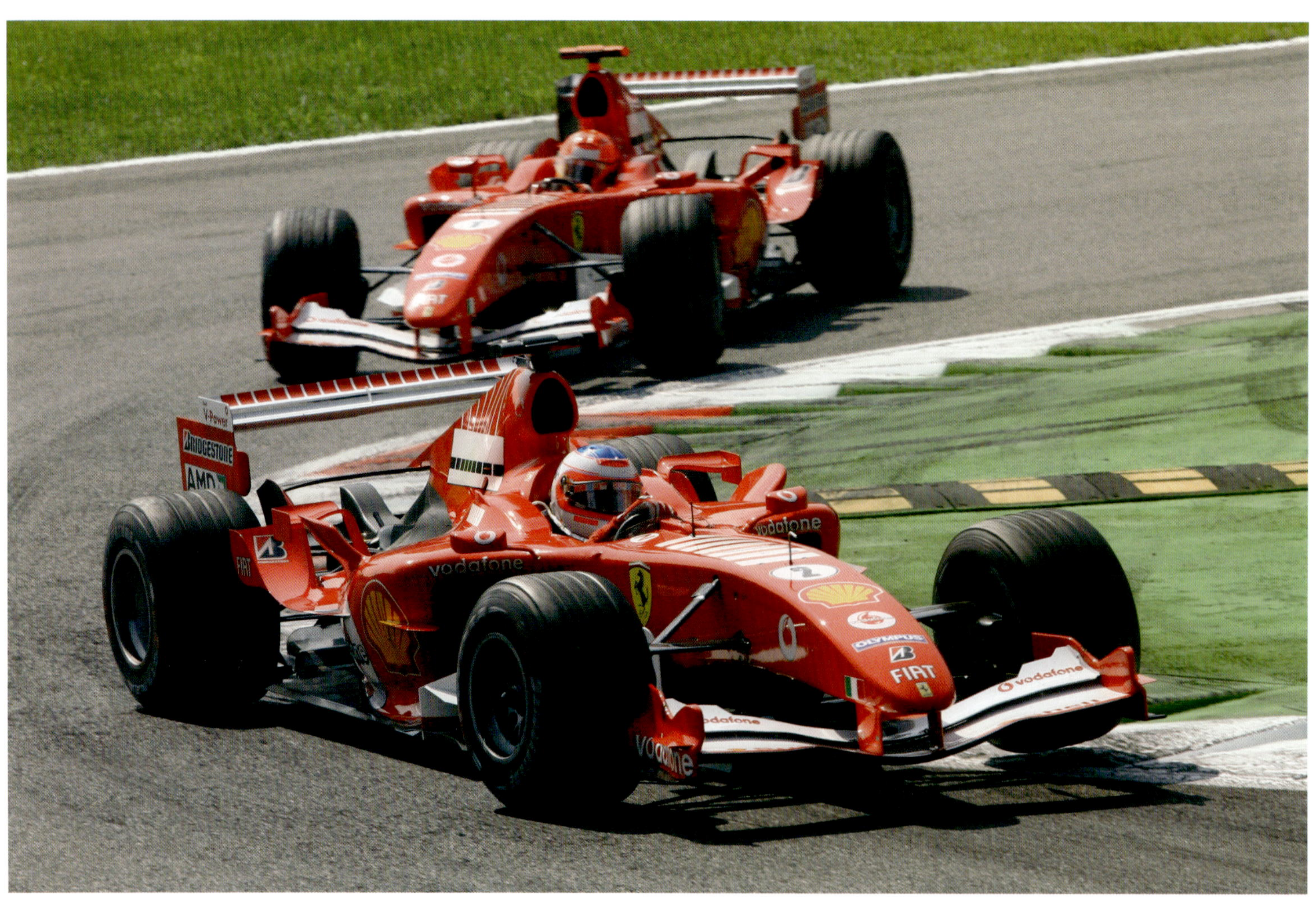

La partenza del Gran Premio di Formula 1 e xerografia "Macchina da corsa" di Bruno Munari (1969)

Start at the Gran Premio of Formula 1 and xerography "Macchina da corsa" of Bruno Munari (1969)

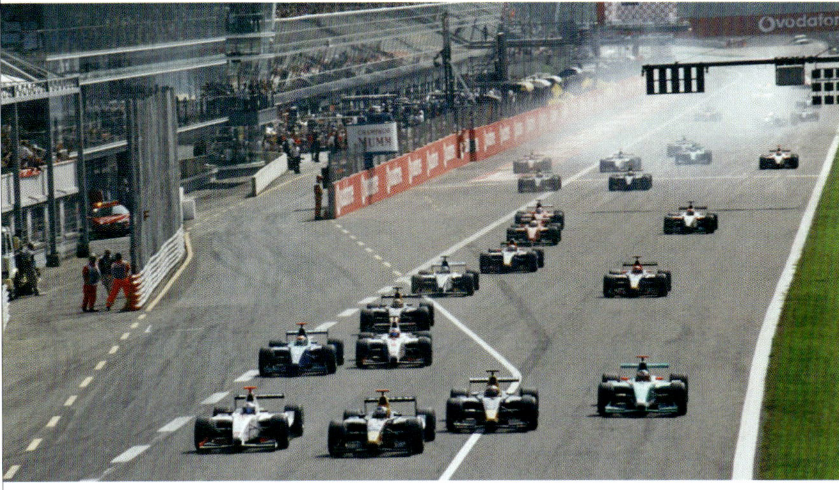

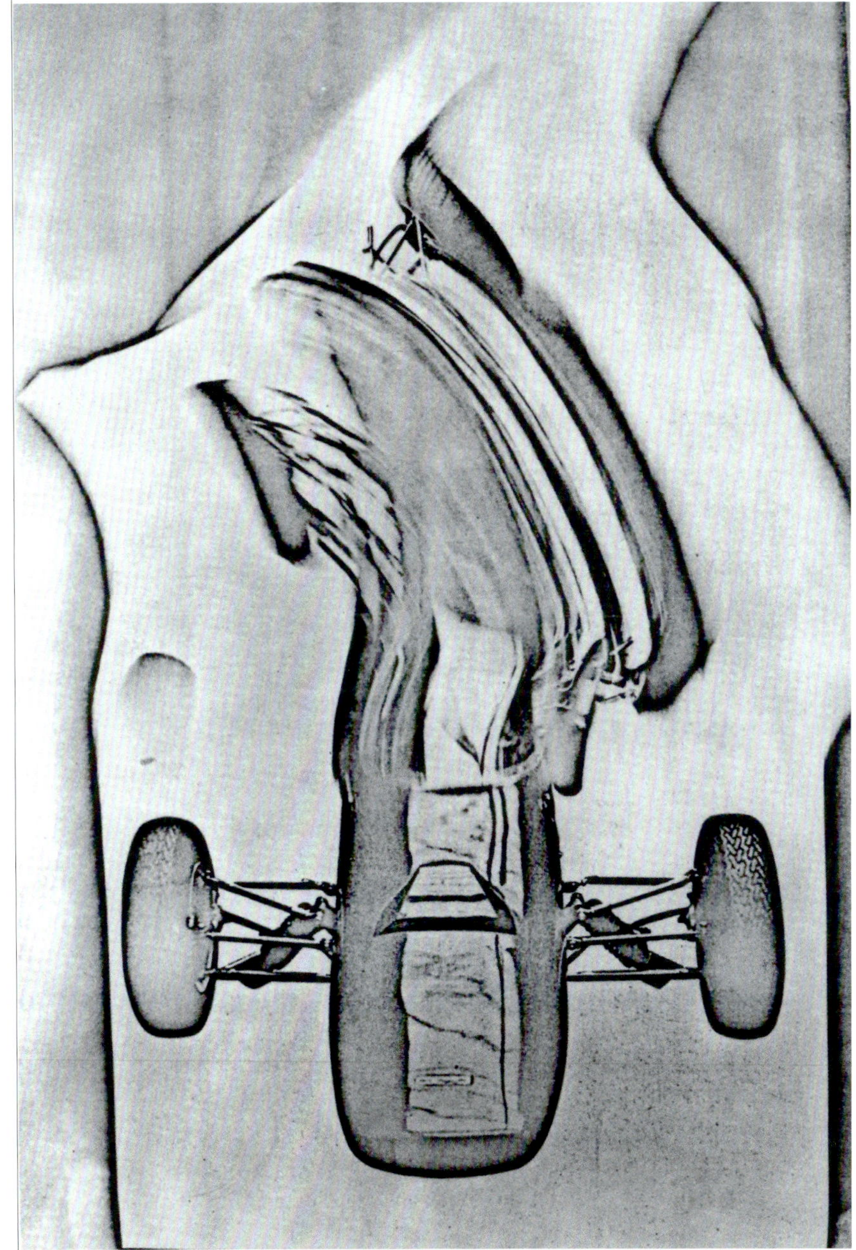

Automobile che si è fatta motore sociale del mito della bellezza moderna. Persino le pagine più tecniche, dedicate al motore Ferrari o alla struttura delle sue carrozzerie, sembrano avere lo stesso ruolo delle omeriche descrizioni dello scudo di Achille; così come le cronache sportive sui successi del bolide di Maranello si trasformano nella descrizione di duelli e di battaglie da non dimenticare; così come, infine, i sentimenti degli eroi – che sono in scena e fuori scena come protagonisti, famigli, divinità protettrici e popolo – vengono trasfigurati quasi appartenessero a romanzi ottocenteschi, novelle di costume, film spettacolari e mèlo, sceneggiature televisive.
Alberto Abruzzese, sociologo

The automobile became the social motor of the modern myth of beauty. Even the most technical pages dedicated to the Ferrari motor or its bodywork seem to play the same role as Homer's descriptions of the shield of Achilles, and the news reports of the Maranello speedster's victories read like descriptions of duels and battles that cannot be forgotten; the sentiments of the heroes – those onstage and off, as protagonists, followers, protecting divinities and the common people – are transfigured as if they were characters in a 19th Century novel, or social novellas, in blockbuster films or television soap operas.
Alberto Abruzzese, sociologist

È chiaro che la corsa in automobile appassiona per due ragioni. La prima è la gara dei costruttori, vecchi taciturni e ostinati, che sacrificano l'esistenza, milioni, ingegno, rischiano la miseria e il fallimento ad ogni stagione, per perfezionare le vetture.
Per seguire questa loro competizione bisogna essere dei tecnici, o andare, nei mesi vuoti, nelle varie fabbriche, a Maranello da Ferrari, parlare con ciascuno, farsi raccontare gli esperimenti e le speranze, cosa che possono fare pochi.
Poi vi è la corsa, le poche ore in cui il lavoro di anni viene finalmente messo alla prova. La corsa è infinitamente più appassionante, perchè vi è l'uomo che guida il mostro velocissimo, il verme nella mela, che affida la sua vita non solo alla sua perizia ma anche all'esperienza dei tecnici, dei meccanici, dei montatori, dei collaudatori che gli hanno preparato la macchina. Davanti all'esperienza dell'uomo che corre, tutto il resto passa in secondo piano.
Luigi Barzini Jr., giornalista

It is clear that automobile races excite people for two reasons. The first is that it is the race of the carmakers, taciturn and obstinate old men, who sacrifice existence, millions, genius, risking poverty and failure each season, to perfect their vehicles.
To follow this competition of theirs it is necessary to be technicians, or else, during the months without races, to go into the various factories, to Ferrari in Maranello, to talk to everyone, get them to tell about their experiments and their hopes, and not many people can do that.
Then there is the race, the few hours in which the work of years is finally put to the test. The race is infinitely more exciting, because there is the man who drives the speeding monster, the worm in the apple, who entrusts his life not only to his skill but also to the experience of the technicians, the mechanics, the builders and the test drivers who have prepared the car. In the face of the experience of the racecar driver, everything else becomes secondary.
Luigi Barzini Jr., journalist

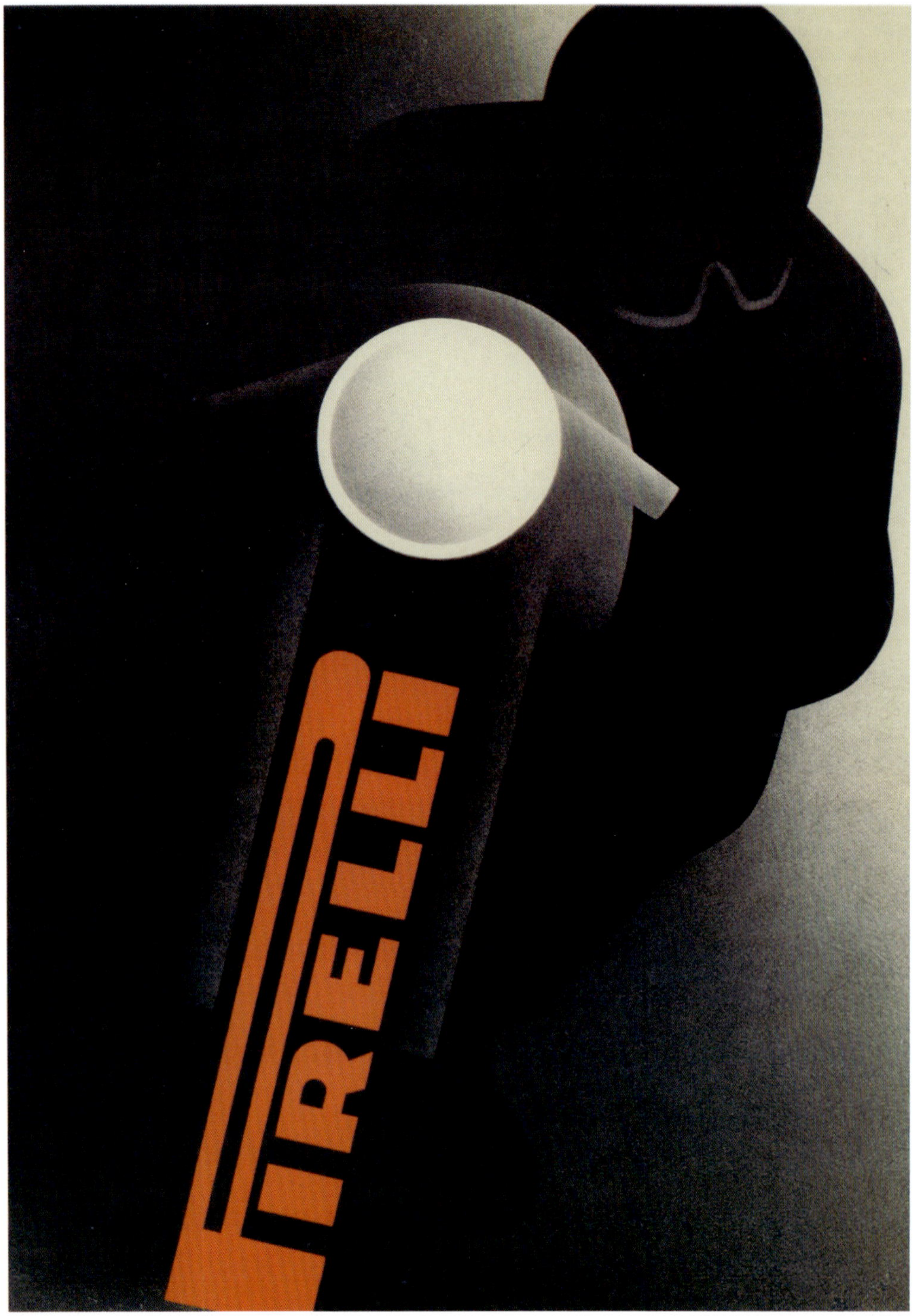

Manifesto di Gerhard Forster per Pirelli (1965) e logotipo storico dell'Alfa Romeo

Poster of Gerhard Forster for Pirelli (1965) and the historical logo of Alfa Romeo

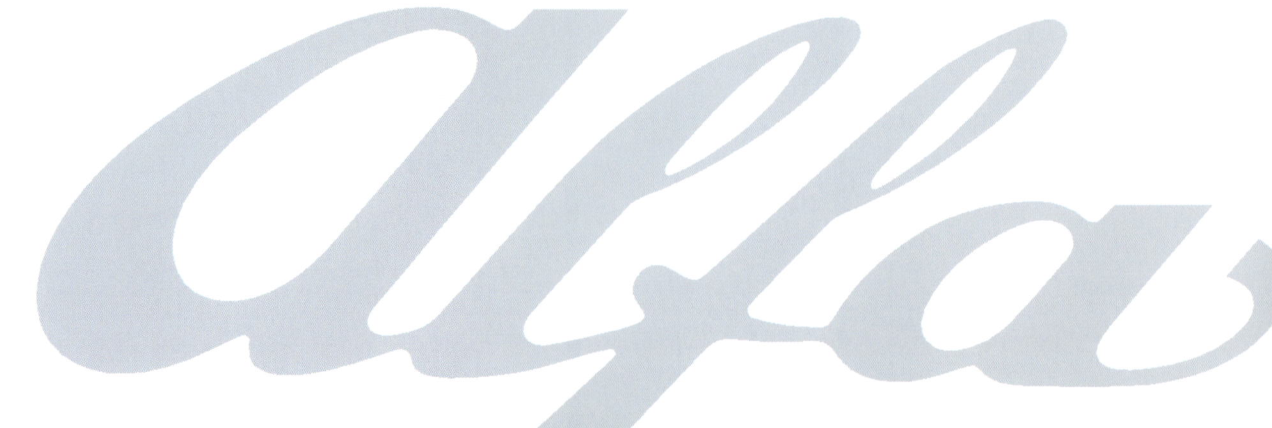

Pronti, dunque: programmi, orologi, binocoli alla mano. Si comincia. "A sedere! A sedere!". Si comincia, certo, a sedere e a guardare. Le macchine vengono fuori dal loro cancello, basse, guardinghe, come se fiutassero la pista col radiatore.
La folla che sta in piedi, nei prati e davanti alle tribune, allo scoperto – piove, ma non ci si bada –, comincia a spostarsi di corsa qua e là, alla caccia di migliori punti di osservazione. Scopertone uno nuovo, ci si convince che era migliore il precedente. Squadre di folla sembrano così giocare ai quattro cantoni, sotto la pioggia, reggendo vastissimi ombrelli. Le macchine sembrano pennellate di blu, di rosso, di bianco, sul nero della pista lucidata a vernice dalla pioggia. Si impennacchiano di fumo e fanno a gara a chi fa più chiasso. Questo, in gergo lirico-sportivo, si chiama il canto dei motori. Baritoni, bassi profondi, tenori che cantano nel naso. Latrati e miagolii d'eccezione. Peccato che non si capiscano le parole. Poi, al segnale di Nazzaro, si avviano, in principio pesanti, affaticate, di malavoglia. Ma non si tratta che di qualche frazione di secondo. Sembrano che si liberino dal peso, con una scrollata, con un soffio più energico di fumo, con un urlo poderoso, a pieni polmoni.
Balzano, si mescolano, si raggiungono, si sorpassano. Vanno a vedere in frotta veloce cosa c'è là in fondo. Quando ripassano, due minuti dopo, si dimenticano di dirci cosa hanno visto, laggiù, nelle curve, cave come una vela dove soffi il vento.
Orio Vergani, giornalista

Ready, at last: programs, stopwatches, binoculars. It is beginning. "Take your seats! Take your seats!" It is really beginning, so sit and watch. The cars come out of the gates, low and suspicious as though they were checking the track's scent with their radiators.
The crowd waiting in the field or in front of the stands without protection – it is raining, but no one pays any attention – begins to move rapidly here and there to hunt for the best observation point. Once they find that, they are convinced that the previous one was better. It seems like they are playing musical chairs, under big umbrellas against the rain. The cars look like brushstrokes of blue, of red, of white, of black against the track darkened and polished by the rain. Their exhaust smoke flairs upward and they compete to see who can make more noise. This, in the lyrical jargon of sports, is called the song of the motors. Baritones, bassos, tenors that sing through their noses. Howls and meows extraordinaire. Pity that the words can't be understood. Then, at Nazzaro's signal, they start, heavy and tired and unwilling at the start. But that is only a fraction of a second. It seems then that they shrug off the heaviness, emit a more energetic spout of smoke, give a powerful full-lung shout. They lurch, mix up, catch up, pass. They crowd together speeding to see what awaits at the end. Two minutes later, they pass by again, forget to tell us what they saw over there by the curves, billowing out like a sail filled by the wind.
Orio Vergani, journalist

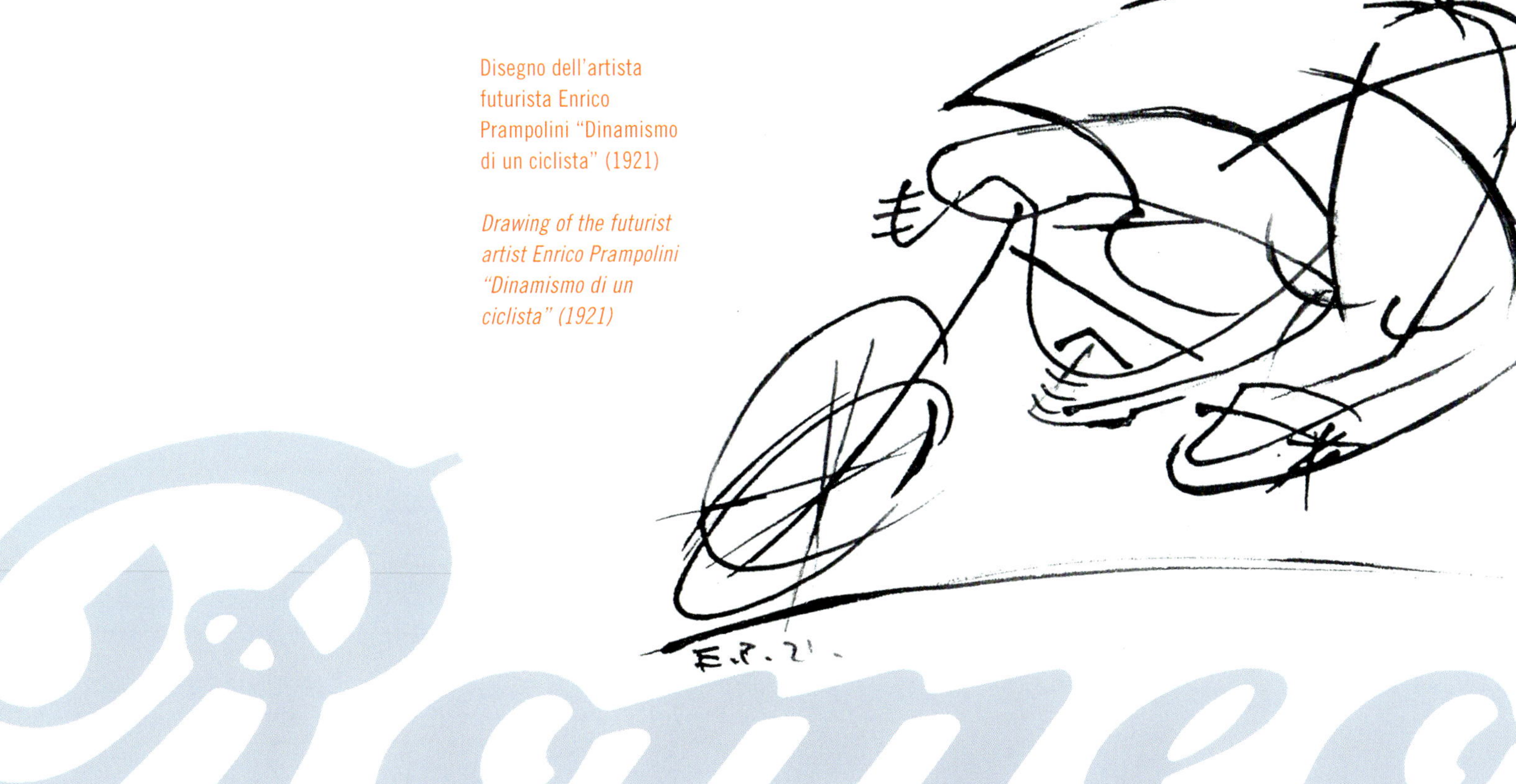

Disegno dell'artista futurista Enrico Prampolini "Dinamismo di un ciclista" (1921)

Drawing of the futurist artist Enrico Prampolini "Dinamismo di un ciclista" (1921)

Abilità esecutive coniugate a capacità imprenditoriali, in grado di lavorare sull'innovazione progettuale e produttiva, hanno caratterizzato l'affermazione del distretto del mobile nel territorio della Brianza, divenuto un modello economico studiato in tutto il mondo.

Il distretto dell'arredo
The furniture district

Ability in execution along with entrepreneurial capacities, alertness to design and innovation in production methods, these characterize the furniture district of Brianza, which has become an economic model studied throughout the world.

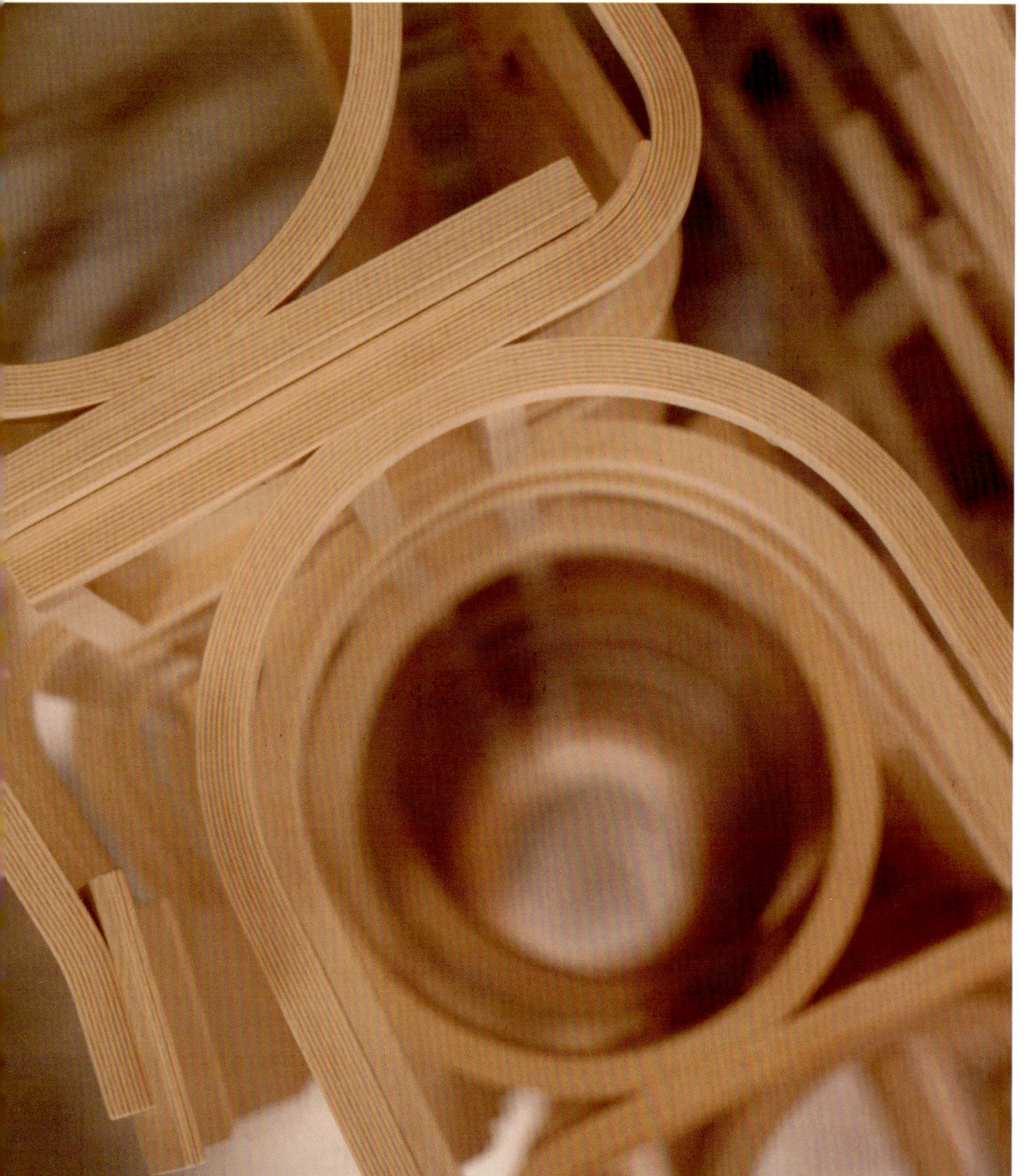

Le sedute sono una delle caratteristiche produzioni del distretto della Brianza

Chairs are typical productions of the district of Brianza

A Milano, architetti, designer, grafici, fotografi, critici, case editrici, riviste, università, scuole di design, agenzie di consulenza e di comunicazione, tipografie altamente specializzate, sedi fieristiche ed espositive, costituiscono una rete operativa di alta complessità. È una rete che sorregge l'attività di progettazione e comunicazione di una serie di piccole e medie aziende che, ben presenti in un distretto vicino a Milano, la Brianza, sono ormai articolate in situazioni distrettuali in molte altre regioni d'Italia.
Vanni Pasca, storico e critico del design

In Milan, architects, designers, graphic designers, photographers, critics, publishing houses, magazines, universities, design schools, consulting and communication agencies, specialized typographers, fair and exhibition offices, make up a highly complex operating network. It is a network that supports the design and communication operations of the small and mid sized businesses that are numerous in the district of Brianza, near Milan.
Vanni Pasca, historian and design critic

Percorrendo i dieci chilometri di lunghezza della Strada Provinciale Novedratese si lambiscono i comuni del Distretto Brianza dove è più radicata la tradizione del mobile e dell'arredamento, dove le imprese hanno trovato un terreno ricco di storia, cultura del saper fare, abilità progettuale, indispensabile per lo sviluppo di un'industria che ha contribuito alla nascita del mito del "Made in Italy" nel mondo. Questa area territoriale è stata negli anni un "circolo virtuoso" per la produzione dell'arredo, dove il confronto costante fra gli imprenditori ha portato non solo allo sviluppo di una produzione caratterizzata da un livello qualitativo superiore alla media, ma anche alla nascita di imprese in cui la ricerca e l'innovazione sono stati i principali fattori di competitività sul mercato.
Aldo Bonomi, sociologo

The ten kilometers of the provincial road Novedratese pass through the municipalities of the Brianza district with its deeply rooted furniture and furnishing tradition, where businesses have found a terrain rich with history, culture, and design know-how, indispensable in the development of an industry which contributed to the birth of the myth of "Made in Italy" in the world. This territory has been a "virtuous circle" for years for furniture production, where constant comparison among businessmen has led not only to development of products of a higher quality, but also to the birth of enterprises where research and innovation have been the main factors of competition in the market.
Aldo Bonomi, sociologist

Una fase di lavorazione automatizzata di semilavorati industriali per i prodotti Ycami

A phase of automatic processing of semi-finished industrial pieces for Ycami products

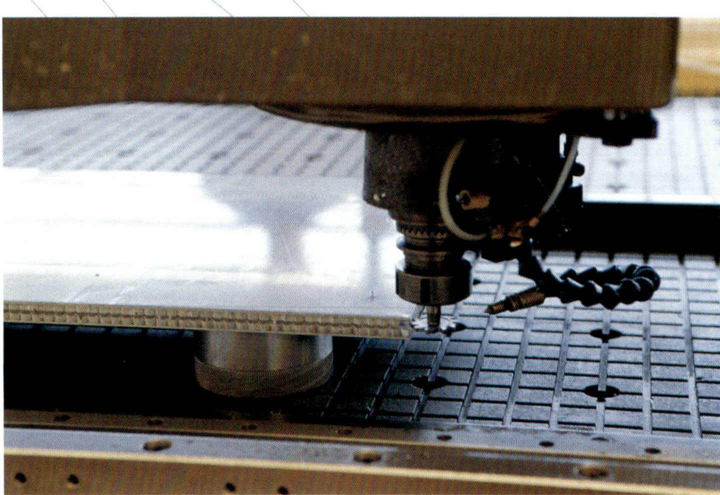

Su una carta topografica, Milano è una lezione di storia urbana. La storia e la geografia sembrano essersi messe d'accordo nel disegnare un limpido impianto radiale. Ma le cose non sono così semplici. Se alla carta sostituiamo la memoria, Milano ci appare oggi un'entità intricata, più complessa, dove le storie di vita, le epoche, si sono interconnesse in forme irregolari e indecifrabili. È perfino difficile dire dove la città – l'agglomerato denso di edifici che materialmente la rappresenta – finisca; dove stiano i suoi confini, il suo perimetro, i suoi margini.
E forse è proprio da questa prospettiva, dai lembi esterni di questa immensa conurbazione che ospita 6 milioni di abitanti che conviene descrivere la nuova geografia di Milano. Questa immensa città molecolare e senza gerarchie non è un'appendice della Milano storica, né una sua tracimazione; e neppure vive al suo servizio, come invece si potrebbe credere. Dentro questa nebulosa pulsano almeno due entità – la Brianza e la città lineare dell'Olona – che sono delle vere e proprie conurbazioni autonome. Sono città a bassa densità eppure dotate di una propria storia, di una struttura economica tradizionale e di una propria identità politica e culturale.
Stefano Boeri, architetto

Milan on a map is a lesson in urban history. History and geography seem to have decided to design a clear radial plan. But it is not that simple. If we replace the map with memory, Milan today seems a more intricate and complex entity, where the stories of lives and of epochs are interconnected in irregular and incomprehensible forms. It is even difficult to say where the city – the dense agglomeration of buildings that represents it materially – ends; what are its borders, its perimeter, its edges.
Perhaps it is precisely from this perspective, from the far reaches of this immense urban gathering of six million inhabitants that the new geography of Milan should be described. This immense molecular city without hierarchies is not an appendix of historical Milan, nor its fragmentation; nor does it live at its service as you might believe. Inside this nebula there breathe at least two organisms – Brianza and the linear city of Olona – which are true urban entities of their own. They are low-density cities but they have their own history, a traditional economic structure, and their own political and cultural identity.
Stefano Boeri, architect

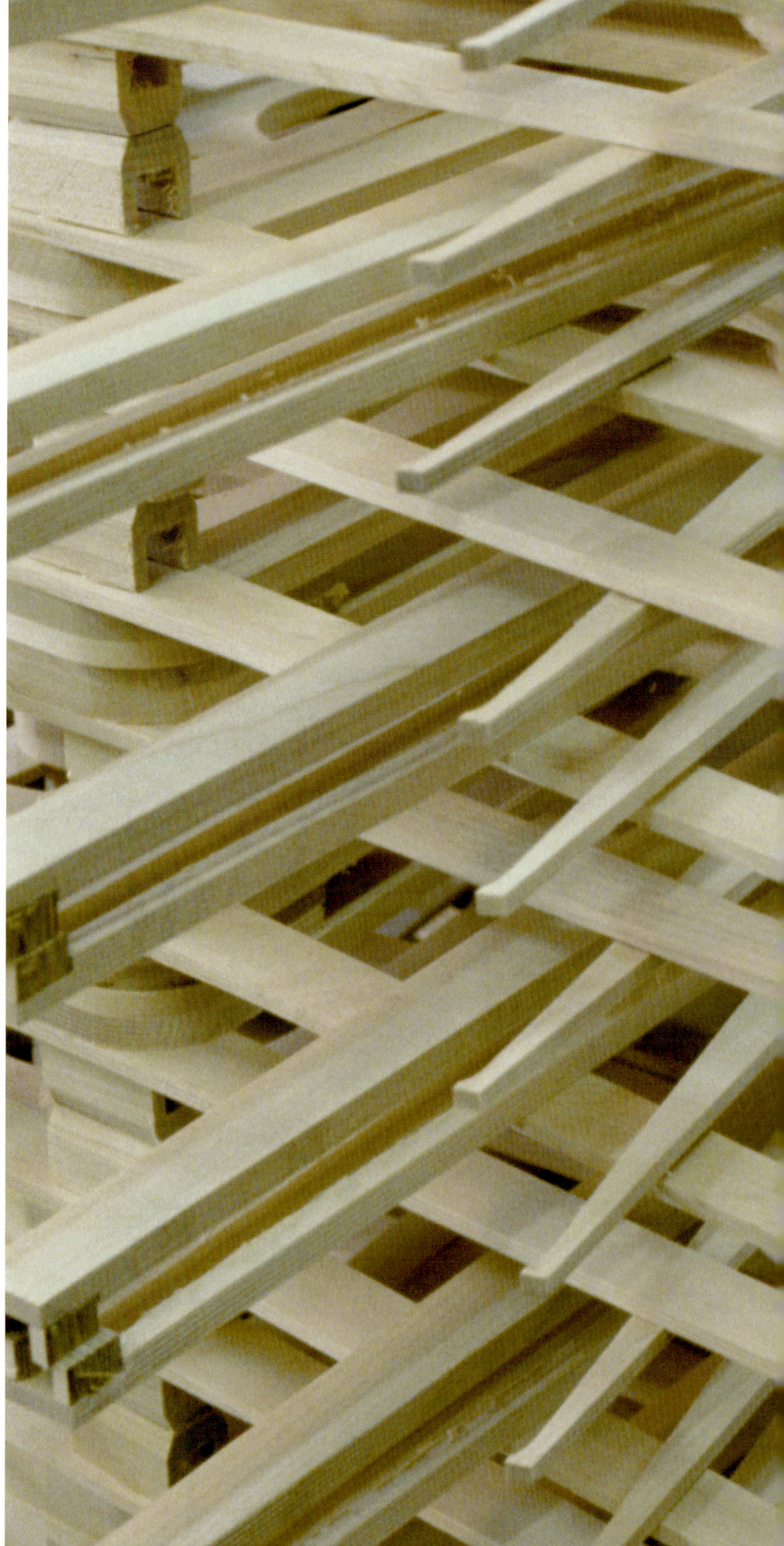

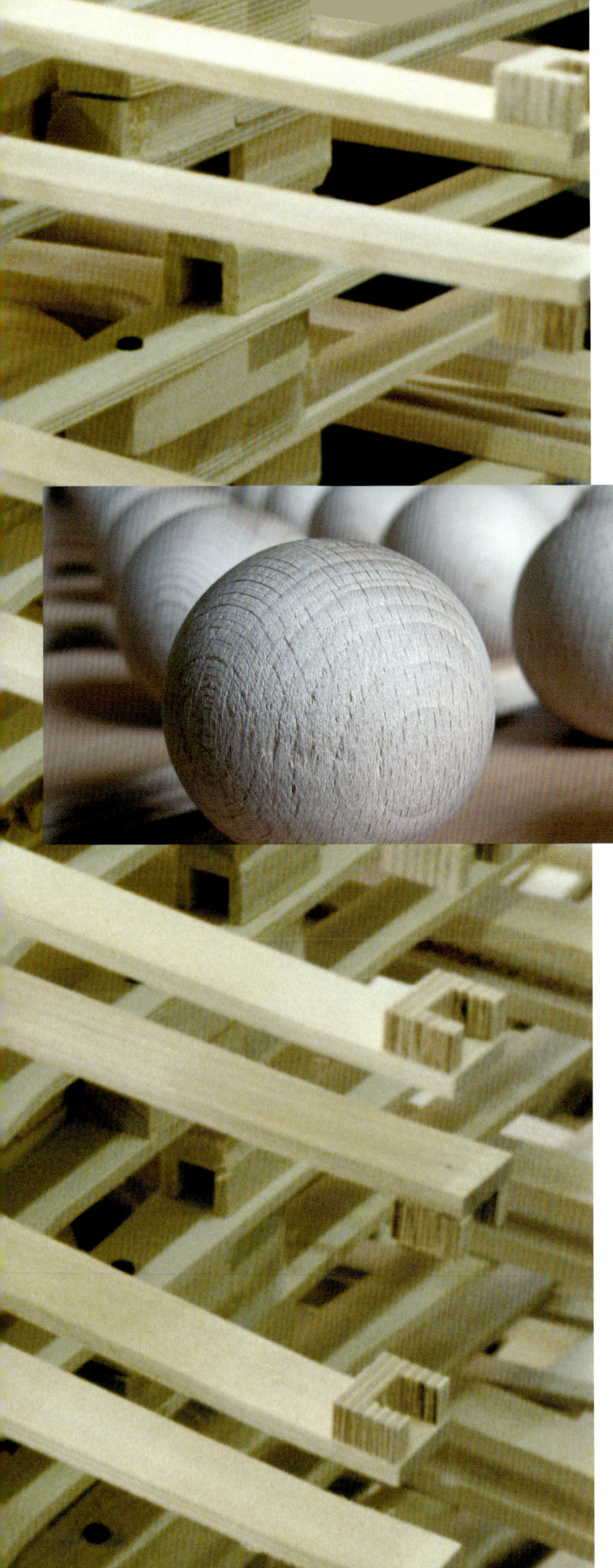

La specificità del sistema è il singolare addensarsi sopra un'area territorialmente delimitata – in prima approssimazione la città di Milano – di una straordinaria aggregazione di risorse e competenze riconducibili alla sfera del progetto, nonché di un ampio ventaglio di attività di servizio destinate a supportare l'azione delle imprese locali, nazionali e internazionali che con il sistema interagiscono, lungo l'intero arco del processo che va dalla concezione del prodotto industriale al suo sviluppo, fino all'avvio nel mercato. Diventa altresì importante guardare a Milano come a una realtà distretto-simile, dove il prodotto che qui viene incessantemente concepito, sviluppato, realizzato e distribuito dalla comunità delle imprese e delle professioni, degli enti e delle istituzioni, è di volta in volta una visione progettuale delle cose, il prodotto "progettato", un'estesa rete di servizi a supporto dell'azione delle imprese, un formidabile sistema di valori estetici, un marchio di fabbrica internazionalmente riconosciuto.
Sistema design Milano, ricerca universitaria, Politecnico di Milano

Componenti in lavorazione per la produzione delle sedie Alias e sfere per un letto Curvati Fossati

Components being processed for the production of Alias chairs and spheres for a Curvati Fossati bed

To begin with, the system's specificity is its singular density in a limited territorial area, an extraordinary aggregation of resources and skills connected to the sphere of design, as well as a wide range of services supporting the activities of local, national, and international business activity, which interact with the system through the process that begins with the conception of the industrial product and its development, up to its launching on the market. It is important to look at Milan as a district-like reality, where products are constantly created, developed, realized and distributed by the business and professional community, by agencies and by institutions making a design perspective, with the product as project, in an extensive network of services supporting businesses, in a formidable system of aesthetic values, with an internationally recognizable trademark.
Sistema design Milano, university research Politecnico of Milan

Nel territorio della provincia di Milano si affiancano e convivono molti modi di intendere il lavoro; accanto alle attività industriali e artigianali si sono sviluppate modalità articolate che uniscono abilità e competenze differenti, assieme innovative e tradizionali.

Un nuovo modo di lavorare
A new way of working

In the territory of the province of Milan there are many ways of understanding work; along with industrial and artisan work there are complex modes of work which join different abilities and responsibilities, both innovative and traditional.

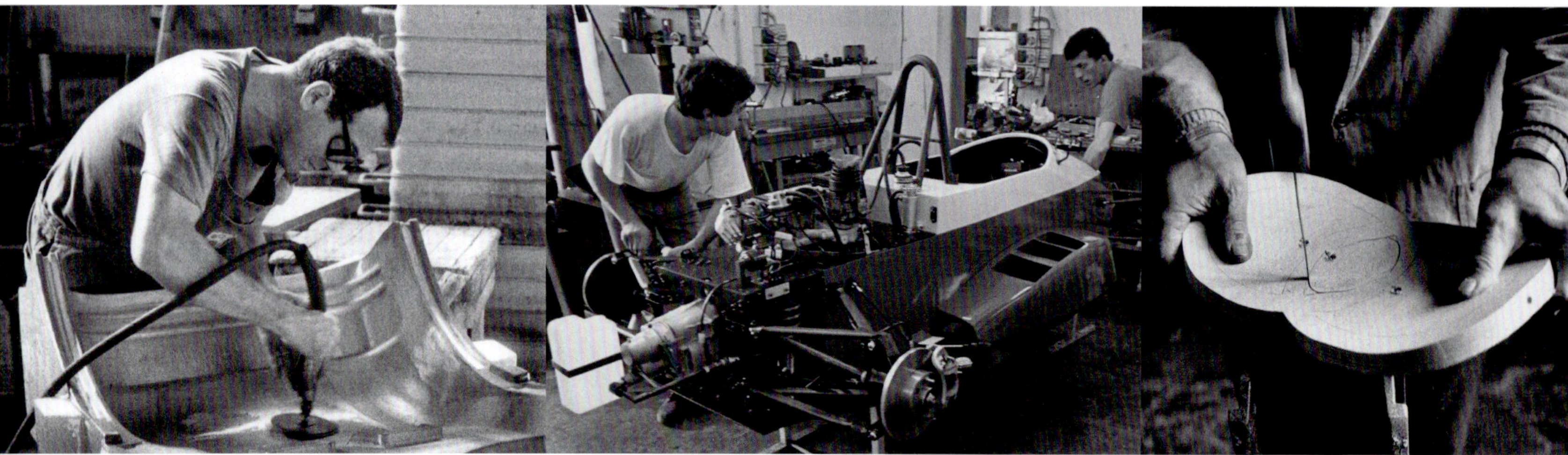

Nelle reti delle piccole imprese italiane l'innovazione dei prodotti e dei processi avviene in generale parallelamente e sinergicamente: l'introduzione delle nuove tecnologie sotto forma di nuovi macchinari per fabbricare prodotti tradizionali stimola la progettazione di prodotti innovativi; il lancio di nuovi prodotti stimola a sua volta la ricerca di nuove macchine, processi e modi di organizzare la produzione all'interno della rete delle piccole imprese. In realtà, le reti assumono costantemente nuove forme, sviluppando nuove specializzazioni e abbandonandone altre, quando diventa insostenibile la pressione della concorrenza internazionale, proveniente dai paesi tecnologicamente più avanzati o dalle economie di nuova industrializzazione. In particolare, la produzione delle macchine e delle attrezzature usate dalle imprese locali costituisce un esempio lampante dell'allargamento della specializzazione delle reti italiane. Tutto ciò indica che il cambiamento tecnologico in Italia avviene soprattutto con l'applicazione intelligente delle "high technologies" nelle produzioni dei settori tradizionali, piuttosto che nello sviluppo autoctono di un nuovo e distinto settore di tecnologia avanzata.
Umberto Colombo, economista

Artigiani e operai al lavoro: ai macchinari avanzati affiancano interventi manuali

Artisans and laborers at work: advanced machinery and manual intervention

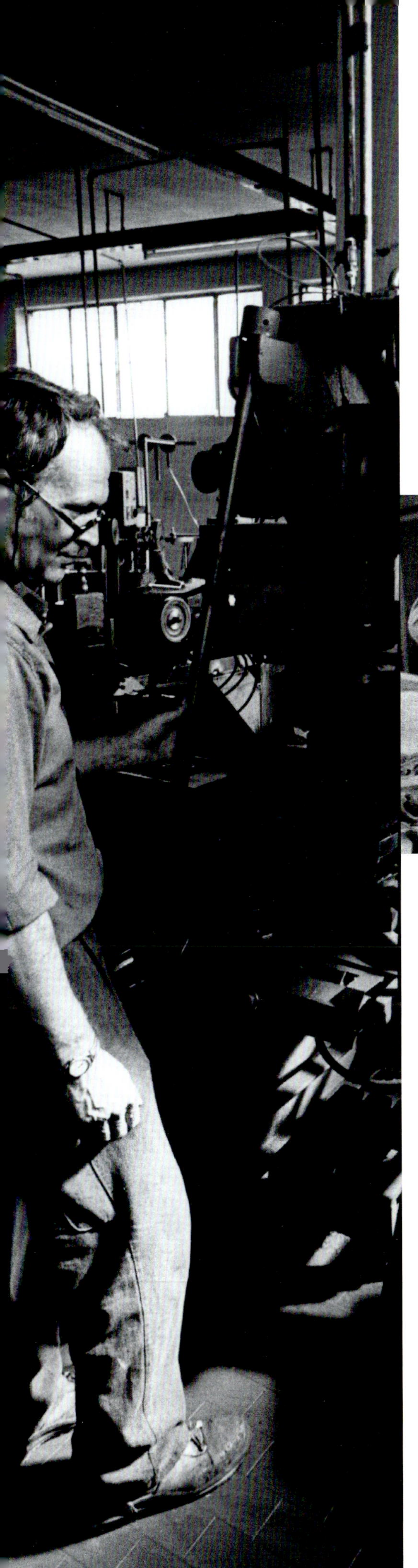

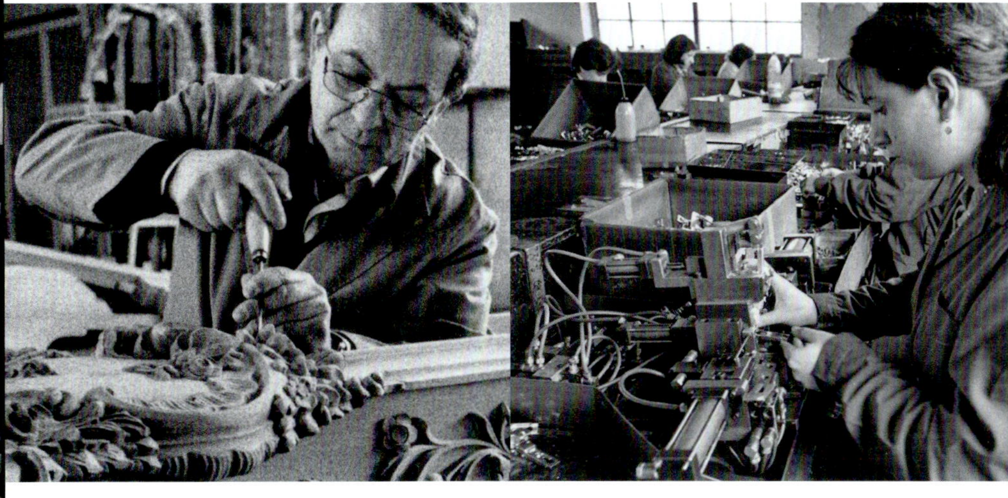

In the network of small Italian businesses, innovation of products and processes generally takes place in a parallel synergy: the introduction of new techniques in the form of new machines to manufacture traditional products stimulates the design of innovative products; the launching of new products in turn stimulates research on new machines, new processes, new ways to organize production inside the network of small businesses. In reality, the networks constantly assume new forms, developing new specializations and abandoning others, when the pressure of international competition coming from technologically advanced countries or newly industrializing ones is too much. Production of machines and equipment used by local firms constitutes an excellent example of increasing specialization in Italian networks. All this indicates that technological change in Italy comes about above all through intelligent application of "high technologies" to production in traditional sectors, rather than in an autochthonous development of a new distinct advanced technology sector.

Umberto Colombo, economist

Il primo elemento caratteristico si deve al fatto che, più di altri, i produttori italiani riescono a dotare i loro manufatti di una qualità impalpabile: la dimensione estetica; riescono a infondere in essi una sorta di anima, così da farli diventare quasi dei simboli, carichi di valore non tangibile, e non più semplici merci.
Questa forma di differenziazione è resa possibile da una lunga tradizione nell'ambito dell'architettura, della progettazione di interni e delle arti visive, che risale a diversi secoli or sono e ha profonde radici nel panorama italiano, come attesta l'imponente patrimonio artistico di gran parte delle città italiane.
Differenziare i prodotti riuscendo a dotarli di qualità estetiche è un'operazione raffinata, difficile da imitare (anche se molti produttori non italiani ci provano), e porta con sé un carico di significati culturali e perfino esistenziali: fornisce infatti ai consumatori uno strumento per distinguersi.
Inoltre, le industrie italiane riescono a diversificarsi in quanto sono in grado di conferire alla fattura della loro merce i tratti dell'artigianato, anche nel caso di oggetti prodotti in serie, con procedimenti industriali.
Claudio Demattè, economista

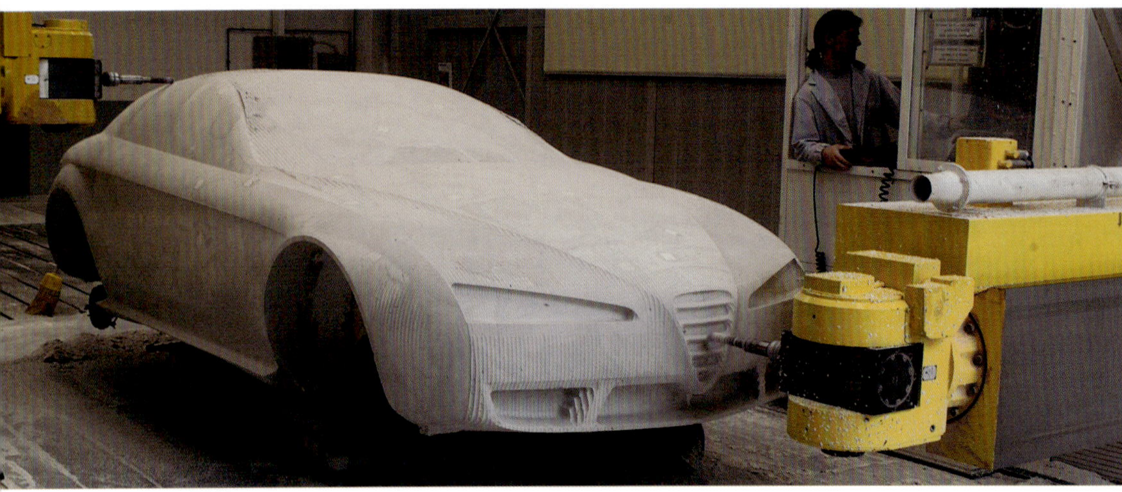

Disegni tridimensionali e prototipazione per le automobili Alfa Romeo

Three-dimensional designs and prototype-making for Alfa Romeo cars

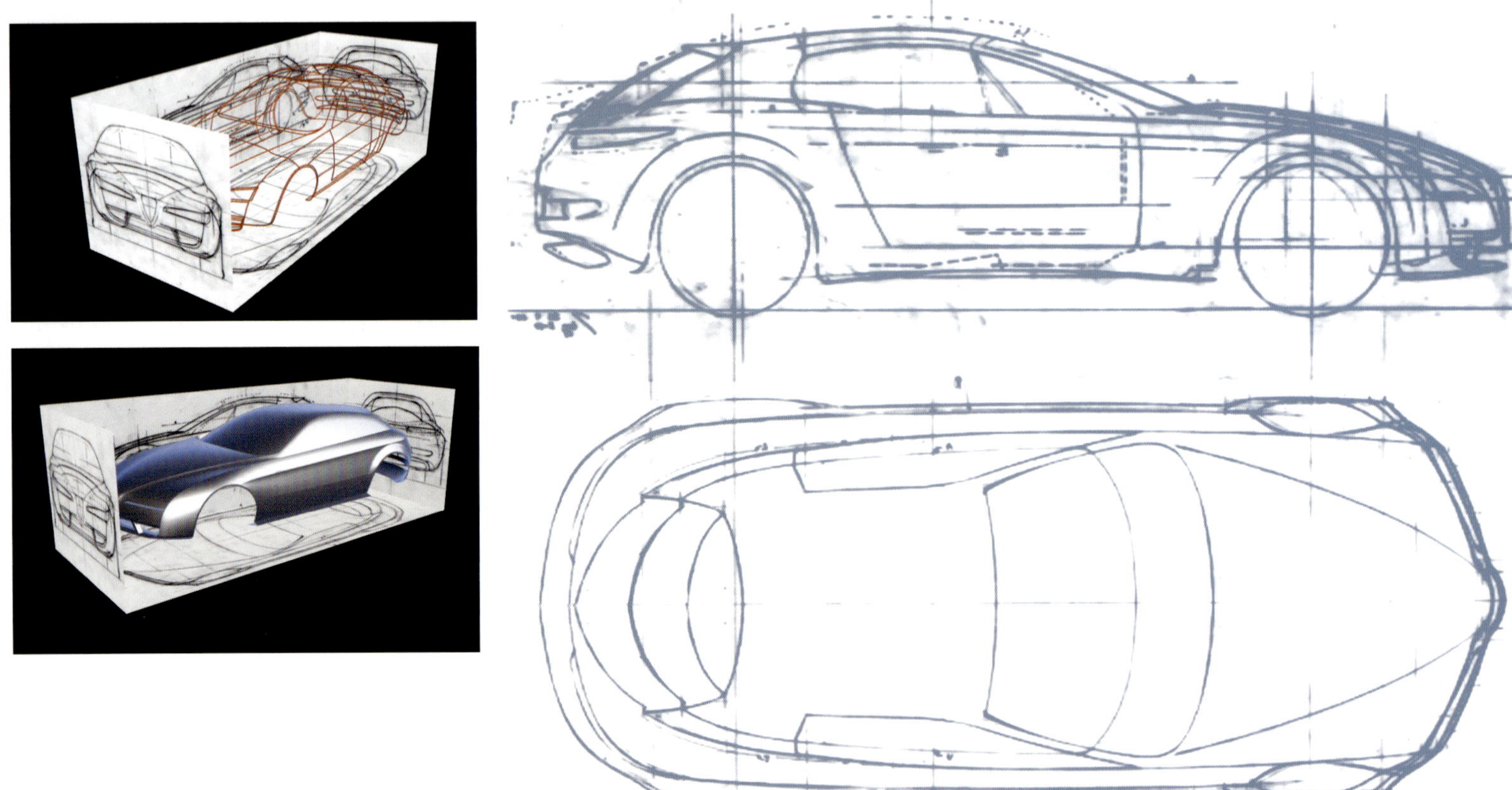

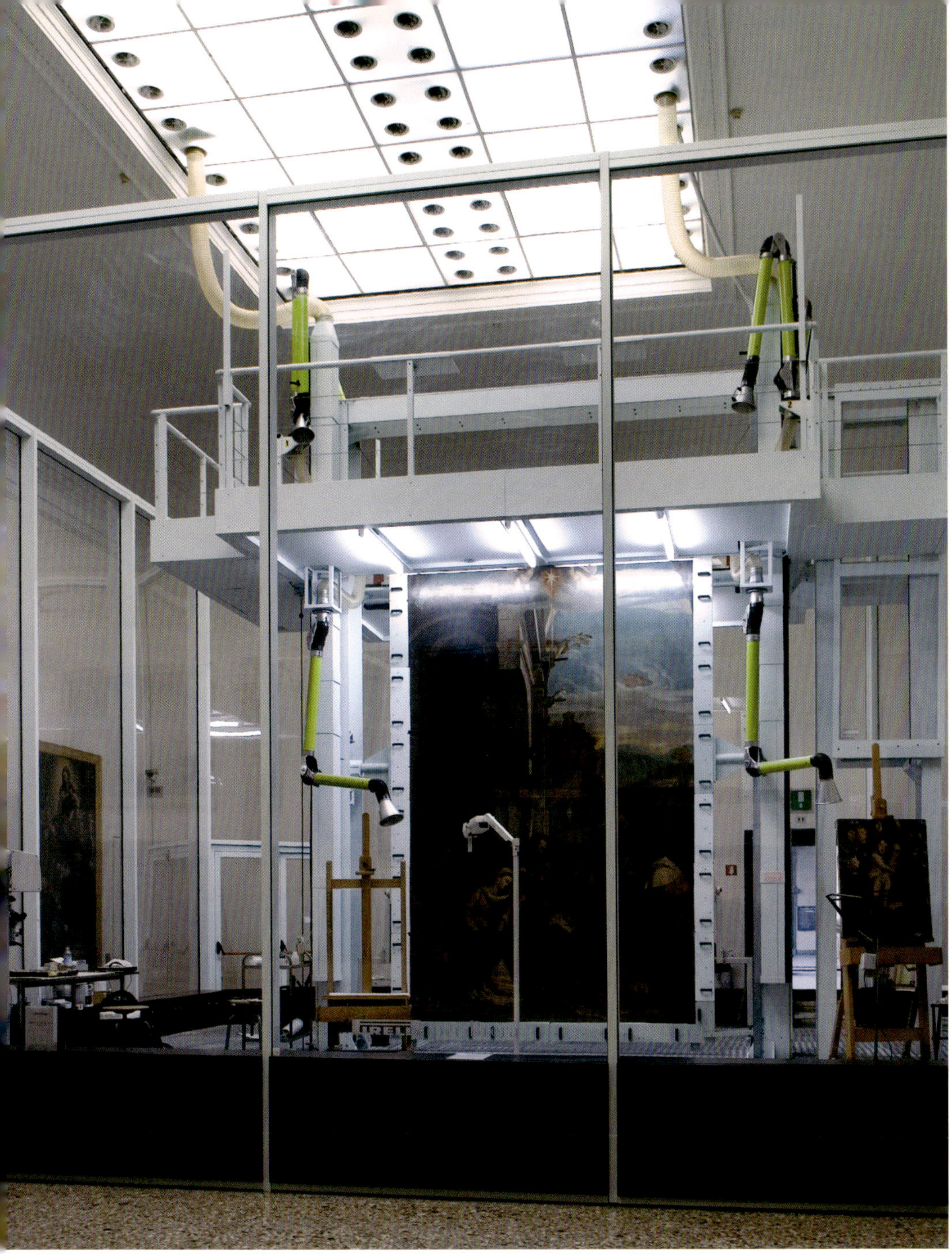

Laboratorio mobile utilizzato per le operazioni di restauro dei dipinti a Brera

Mobile laboratory for restoration of paintings at the Brera

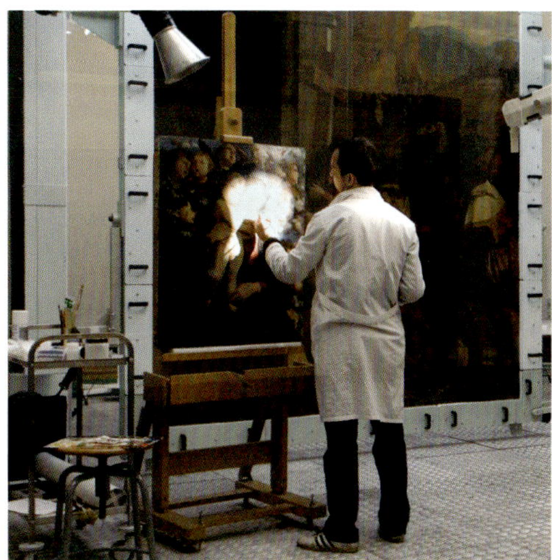

The first characteristic element results from the fact that Italian producers, more than others, manage to endow their products with an impalpable quality: the aesthetic dimension. They manage to give their products a soul, making them almost symbols full of non-tangible value, and not simply merchandise. This differentiation is possible because of a long tradition in architecture, in interior design and in the visual arts, going back several centuries, with deep roots in the Italian panorama, as is shown by the great artistic legacy of a number of Italian cities.

To differentiate products by giving them aesthetic quality is a refined operation, difficult to imitate (even if many non-Italian producers try to do so), and it engenders important cultural and even existential meanings: it gives consumers a tool to distinguish themselves with.

Italian industries manage moreover to diversify insofar as they are able to give their goods artisan quality, even in the case of products produced industrially.

Claudio Demattè, economist

Esiste un rapporto tra spazio di posizione e spazio di rappresentazione nella fase della competizione globale, cioè le due nozioni di spazio che a nostro giudizio sono quelle più dense di significati attraverso i quali indagare le dinamiche di un territorio nell'ipermodernità.
Lo spazio di posizione rimanda al grande tema del rapporto tra locale e globale e alla dimensione di area che il territorio in questione ricopre all'interno della Città Infinita. Lo spazio di rappresentazione rimanda alla capacità del sistema socio-economico ed istituzionale di avere una identità adeguata ai tempi del cambiamento. Così se lo spazio di posizione rimanda alla delimitazione territoriale dell'area nella quale sono localizzati gli attori locali (enti locali, imprese, autonomie funzionali, tessuto associativo delle imprese, del lavoro e sociale, etc.), quello di rappresentazione attiene alle forme attraverso le quali questi attori, ad esempio le imprese, si proiettano all'esterno nelle reti lunghe della globalizzazione.
Aldo Bonomi, sociologo

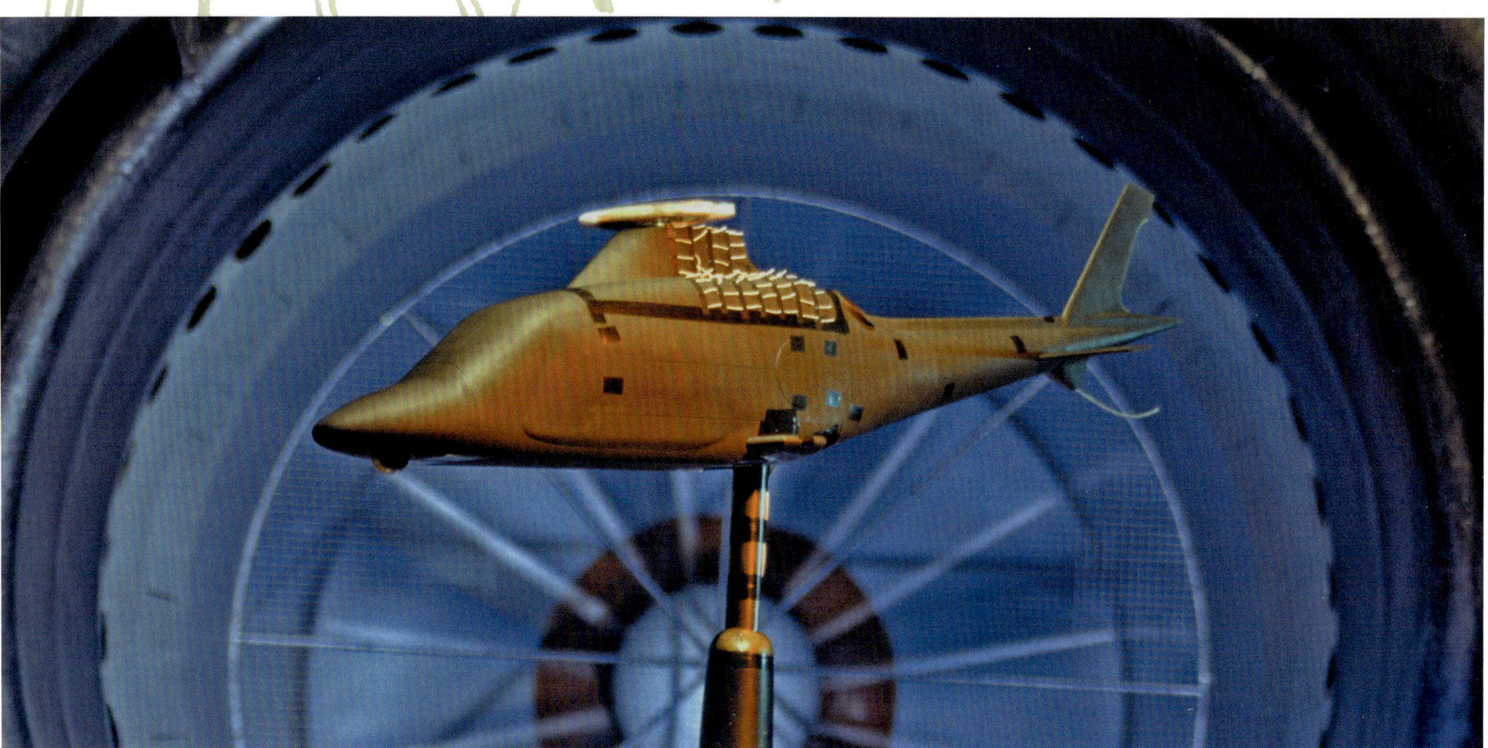

Galleria del vento Agusta Westland per le prove di aerodinamica

Wind tunnel of Agusta Westland for aerodynamic tests

There is a relation between space of position and space of representation in the phase of global competition, that is, the two notions of space for us are those richest in meanings helping us investigate the dynamics of a territory of hyper-modernity.
The space of position takes us back to the great topic of the relation between the local and the global and the dimension of area that the territory under discussion occupies within the Infinite City. The space of representation takes us back to the capacity of the socio-economic and institutional system to have an identity adequate to the times of change. Thus if the space of position takes us back to the territorial delimitation of the area where there are the local actors (local agencies, businesses, functional autonomies, associational fabric of firms, of work and of society, etc.), that of representation has to do with the forms through which these actors, the firms for instance, project themselves beyond into the long networks of globalization.
Aldo Bonomi, sociologist

Nel luglio 2002 3M, multinazionale americana, leader e riferimento mondiale da oltre un secolo nella cultura dell'innovazione, decide di creare a Milano il proprio centro di eccellenza del design, polo strategico locale del mercato globale. Il radicamento di 3M nel contesto industriale, culturale e sociale milanese è iniziato circa mezzo secolo fa, ma risalgono all'inizio degli anni ottanta i primi contatti con il mondo della creatività e del design, con l'avvio di relazioni, sempre localizzate a Milano, con i massimi esponenti emergenti di tale contesto al fine di favorire l'impiego di tecnologie e soluzioni 3M in progetti innovativi. È dalla metà degli anni novanta che tale rapporto diviene strutturalmente strategico. Tale Centro oggi collabora con tutte le strutture di ricerca del Gruppo e nella maggior parte dei progetti è totalmente integrato nel processo di sviluppo nuovi prodotti, dalla fase iniziale di ideazione fino al momento del lancio sul mercato. Attualmente vi operano quattro designers e sono stati sviluppati 50 progetti.

Antonio Pinna Berchet, vicepresidente e segretario generale della Fondazione 3M

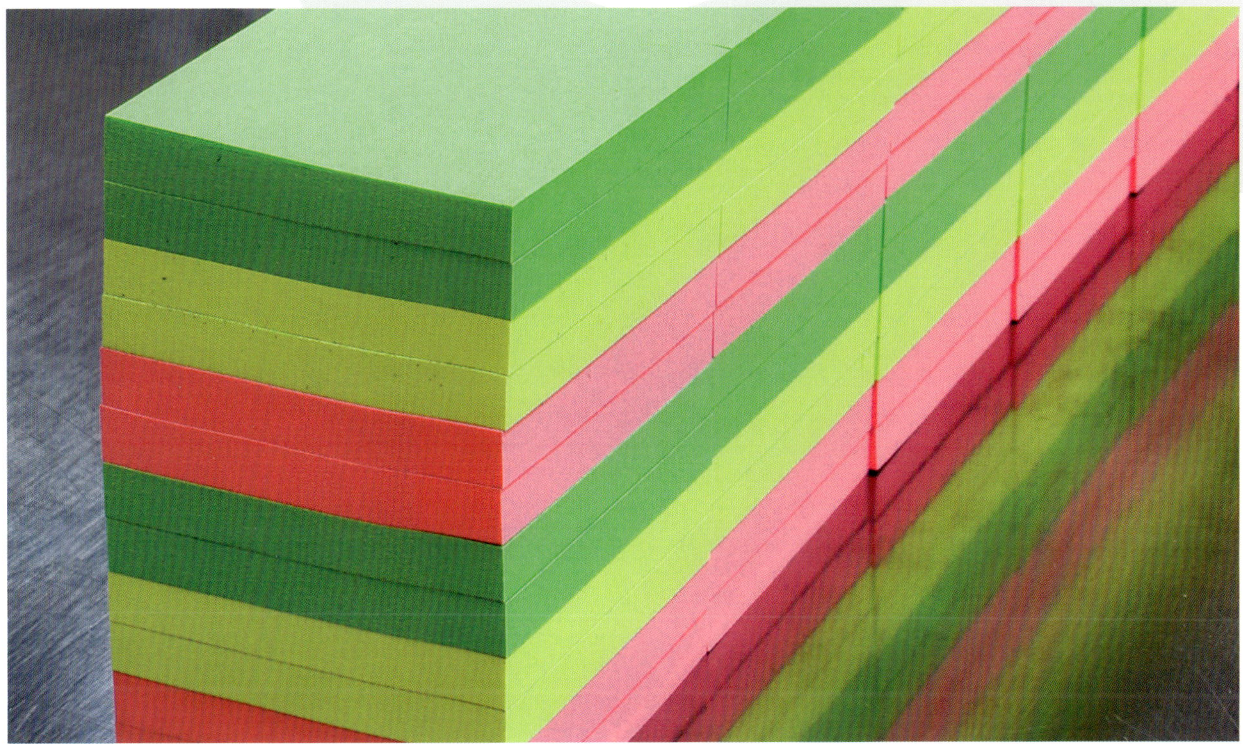

Post-it di produzione 3M e marchio della Fondazione 3M con sede a Segrate

Post-it from 3M and the trademark of the Fondazione 3M headquartered in Segrate

In July 2002, 3M, a multi-national American company, leader and global point of reference for more than a century in the culture of innovation, decided to create in Milan its center of excellence for design, a strategic local point for the global market. 3M began to take root in Milan's industrial, cultural, and social context about a half-century ago, but its first contacts with the world of creativity and design in Milan started at the beginning of the 1980s, in relations established with the most important players in this field, with the purpose of favoring use of 3M technology and solutions in innovative projects. Since the middle of the 1990s, this relation has become strategic and structural. The center now cooperates with all the research structures of the company and in most of the projects it is totally integrated into the process of development of new products, from the initial creative phase to the moment they are launched on the market. Currently four designers work there and 50 projects have been developed.

Antonio Pinna Berchet, vice president and secretary general of the Fondazione 3M

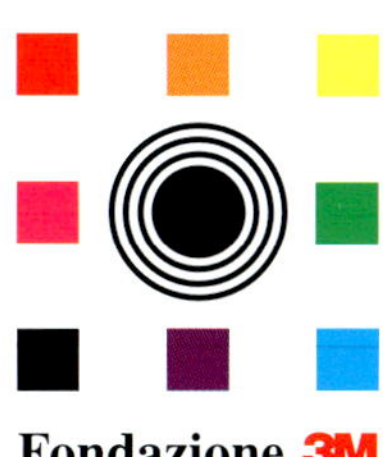

In provincia di Milano sono molti i luoghi che conservano e valorizzano la storia e l'attualità del design. Dalla Triennale di Milano, con il Museo del design, alla rete dei musei delle imprese, agli archivi collegati a protagonisti della cultura del progetto.

Le case del design
The design houses

In the province of Milan there are many places that conserve and evaluate the history and actuality of design. From the Triennale of Milan, with the design museum, to the network of business museums, and the archives linked to protagonists of the culture of design.

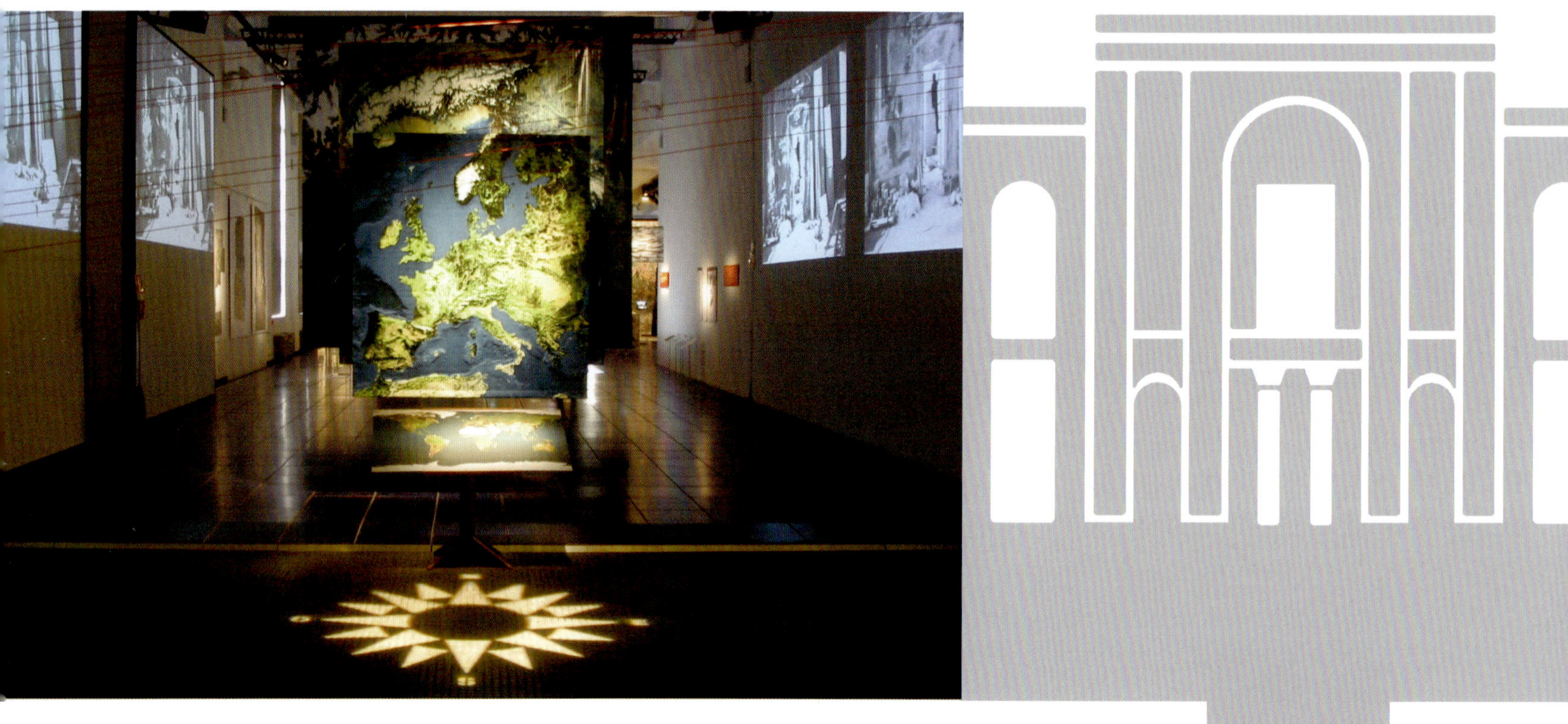

Particolare de "La Città Infinita", mostra della Triennale di Milano, progettata dallo studio Origoni e Steiner (2004); marchio della Triennale di Italo Lupi

Detail of "La Città Infinita", exhibition at the Triennale of Milan, designed by Origoni and Steiner studio (2004); Triennale trademark by Italo Lupi

Rendering del progetto di Michele De Lucchi per il Museo del design alla Triennale di Milano (2005)

Rendering of Michele De Lucchi's project for the Museo del design at the Triennale of Milan (2005)

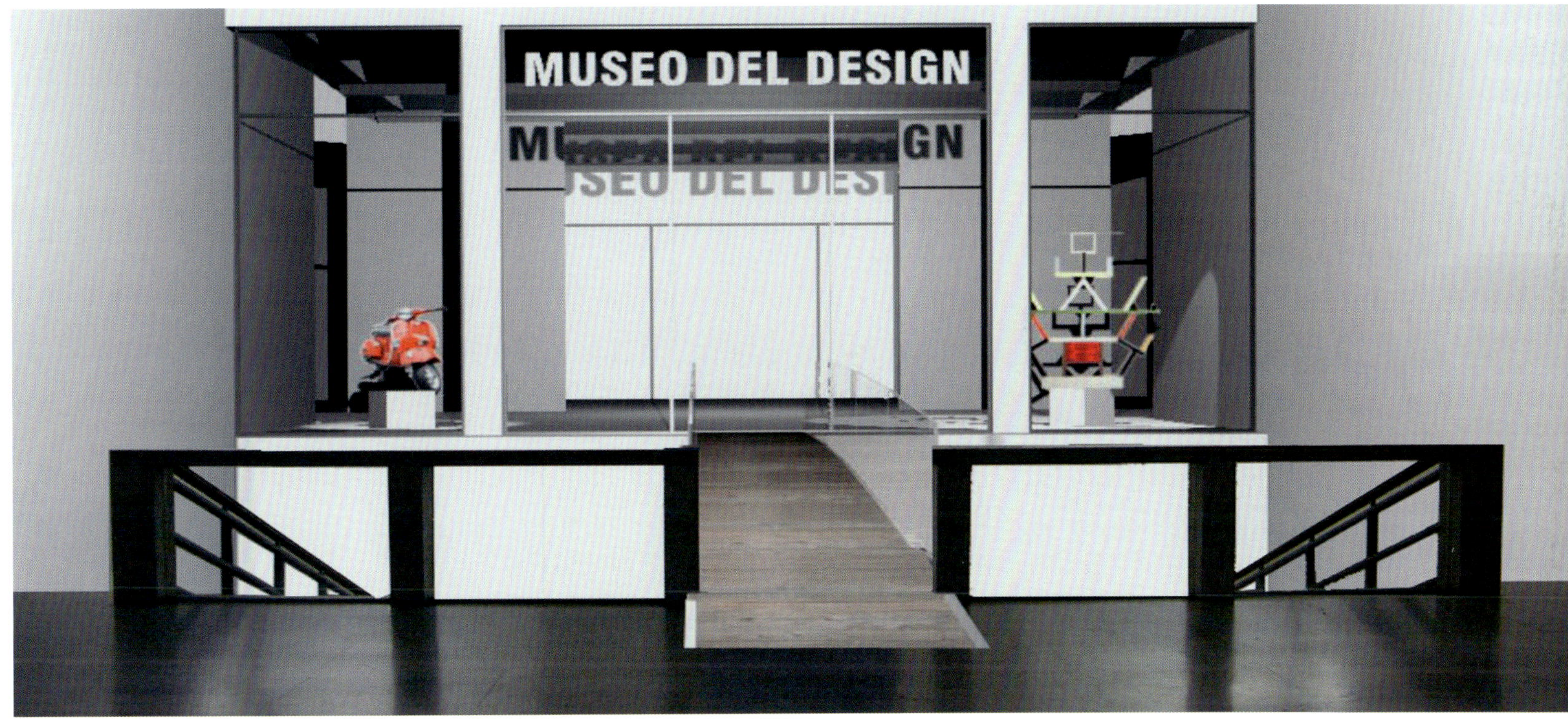

La Triennale ha avuto un'esistenza che è stata costantemente in sintonia con quanto accaduto – anzi stava accadendo – in tutto il mondo nel territorio dell'architettura e delle "arti applicate"; nonché – ed è fondamentale – nei finitimi ambiti socio-politici, tecnologici, estetici, scientifici. La Triennale, insomma, è stata testimone e insieme "voce della coscienza" di tutto lo sviluppo progettuale del nostro secolo, o quanto meno della seconda metà dello stesso.
Gillo Dorfles, critico d'arte e del design

The Triennale has had an existence that has constantly been in tune with what was happening in the whole world of architecture and applied arts; as well as – and this is fundamental – in the adjacent social-political, technological, aesthetic, scientific realms. The Triennale, in short, was witness and at the same time the voice of conscience of all the design developments of our century, or at least of the second half of our century.
Gillo Dorfles, critic of art and design

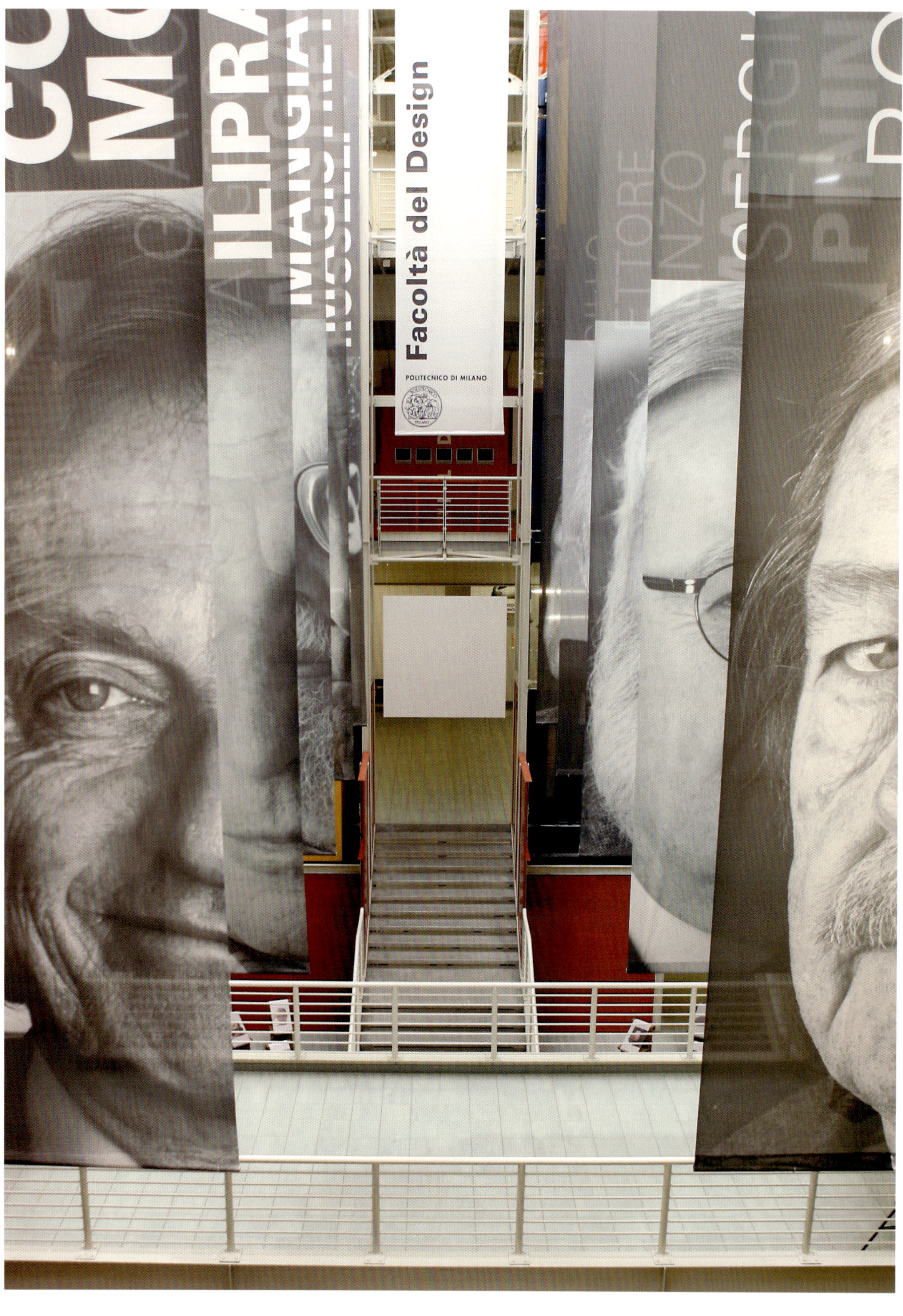

La sede del Politecnico alla Bovisa con i volti di alcuni protagonisti insigniti della laurea ad honorem in disegno industriale

The seat of the Politecnico at the Bovisa with the faces of some protagonists who were granted honorary degrees in industrial design

A fianco: una mostra sulla produzione del territorio, progettata dallo studio Origoni e Steiner, al Clac (Centro Legno Arredo) di Cantù, che promuove il design con attività culturali e di ricerca

To the side: an exhibition on production in the territory, designed by Origoni and Steiner studio at the Clac (Centro Legno Arredo) of Cantù, which promotes design through cultural and research activities

Il design italiano è costituito da personalità predominanti e diverse, perciò è difficile definire un sistema uniforme, centralizzato, organizzato, come il museo del design, che sia in grado di esprimere le personalità e i desideri di tutti i protagonisti. Ciò ci fa capire i motivi per i quali esistono già non uno, bensì molti musei del design italiano, dispersi sul territorio e di proprietà di aziende o enti che, agendo alla periferia del sistema, hanno creato il luogo di conservazione e glorificazione internazionale della loro opera.
Il Museo del Design a Milano quindi esiste già, ma esso è invisibile in quanto non è contenuto in un classico involucro architettonico, ma è distribuito, frammentato, disperso ed ogni elemento è portatore dei chiari segni del "Sistema Design".

La situazione attuale è quella di una serie di "giacimenti", più o meno aperti e visitabili, sparsa sul territorio milanese urbano ed extraurbano e lombardo in genere. Si tratta di collezioni eterogenee, o collezioni di musei d'azienda, piuttosto che magazzini "pieni di design" difficilmente raggiungibili. Dispersi sul territorio, lontano dalle rotte principali del turismo, ci sono gioielli unici al mondo, sconosciuti ai più: è un patrimonio "diffuso".
Questa distribuzione "casuale", determinata nel corso degli anni da una mancata integrazione/interazione tra i soggetti, è fortemente funzionale al concetto di "museo a rete", che punta all'integrazione dei diversi nuclei: queste presenze isolate devono essere attirate nella rete del museo.
Arturo Dell'Acqua Bellavitis, architetto

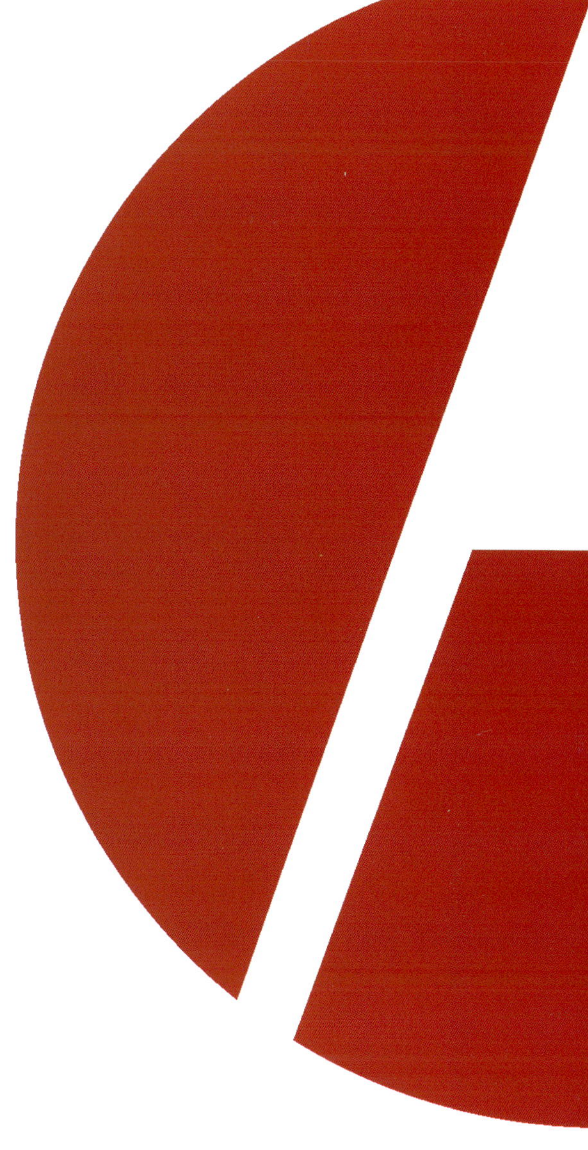

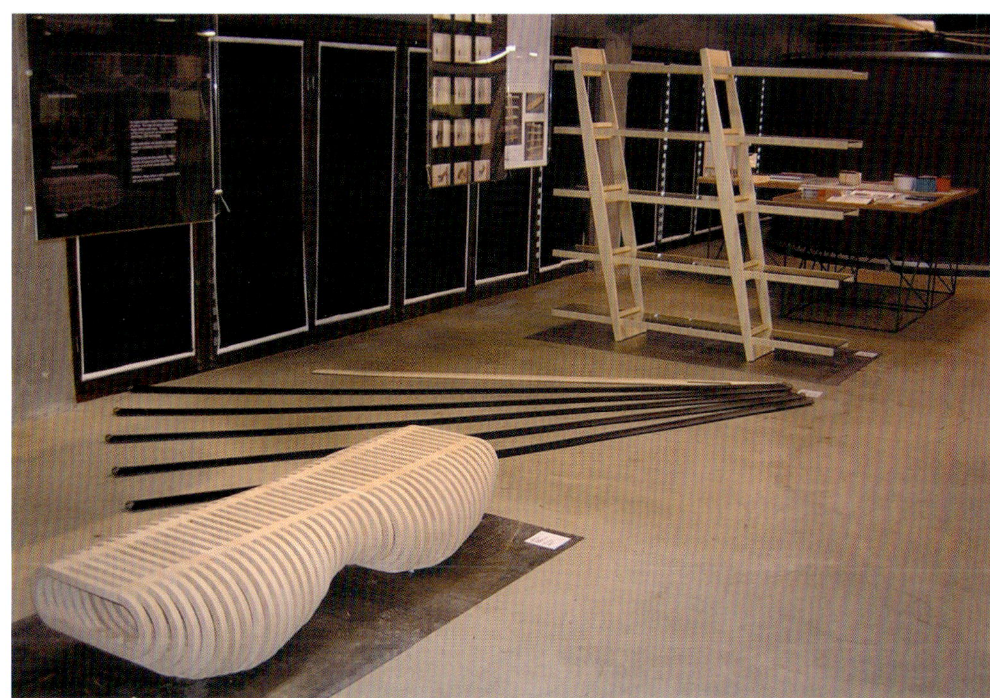

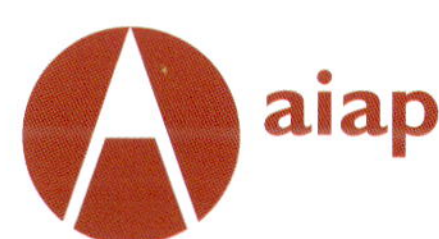

Italian design is made up of strong and diverse personalities, and that makes it difficult to define a uniform, centralized, organized system, like a museum of design, able to express the personality and desires of all the protagonists. That helps us understand why there are so many museums of Italian design, located throughout the territory and owned by companies or agencies which, acting on the periphery of the system, have created a place to conserve and celebrate their work internationally.
The Museum of Design in Milan therefore already exists, but it is invisible insofar as it is not contained in a classical architectural wrapping, but is distributed in a fragmentary dispersed state, evidence of a "Design System".

The current situation is that of a series of "fields" more or less open to visitors, scattered throughout the urban, suburban, and Lombard territory. These are heterogeneous collections, or business museum collections, rather than warehouses "full of design" that are difficult to reach. Dispersed throughout the territory, far from the principal tourist itineraries, they are jewels unique in the world, unknown to most people: this is a "diffused" patrimony.
This "casual" distribution, determined in the course of years by a certain lack of integration/interaction among the parties, is strongly functional in the sense of a "network museum" which aims at integrating diverse nuclei: these isolated presences must be attracted into the network of the museum.
Arturo Dell'Acqua Bellavitis, architect

Marchio dell'Aiap (Associazione italiana progettazione per la comunicazione visiva), disegnato da Sergio Dabovich

Trademark of Aiap (Associazione italiana progettazione per la comunicazione visiva), design Sergio Dabovich

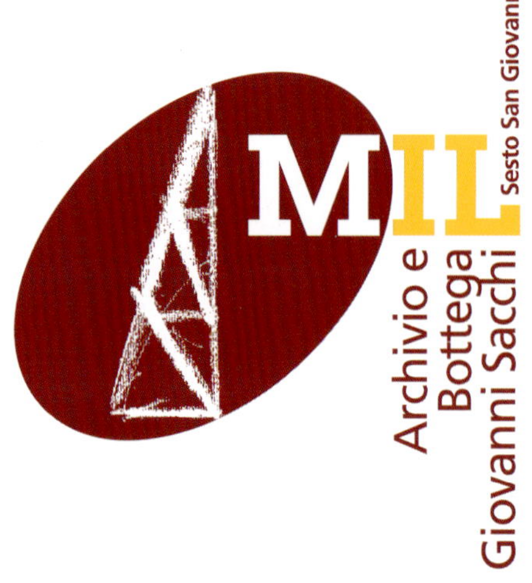

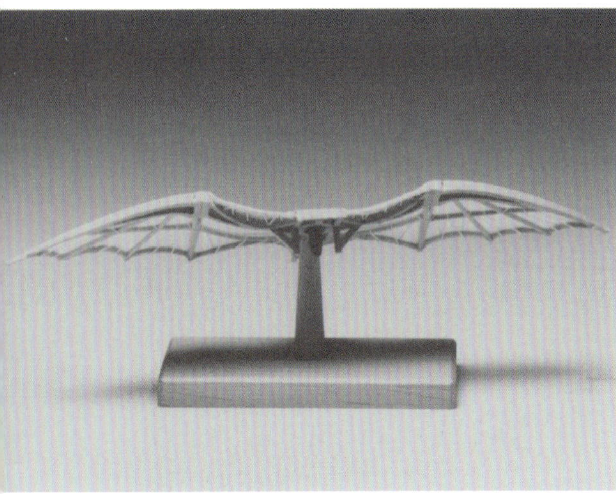

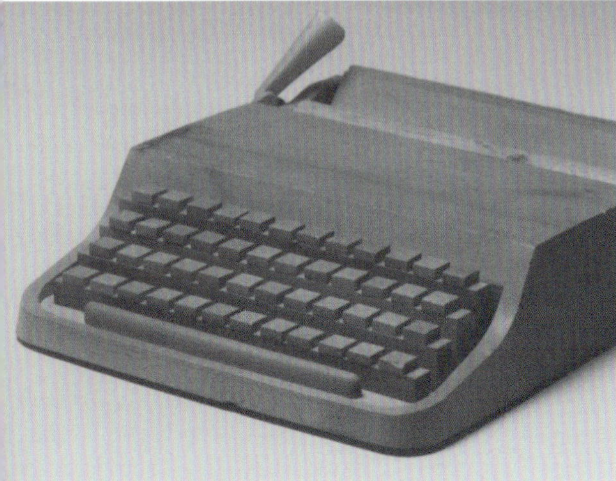

Rispetto ai modelli fatti con le macchine a controllo numerico, quelli fatti a mano hanno il vantaggio che possono essere variati in corso d'opera... cercate di lavorare sul modello, di qualunque materiale esso sia: legno, gesso, plastilina perché la carta è piatta e non può cogliere il volume e la matericità dell'oggetto disegnato. Quello del designer è un lavoro bellissimo, ma si deve fare solo se si ha passione e grande sensibilità. Il design è un'attività che non potrà finire mai, nonostante le macchine moderne; il design, prodotto dell'intelligenza umana non può scomparire.
Giovanni Sacchi, modellista

Compared to models made with machines controlled by numbers, those made by hand have the advantage that they can be changed in the course of making them ... You try to work on the model, whatever material it is made of: wood, gesso, plastic because paper is flat and cannot take on the volume and material quality of the object designed. It is beautiful to work as a designer, but it should be attempted only by those who have passion and great sensitivity. Design is an activity that can never end, despite modern machines; design, as a product of human intelligence, cannot disappear.
Giovanni Sacchi, model maker

Numerose le raccolte legate al design, come, ad esempio, l'Archivio Bottega Giovanni Sacchi (Museo dell'industria e del lavoro, Sesto San Giovanni), i cui modelli (nelle foto) sono conservati anche alla Triennale di Milano, o la Collezione Columbus, storica azienda milanese di mobili metallici, qui presentata in una mostra in Svizzera

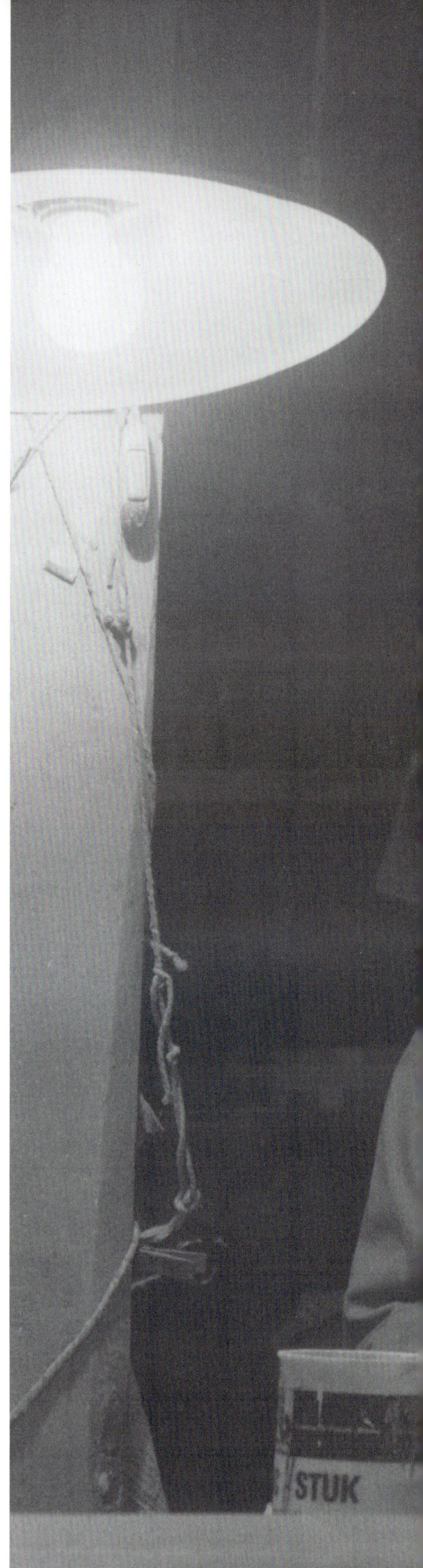

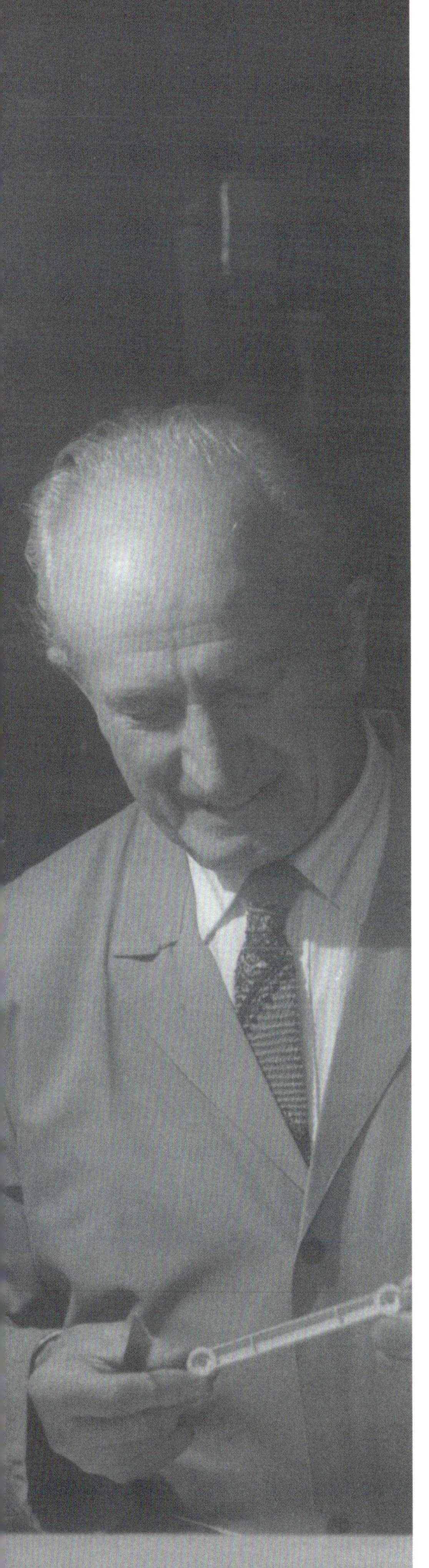

Numerous the collections related to design, as for example the Archivio Bottega of Giovanni Sacchi (Museo dell'industria e del lavoro, Sesto San Giovanni), whose models (in the photos) are conserved at the Triennale as well, or the Collezione Columbus, a historical Milanese firm making metal furniture, presented here in an exhibition in Switzerland

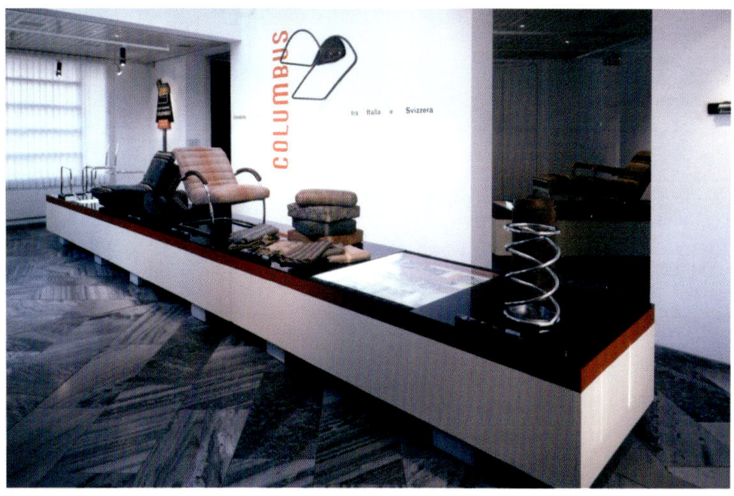

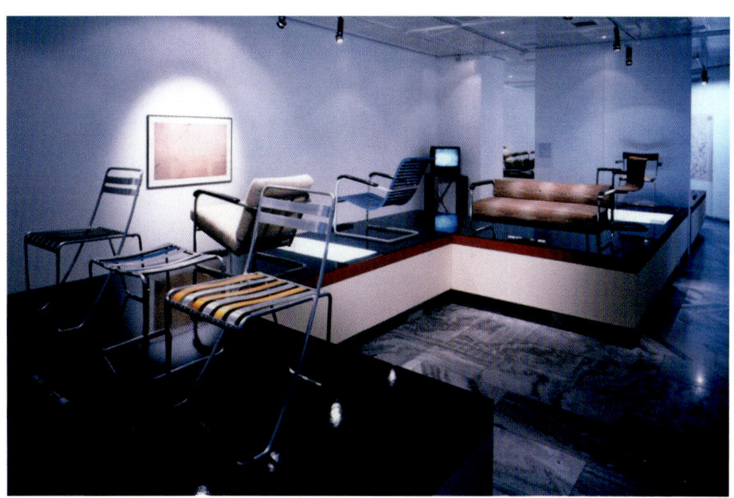

Logotipo di Museimpresa, un'associazione promossa da Assolombarda che raccoglie i maggiori musei d'azienda italiani, dove sono contenuti naturalmente molti oggetti di design

Logo of Museimpresa, an association promoted by Assolombarda which associates the main business museums in Italy, which contain many objects of design

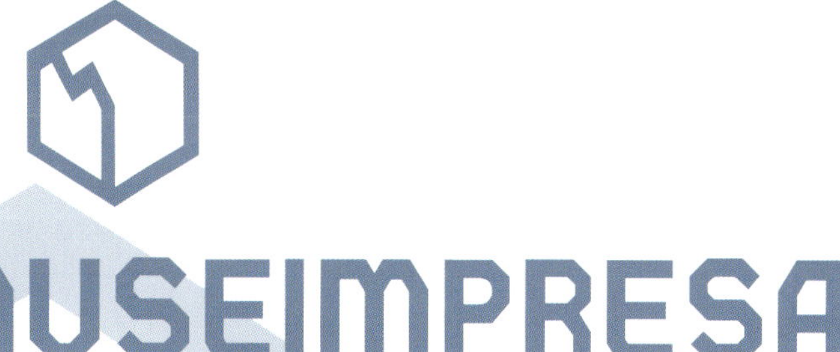

Il Compasso d'Oro si proponeva di promuovere la qualificazione culturale dei beni e il loro rinnovamento; supportando la crescita e persino la nascita di imprese consapevoli del loro ruolo nell'evoluzione della cultura materiale; e contribuendo in molta misura all'affermazione della professione del designer. Pochi premi ad ogni edizione per riconoscer l'eccellenza, molte segnalazioni d'onore per incoraggiare l'esplorazione: una politica che non è mai stata delusa.
Augusto Morello, teorico del design

The Compasso d'Oro was created to recognize cultural quality and to promote its renewal, by sustaining the growth and even the birth of enterprises aware of their role in the evolution of material culture, and by contributing to the affirmation of the profession of the designer. Few prizes for excellence are awarded each year, but there are many honorable mentions to encourage exploration: this policy has never failed.
Augusto Morello, theoretician of design

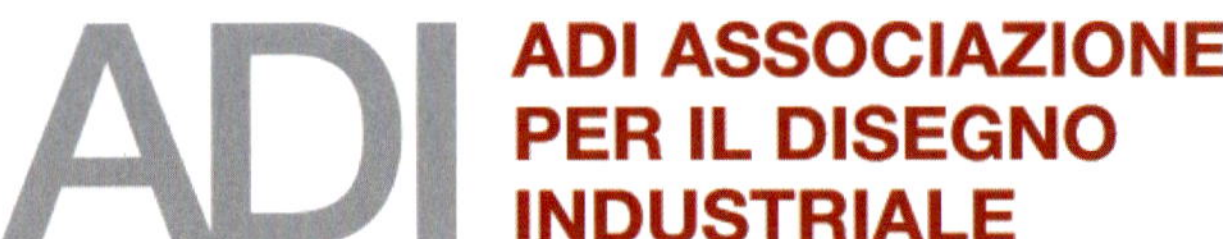

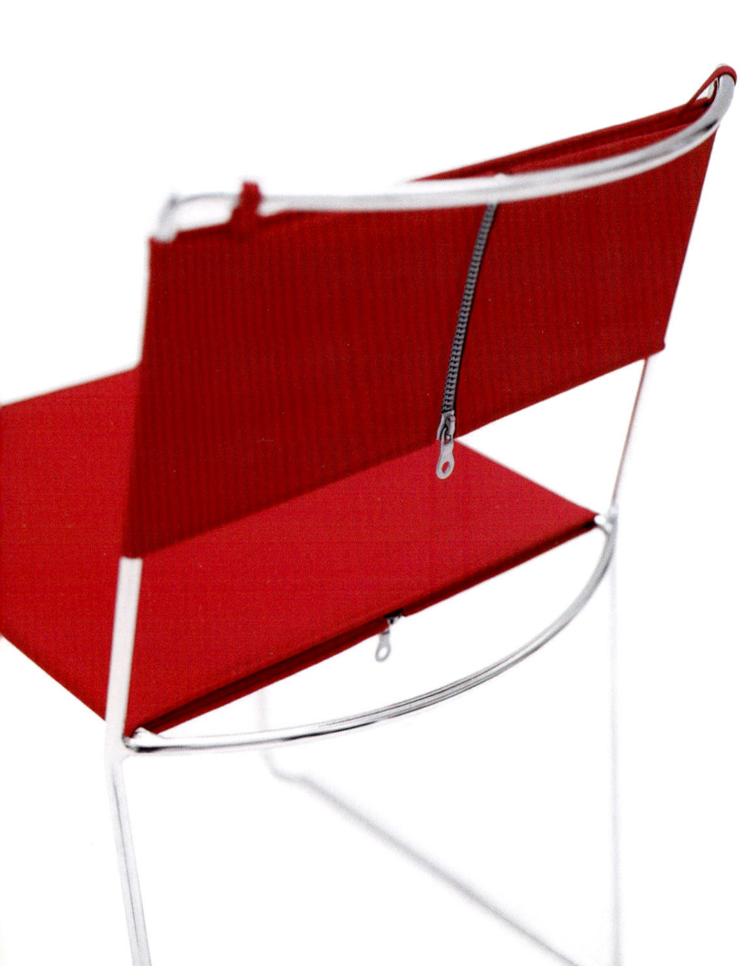

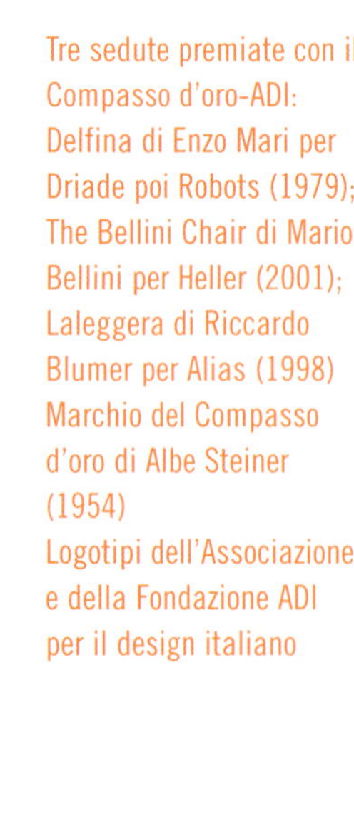

Tre sedute premiate con il Compasso d'oro-ADI: Delfina di Enzo Mari per Driade poi Robots (1979); The Bellini Chair di Mario Bellini per Heller (2001); Laleggera di Riccardo Blumer per Alias (1998)
Marchio del Compasso d'oro di Albe Steiner (1954)
Logotipi dell'Associazione e della Fondazione ADI per il design italiano

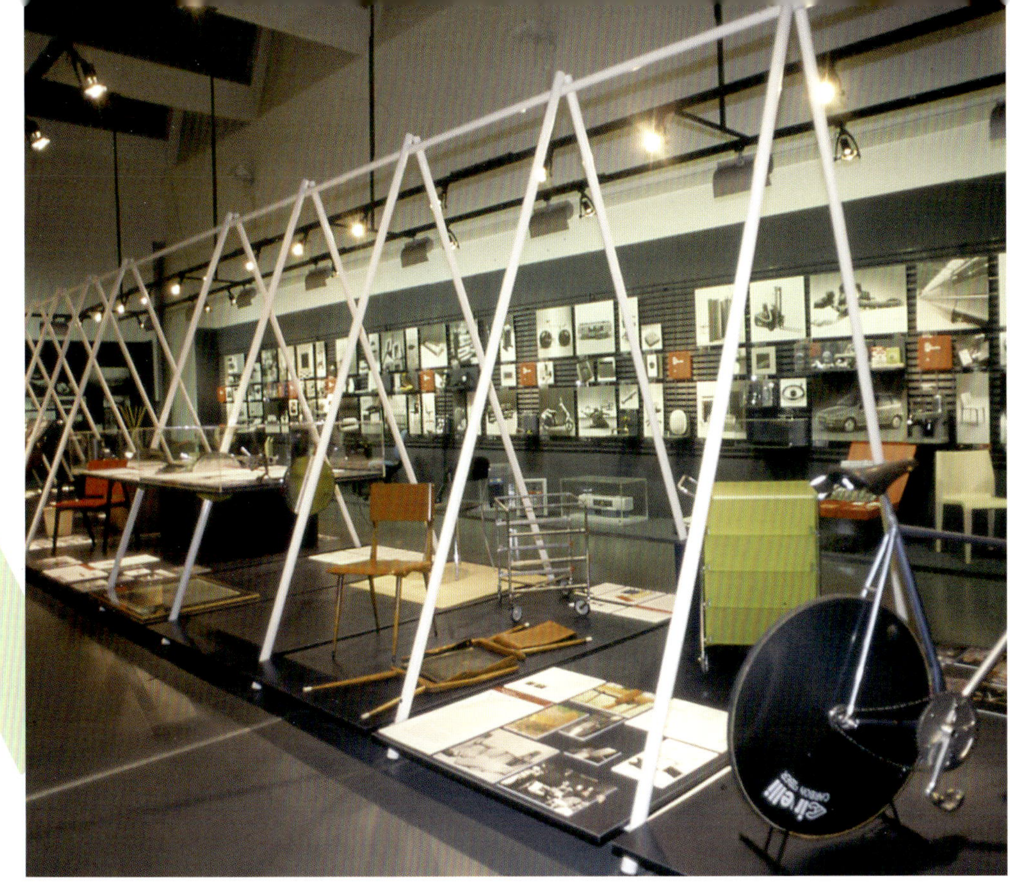

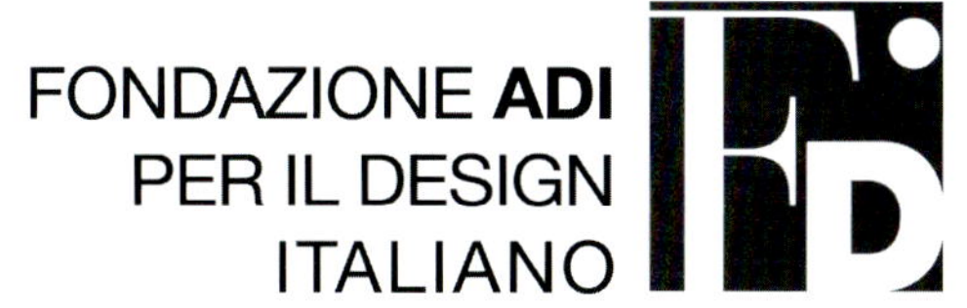

Three seats which won the Compasso d'oro-ADI: Delfina of Enzo Mari for Driade then Robots (1979); The Bellini Chair of Mario Bellini for Heller (2001); Laleggera of Riccardo Blumer for Alias (1998)
Logo of the Associazione and Fondazione ADI for Italian design

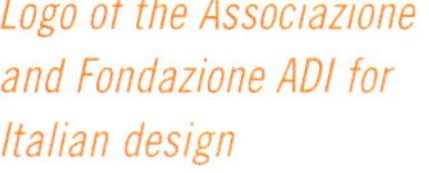

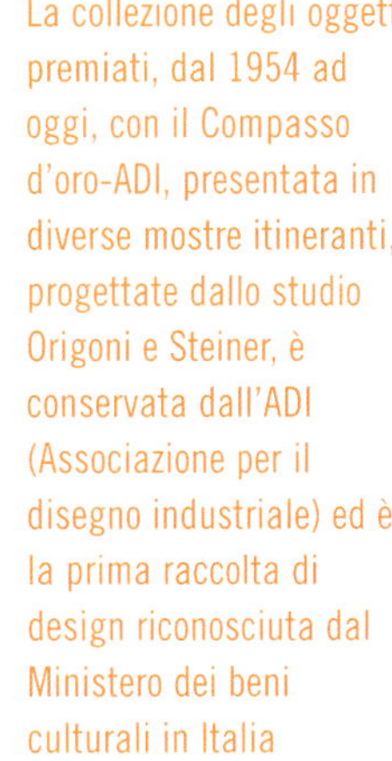

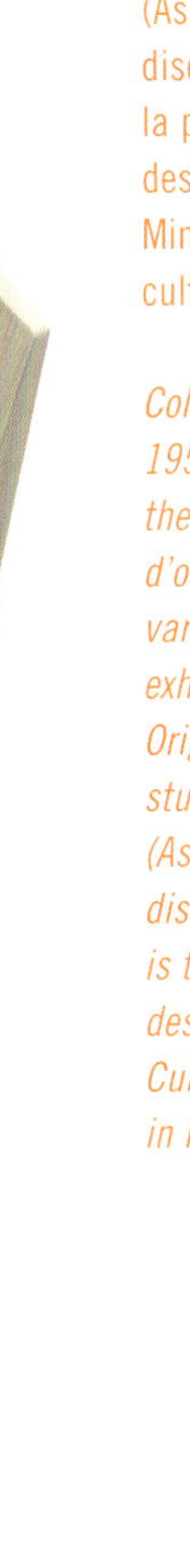

La collezione degli oggetti premiati, dal 1954 ad oggi, con il Compasso d'oro-ADI, presentata in diverse mostre itineranti, progettate dallo studio Origoni e Steiner, è conservata dall'ADI (Associazione per il disegno industriale) ed è la prima raccolta di design riconosciuta dal Ministero dei beni culturali in Italia

Collection of objects from 1954 until now granted the prize of the Compasso d'oro-ADI, presented in various traveling exhibitions, designed by Origoni and Steiner studio, kept at the ADI (Associazione per il disegno industriale). This is the first collection of design recognized by the Cultural Heritage Ministry in Italy

Il sistema del design italiano e internazionale ha da tempo trovato a Milano, attraverso le strutture fieristiche, una vetrina eccellente per mostrare le novità nei differenti ambiti merceologici. La nuova Fiera di Milano-Rho, progettata da Massimiliano Fuksas, offre ampi spazi e possibilità per espositori e visitatori di tutto il mondo, in particolare con le iniziative più rinomate, come il Salone Internazionale del Mobile e il Macef, dedicato all'oggettistica per la casa.

La vetrina del sistema

The showcase of the system

The system of Italian and international design has for some time found in Milan's fair structures an excellent showcase for displaying new work in different fields. The new Fiera at Milan-Rho, designed by Massimiliano Fuksas, offers vast spaces and the possibility for exhibitors and visitors from all over the world, especially in the course of its most famous shows like the Salone Internazionale del Mobile and Macef, dedicated to objects for the home.

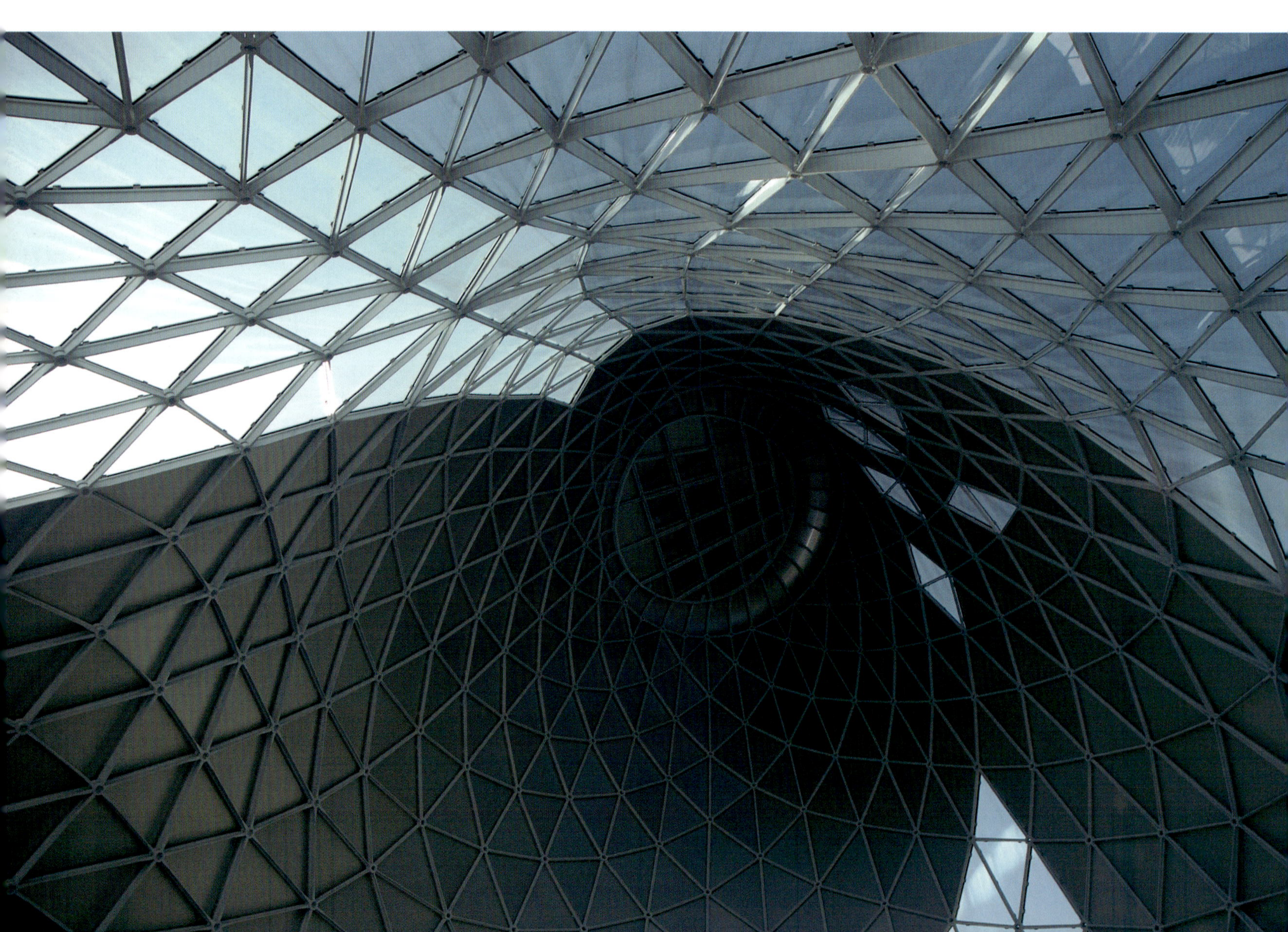

Per molte buone ragioni Milano viene considerata la capitale mondiale del design. Alcune di queste ragioni sono evidenti anche a una lettura superficiale: Milano è la città dove hanno luogo le scelte più influenti a livello internazionale per ciò che riguarda i settori produttivi caratterizzati da una forte domanda di identità culturale, di cui l'Italia è il riconosciuto leader mondiale (i settori design oriented come per esempio l'abbigliamento, l'arredo, gli apparecchi d'illuminazione, la componentistica per la casa). Milano è la città in cui, nei decenni passati, sono nate, sono maturate e si sono diffuse nel mondo le idee sul design e i linguaggi formali più innovativi e discussi. Infine – ed è il fenomeno macroscopicamente più evidente – è a Milano che almeno una volta l'anno (in occasione del Salone Internazionale del Mobile o di altre iniziative commerciali o culturali connesse al design), decine di migliaia di operatori internazionali del design sentono la necessità di venire per affari, per incontrare persone o semplicemente per "vedere che cosa succede".
Sistema Design Milano, ricerca universitaria
Politecnico di Milano

For many good reasons Milan is considered the world's design capital. Some of these reasons are obvious even in a superficial consideration: Milan is the city where the most important choices are made on the international level for everything concerning those productive sectors characterized by a strong demand for cultural identity, where Italy is recognized as the world leader (design-oriented sectors like clothing, furnishings, lighting, household equipment). Milan is the city where, in the past decades, ideas on design and the most innovative formal languages of design were born, discussed, and developed. Finally – and this is the most obvious macroscopic phenomenon – it is Milan which attracts at least once a year (on the occasion of the Salone Internazionale del Mobile or other commercial or cultural initiatives related to design), tens of thousands of international operators in the design sector, who need to come for business, to meet people, or simply to see what is going on.
Sistema Design Milano, university research
Politecnico of Milan

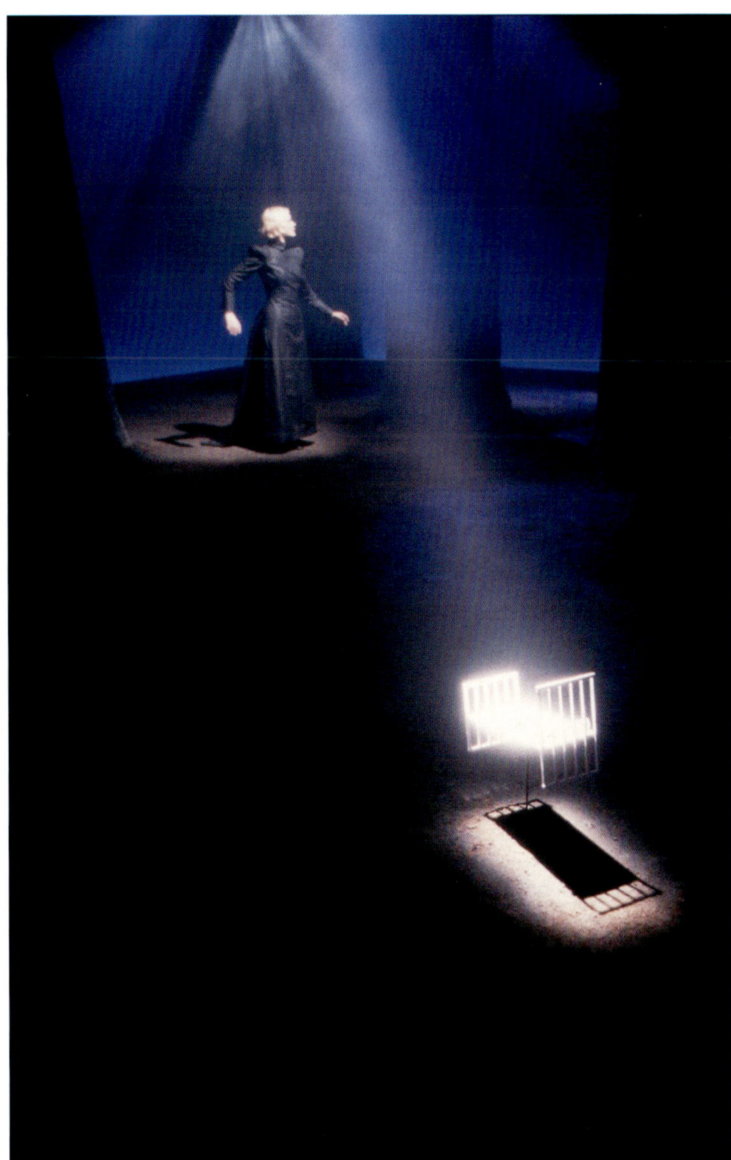

Copertura vetrata della nuova fiera di Milano a Rho-Pero, progettata da Massimiliano Fuksas

Glass cover of the new Milan fair in Rho-Pero, designed by Massimiliano Fuksas

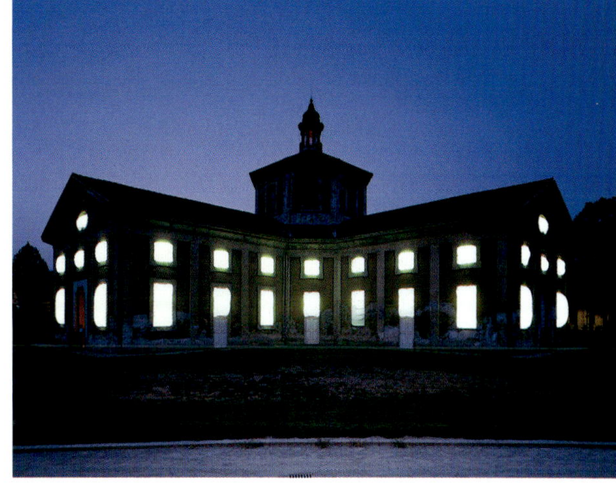

Una delle manifestazioni culturali e artistiche organizzate da Cosmit in occasione del Salone Internazionale del Mobile: "Stanze e Segreti" alla Rotonda di via Besana nel 2000 (a fianco: installazione di Bob Wilson; sopra: allestimento di Denis Santachiara)

One of the cultural and artistic events organized by Cosmit on the occasion of the Salone Internazionale del Mobile: "Stanze e Segreti" at the Rotonda of via Besana in 2000 (to the side: installation by Bob Wilson; above: set by Denis Santachiara)

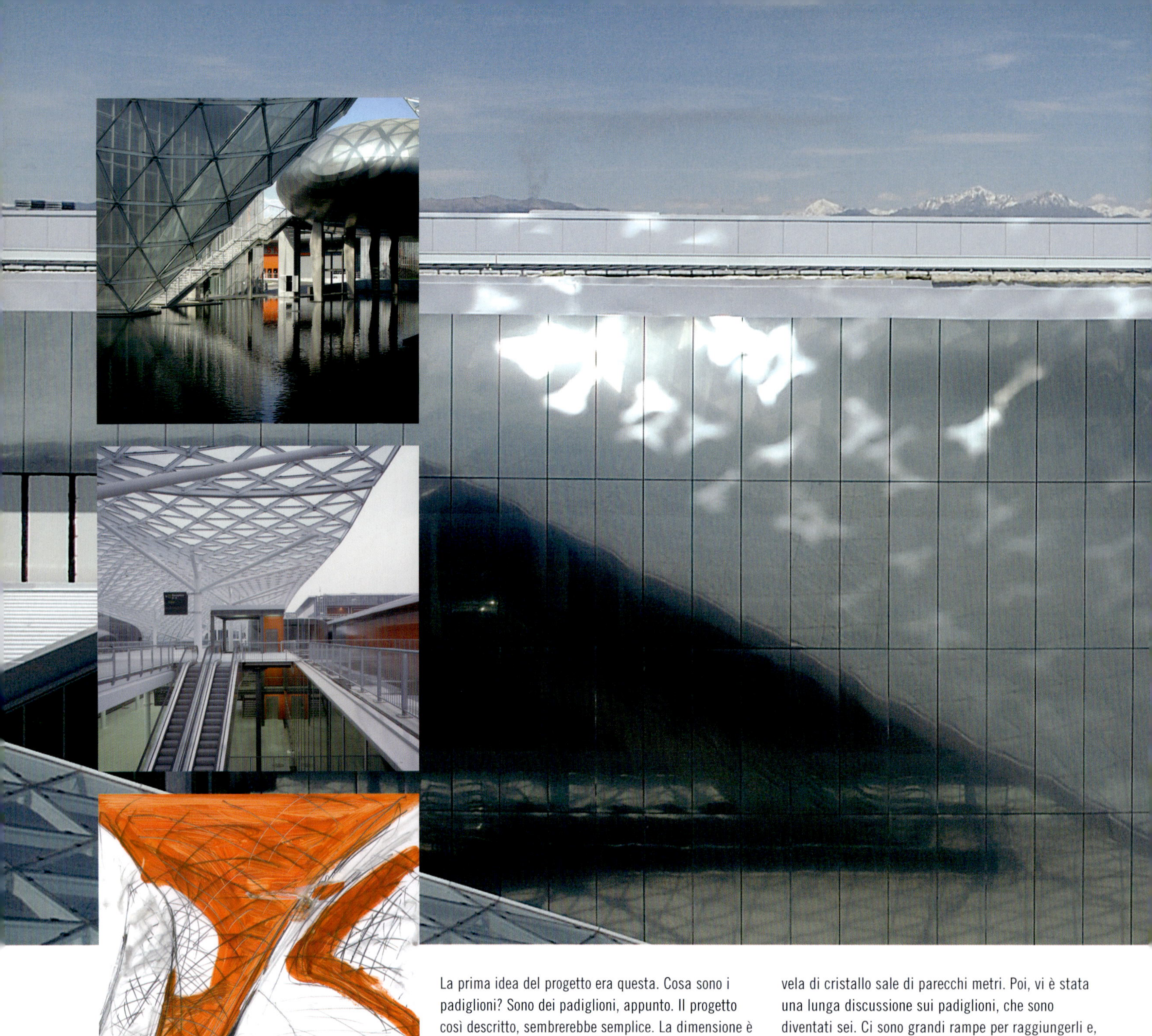

La prima idea del progetto era questa. Cosa sono i padiglioni? Sono dei padiglioni, appunto. Il progetto così descritto, sembrerebbe semplice. La dimensione è impressionante: più di un chilometro. Eppure, per tenere il confronto con una simile dimensione, ci voleva un segno altrettanto forte. Così, ho pensato a questa vela, o nuvola che volteggia sopra la Fiera è in effetti un pezzo di città futurista, che a mio avviso era necessario progettare. Ci sarebbero stati la metropolitana, i parcheggi multilivelli, altri parcheggi intorno, un ingresso da un fronte, un altro ancora, poi una zona servizi. Per far sì che fosse riconoscibile, è nata l'idea del "Logo", quella grande cima in cui la vela di cristallo sale di parecchi metri. Poi, vi è stata una lunga discussione sui padiglioni, che sono diventati sei. Ci sono grandi rampe per raggiungerli e, al centro, come un enorme passaggio, colpito dalla luce in modo straordinario, che non può non destare il mio entusiasmo. Si può dire che (schizza uno dei 'vulcani', grandi lucernari sulla copertura dei padiglioni) questo è un pezzo di 'memoria industriale' che prende la luce dall'alto: si sale fino in cima, ci sono i camion che girano tutto intorno. È uno dei segni più belli, che distinguono il salto di scala del progetto.
Massimiliano Fuksas, architetto

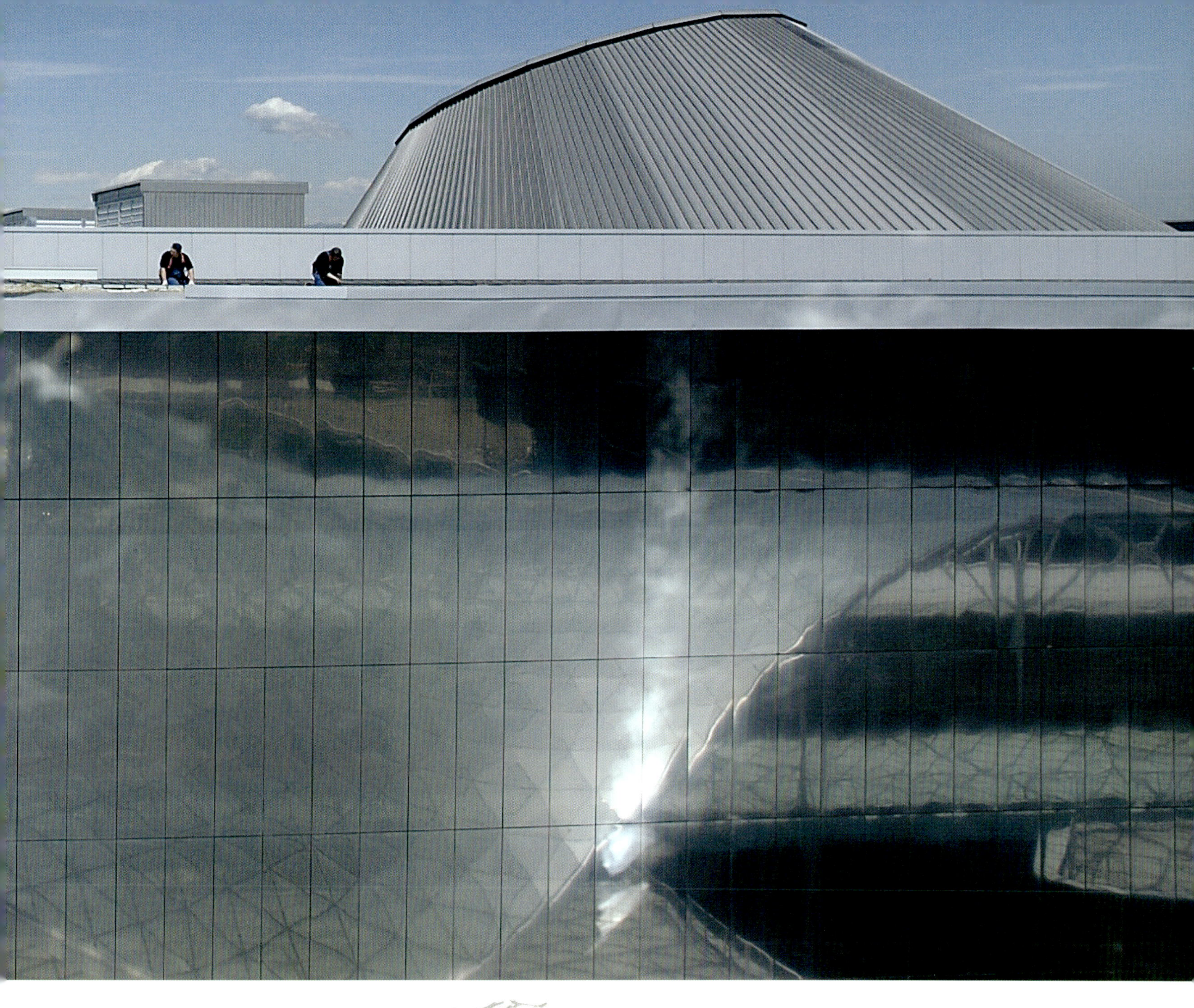

Nuova Fiera di Milano: veduta, scorci e schizzi di progetto

New fair of Milan: views, details, and design sketches

The first idea of the project was this. What are pavilions? They are exactly that, pavilions. The project, described this way, might seem simple. The dimensions are impressive: more than a kilometer. And in such a dimension what was necessary was an equally strong sign. That made me think of this sail or cloud that floats above the fair and is in effect a piece of a futurist city, one I felt it was necessary to design. There would be the subway, multilevel parking garages, other parking spaces around, an entry on one side, yet another entry, then a service area. To make it all recognizable, the idea of a "Logo" was born, that great line on which the crystal sail rises many meters. Then there was a long discussion on the pavilions, which became six in number. There are big ramps to reach them, and at their center a huge void struck by the light in an extraordinary way, that cannot not arouse my enthusiasm. You might say (he sketches one of the 'vulcans', great skylights in the pavilions' roof) this is a piece of 'industrial memory' that takes light from above: you go to the top and there are trucks driving all around. It is one of the most beautiful signs that distinguish the project's leap in scale.
Massimiliano Fuksas, architect

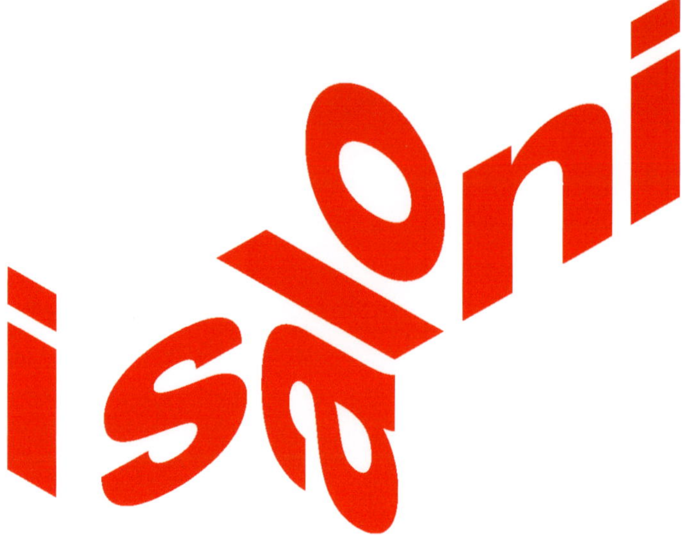

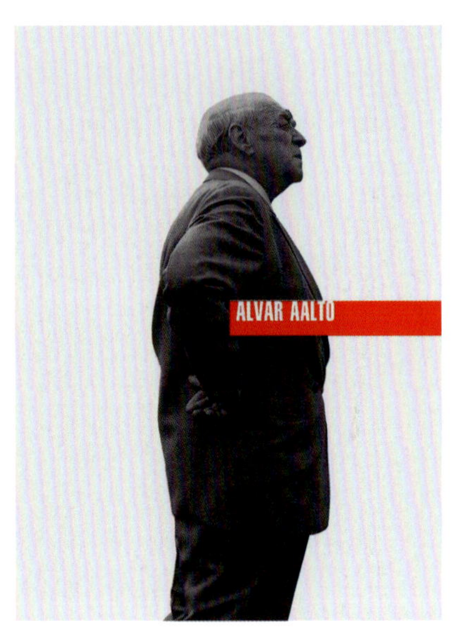

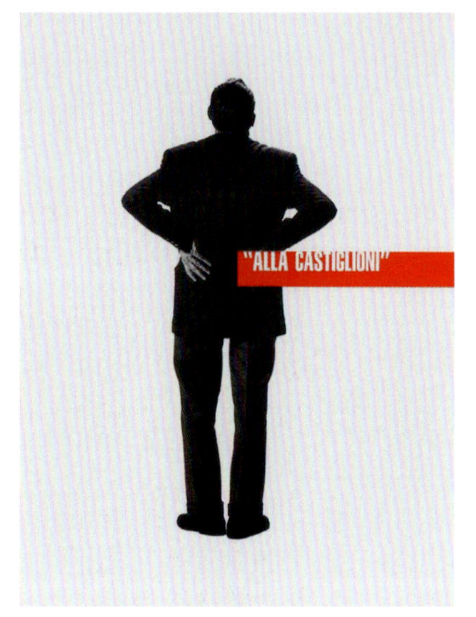

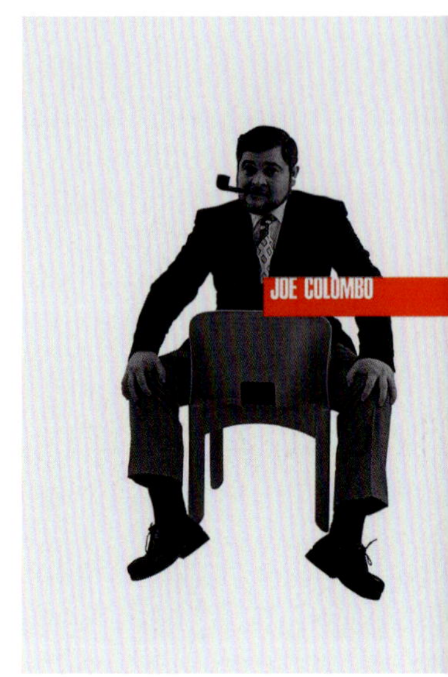

Cataloghi (design Vignelli Associates) delle mostre dedicate ai maestri del design, organizzate da Cosmit dal 1996 al 1999, in occasione del Salone Internazionale del Mobile

Catalogues (design Vignelli Associates) of the exhibitions dedicated to the masters of design, organized by Cosmit from 1996 to 1999, on the occasion of the Salone Internazionale del Mobile

Logotipo (design Studio Cerri & Associati/Pierluigi Cerri e Alessandro Colombo, 2003)

Logo (design Studio Cerri & Associati/Pierluigi Cerri e Alessandro Colombo, 2003)

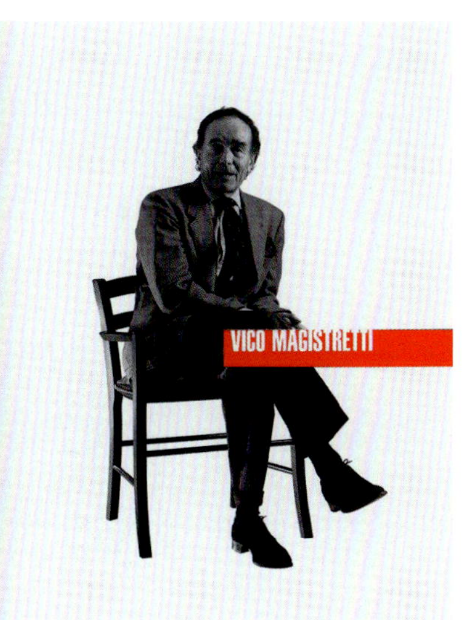

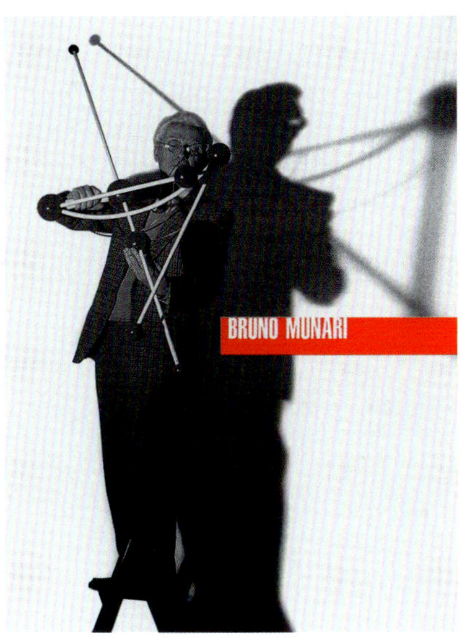

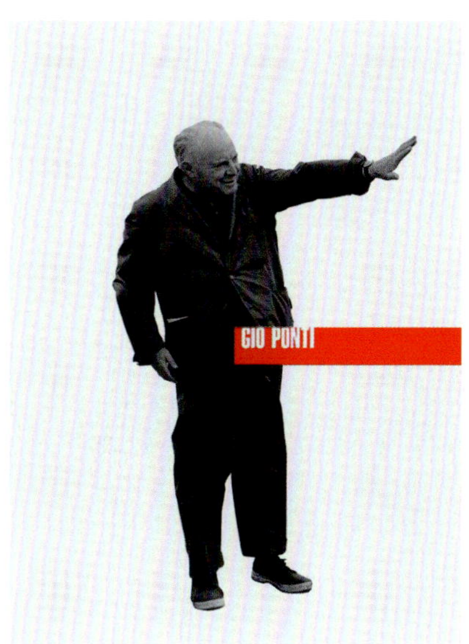

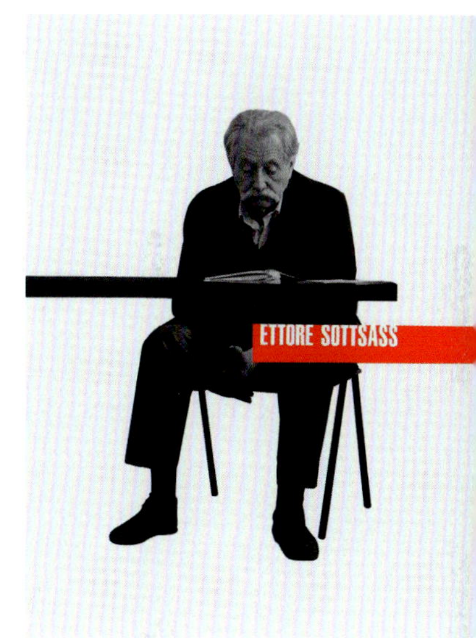

Ci vorrebbe forse un osservatore come Baudelaire per cogliere le molteplici sfaccettature che un Salone del Mobile presenta. Ci vorrebbe il suo sguardo disincantato e profondo di flâneur in visita ai "Salons" parigini, il suo talento nel trasformare la contemplazione in analisi, nel convertire la cronaca in riflessione, per poter intercettare e connettere gli stimoli plurimi che una rassegna espositiva di questo tipo propone. Poiché se è vero che nel secolo scorso gli occhi di Baudelaire, cronista di eccezione, si posavano sui dipinti e le sculture che ogni anno, con grande risonanza, andavano a infittire il panorama della produzione artistica e diventavano uno "specchio fedele" di aspirazioni, gusti e tendenze, è anche vero che oggi un tale ruolo sembra piuttosto appartenere agli oggetti che ogni anno si propongono a corollario e commento della nostra esistenza, "specchio fedele" di comportamenti e attitudini.
Ornella Selvafolta, storico dell'architettura

Perhaps it would take an observer like Baudelaire to catch the multiple facets that a Salone del Mobile presents. The deeply disenchanted glance of this flâneur at the Parisian "Salons" would be useful, as would his talent for transforming contemplation into analysis, for converting current news into reflection, because that would capture and connect the various stimuli that a collection on display like this presents. If it is true that in the past century Baudelaire, newsman extraordinaire, each year laid eyes on the paintings and sculptures that enriched the panorama of artistic production and in their great resonance became the "faithful mirror" of aspirations, tastes, and trends, it is also true that today such a role seems rather to belong to objects that are put on view as a corollary to and comment on our existence, "faithful mirror" of behavior and attitudes.
Ornella Selvafolta, architectural historian

Morale della favola: nel parossismo inventivo di questo nostro tempo, nell'inquietudine creativa, nell'ansia di esprimersi anche attraverso la forma di un chiodino, ci si è allontanati tanto dalla spontaneità, dalla verità, dalla naturalezza e semplicità delle cose, che l'apparire di una cosa giusta, spontanea, vera, naturale e semplice si vede che sbalordisce ed è causa di successi assolutamente inaspettati.
Morale di questa morale: torniamo alle sedie-sedie, alle case-case, alle opere senza etichetta, senza aggettivi, alle cose giuste, vere, naturali, semplici e spontanee.
Gio Ponti, architetto

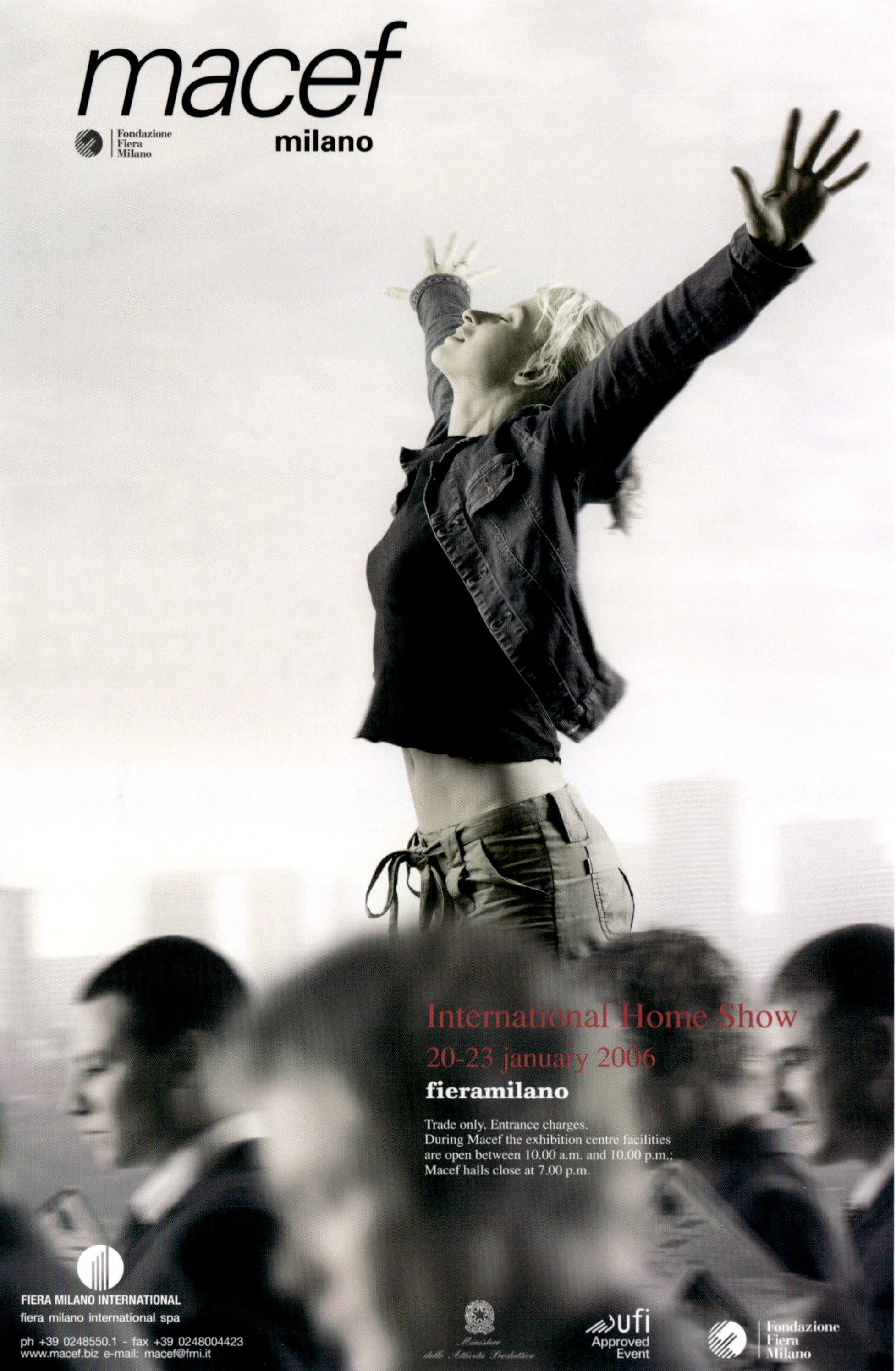

Manifesto Macef 2006 e logotipo dellla manifestazione e allestimento di uno stand commerciale in occasione del Macef, la fiera dedicata all'oggettistica per la casa

Poster for Macef 2006 and logo of the event and commercial stand for Macef, the fair dedicated to objects for the house

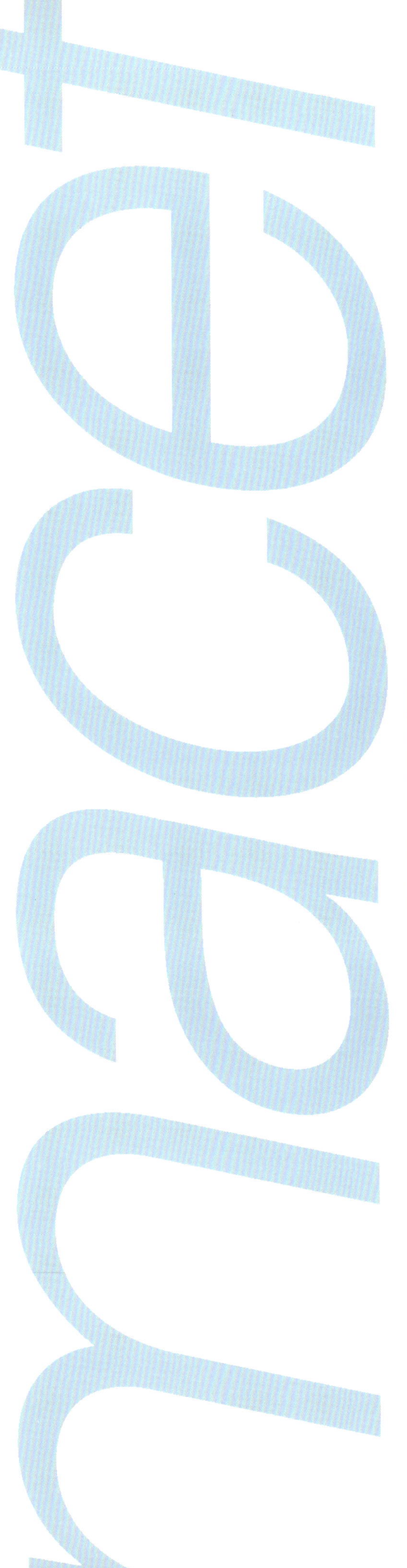

Moral of the story: in the inventive paroxysm of this time of ours, in the creative restlessness, in the need to express oneself even through the form of a tack, we have left far behind the spontaneity, truth, naturalness, and simplicity of things, so much so that the appearance of something that is right, spontaneous, true, natural and simple astonishes and brings about absolutely unexpected successes.
Moral of this moral: let's return to the seats that are seats, the houses that are houses, the works without labels or adjectives, to the things that are right, true, natural, simple, and spontaneous.
Gio Ponti, architect

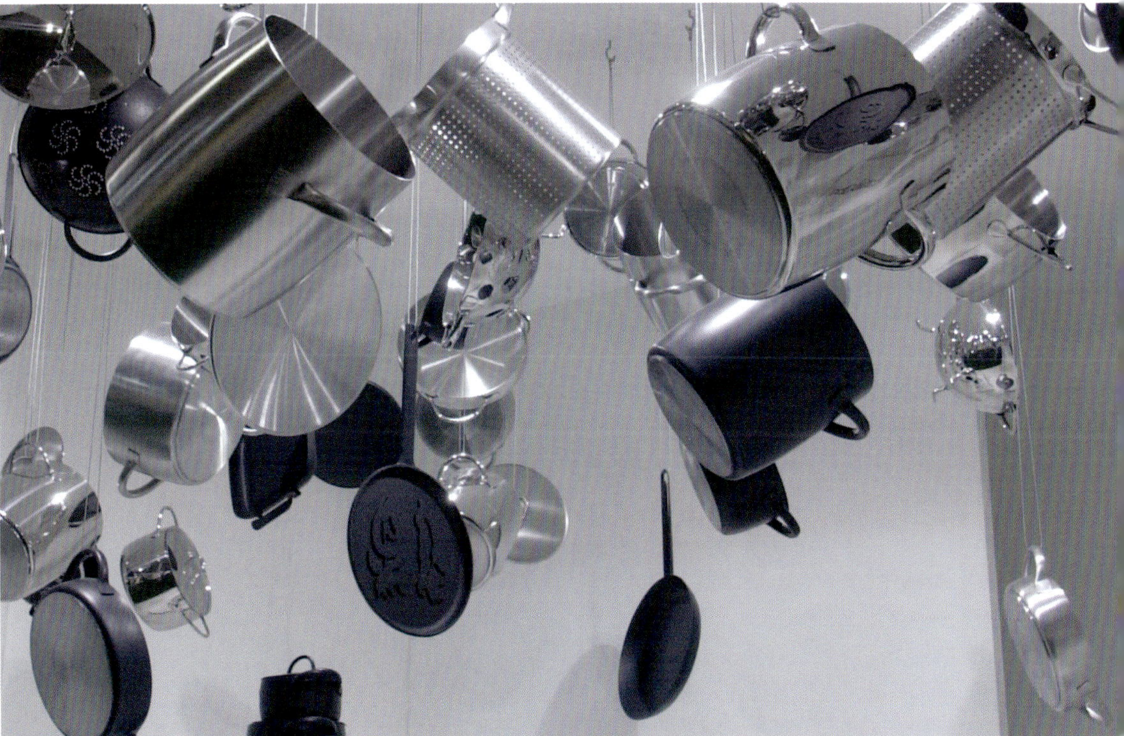

Uno degli elementi che ha contribuito alla diffusione del made in Italy nel mondo è stato certo la moda, che nel centro della città di Milano ha i suoi showroom più belli ed eleganti, a fianco di quelli del design.

La sfilata del design
The défilé of design

One of the elements contributing to the spread of made in Italy throughout the world has certainly been fashion, which has in the center of Milan its most beautiful and elegant showrooms, alongside those of design.

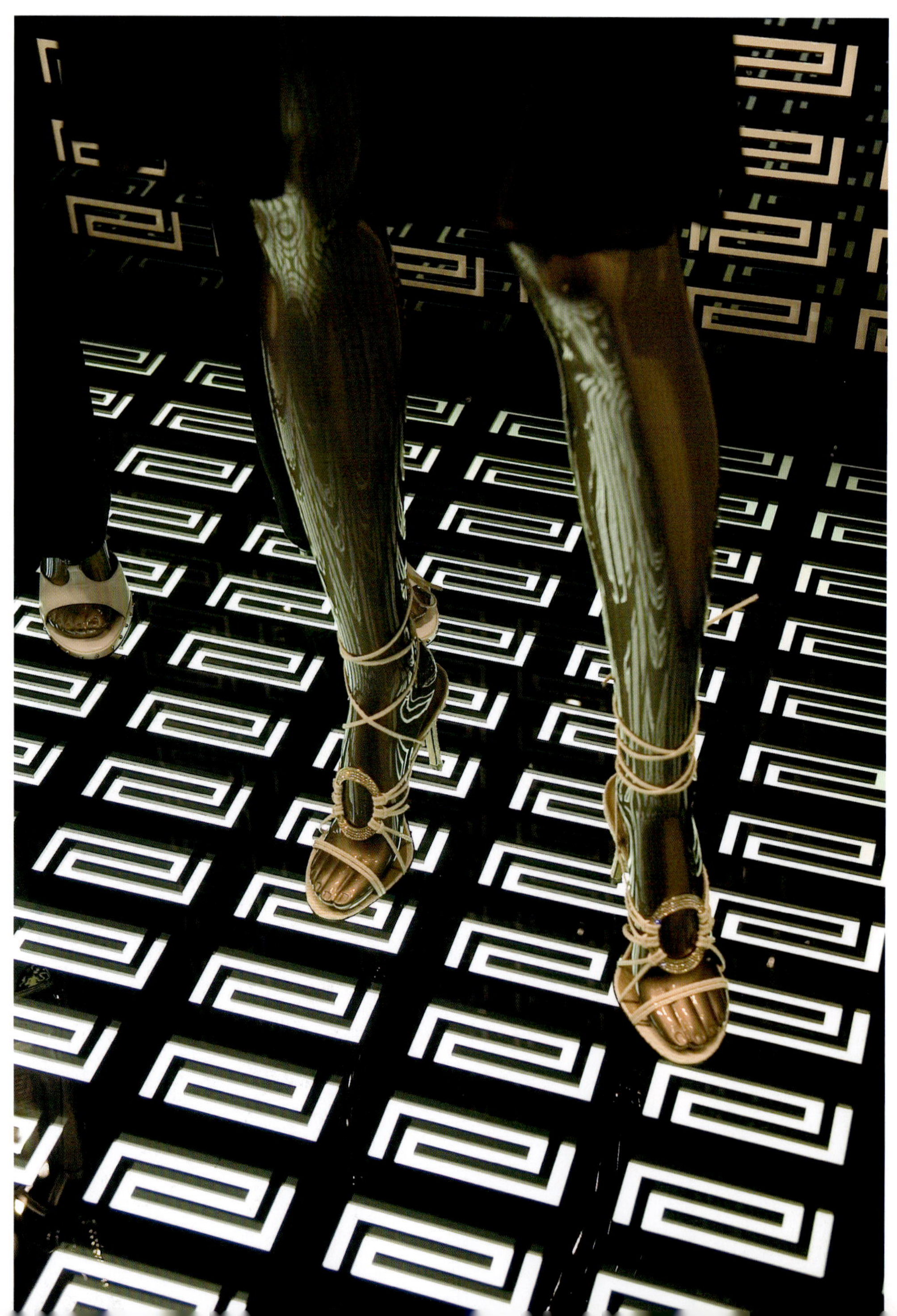

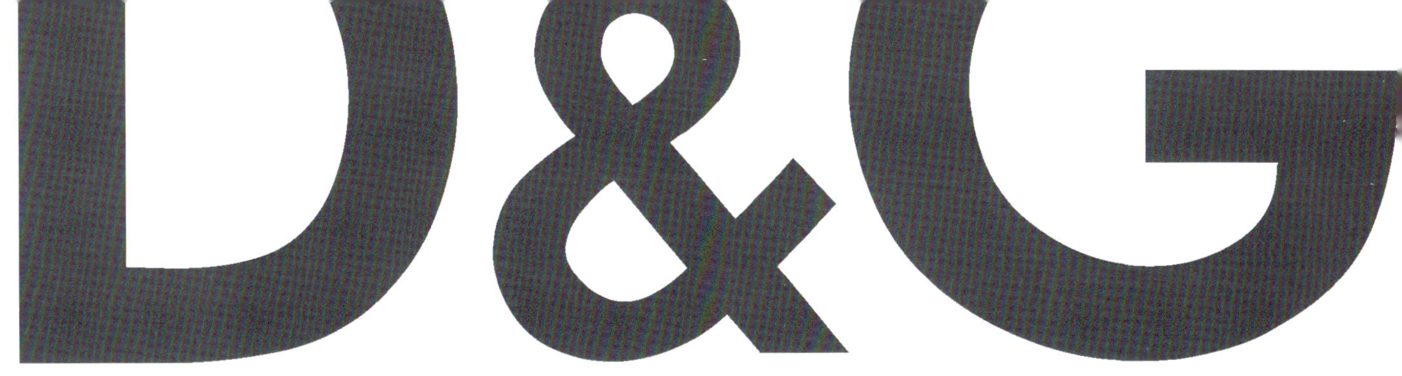

PRADA

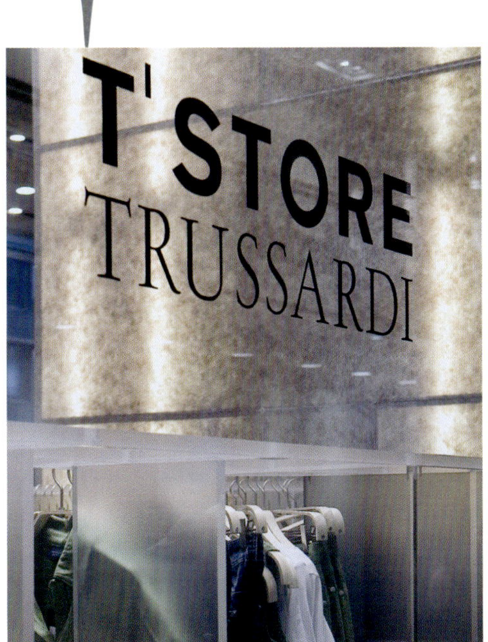

Milano è la capitale di tutto questo complesso sistema della moda italiana, perché a Milano si apre e si chiude la catena in dinamica evoluzione della moda italiana. Milano rappresenta la 'chiave di volta' che regge tutto il 'sistema delle relazioni' fra i prodotti del made in Italy e la distribuzione e il consumo da un lato e i media della comunicazione dall'altro. Milano in questo si presenta anch'essa 'in forma di distretto'; un distretto non industriale, cioè non di attività produttive hard, ma invece di attività soft, immateriali: dell'informazione, della comunicazione e della relazione. Da una parte a Milano sono concentrate le attività che precedono la produzione, cioè le attività di progettazione, di ideazione, d'invenzione, di creazione che alimentano il cambiamento della moda dando ogni volta ai prodotti nuova vita, nuove estetiche, nuove sensibilità. Non a caso Milano è anche la città del design.
Ampelio Bucci, economista

Milan is the capital of all this complex system of Italian fashion, because in Milan the dynamic evolution of the Italian fashion chain begins and ends. Milan represents the 'keystone' that holds up the whole 'system of relations' between products made in Italy and their distribution and consumption on the one hand, and the communications media on the other. Milan here too represents a kind of district, not an industrial one producing hard goods, but one producing soft immaterial activities: information, communication, relations. Milan enjoys a concentration of those activities that precede production, that is the activities of coming up with ideas, of designing, of creating, and of inventing which nourish changes in fashion, each time giving products new life, new aesthetics, new sensibility. It is no accident that Milan is the city of design.
Ampelio Bucci, economist

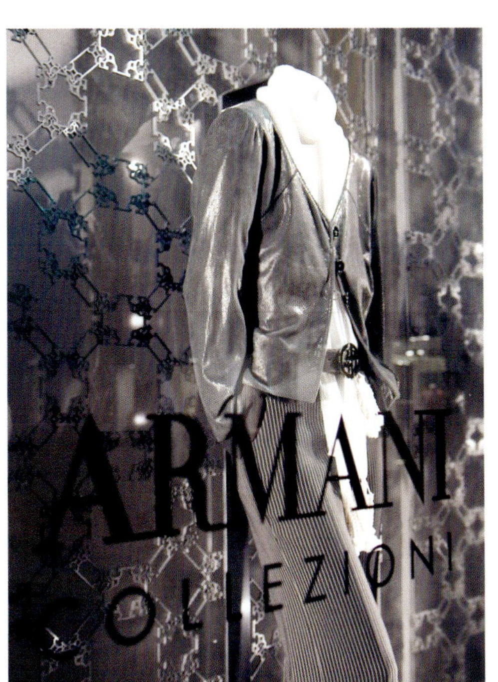

Marchi e showroom degli stilisti della moda, collocati nel centro della città di Milano

Trademarks and showroom of fashion designers in the center of Milan

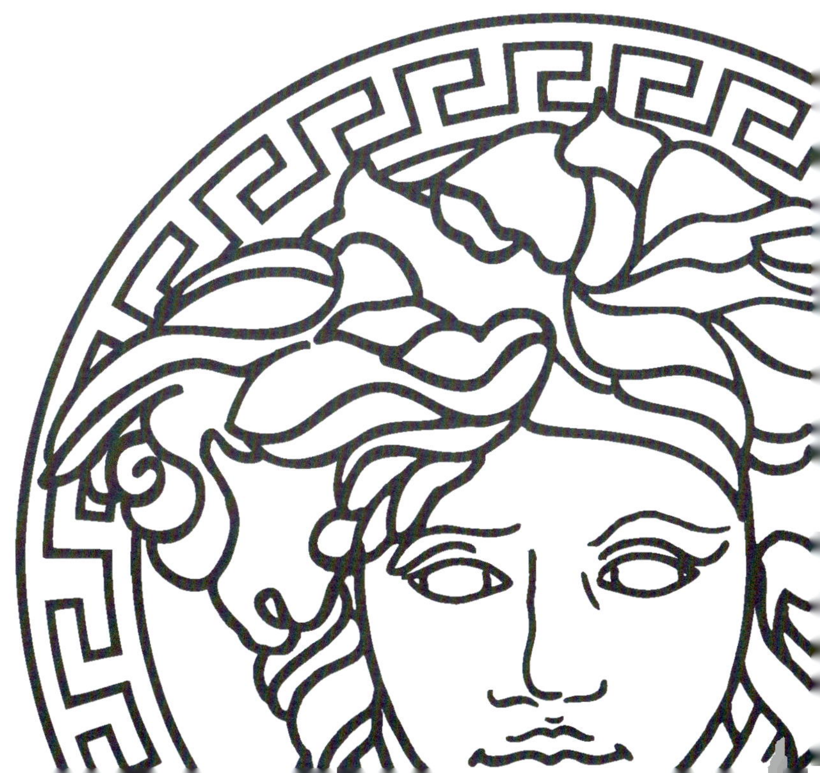

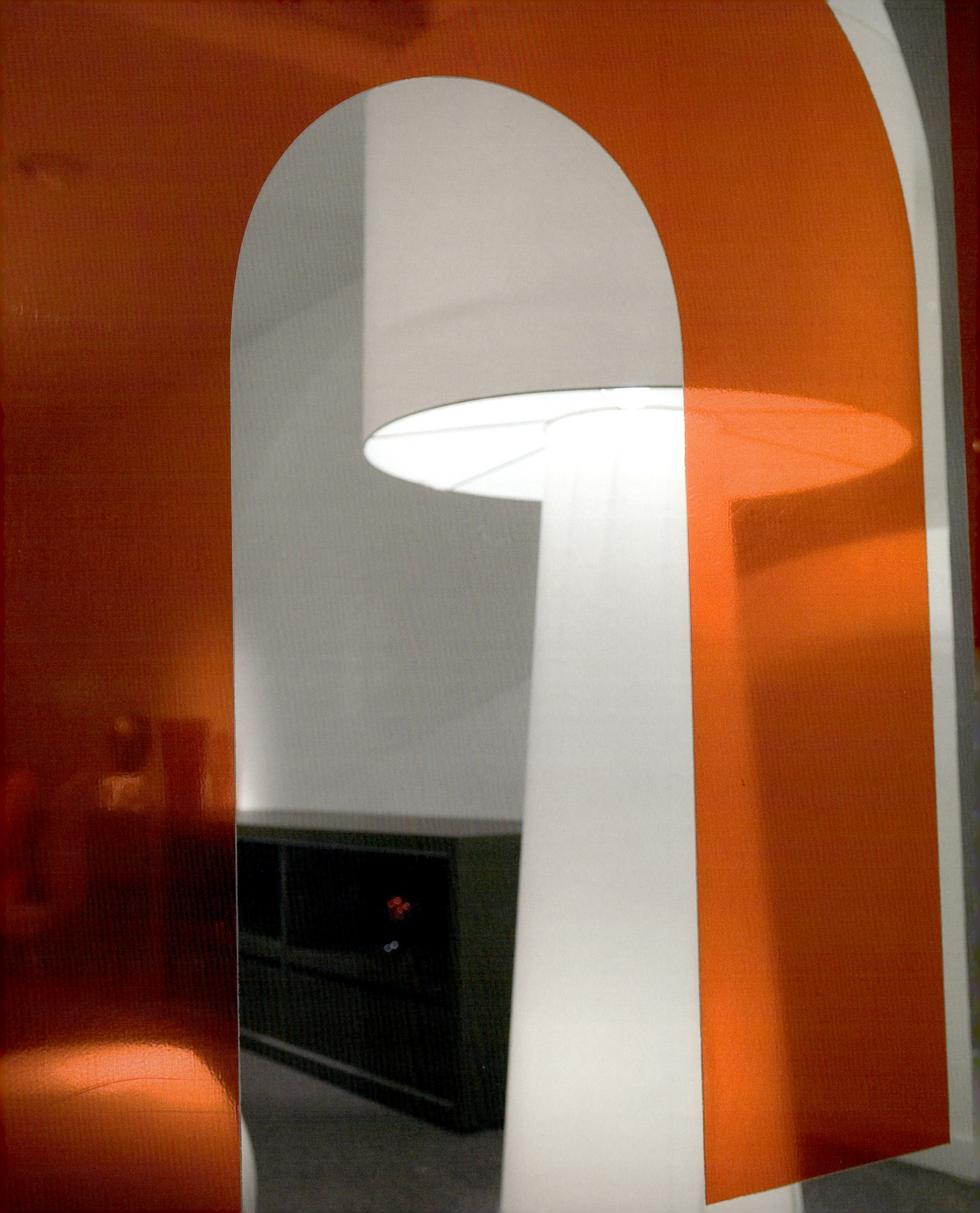

Essendo la produzione di oggetti nel mondo moderno regolata dall'industrializzazione e dallo standard produttivo e diversa dall'individualità dell'artigiano, esiste invece un modo italiano di produrre che unisce la serialità industriale con la singolarità artigianale. Tutto ciò è molto chiaro, ad esempio, se pensiamo alla moda, soprattutto nel campo del pret-à-porter: gli abiti sono in serie, e però chiamiamo per l'appunto "stilisti" i loro disegnatori, e abbiamo contagiato l'intero universo di questo settore con questa caratteristica. D'altra parte, la serialità dell'industria comporta alcune conseguenze sul piano estetico. Ad esempio, quella di eliminare o mettere da parte la soggettività della creazione, dato che l'abbassamento dei costi e la popolarità della distribuzione implicano una ripetizione degli oggetti e una loro semplificazione esterna. Ma la produzione italiana pare aver sempre trovato, di nuovo, una strada originale nell'unire invece quei contrari, avviando la società moderna verso quella che alcuni hanno battezzato come una "estetica sociale".
Omar Calabrese, sociologo

The production of objects in the modern world is regulated by industrialization and by the productive standard, different from the individuality of the artisan, yet there is an Italian way of production which unites the industrial production line to artisan uniqueness. This is all clear, for instance, in fashion, especially in the field of pret-à-porter: the clothes are produced industrially, but we call their designers "stylists", and we have infected the whole sector with this characteristic. Industrial production does entail aesthetic consequences. For example, it eliminates or sets aside the subjective quality of creation, since the lowering of costs and widespread distribution imply repetition of objects and their simplification. But Italian production seems to have found again an original road to unite those contraries, propelling modern society toward what some have called a "social aesthetics".
Omar Calabrese, sociologist

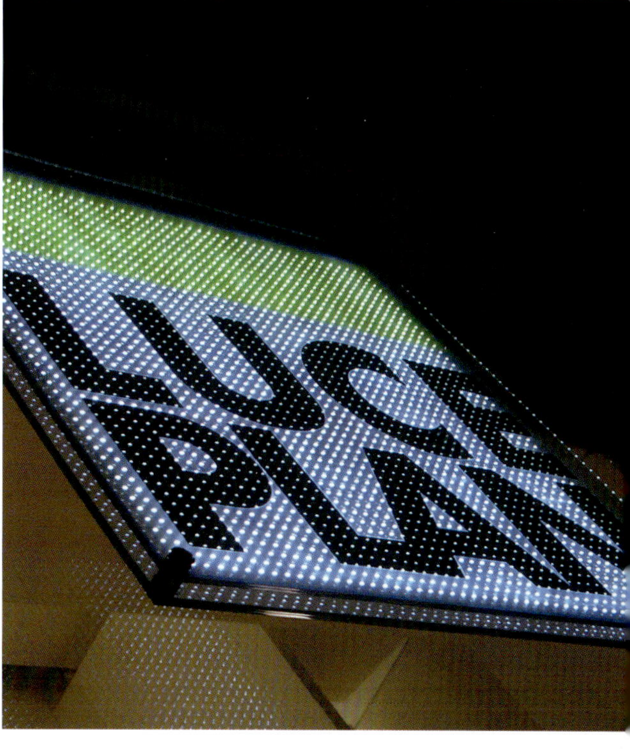

Marchi e showroom delle grandi aziende del design italiano

Trademarks and showroom of the big businesses of Italian design

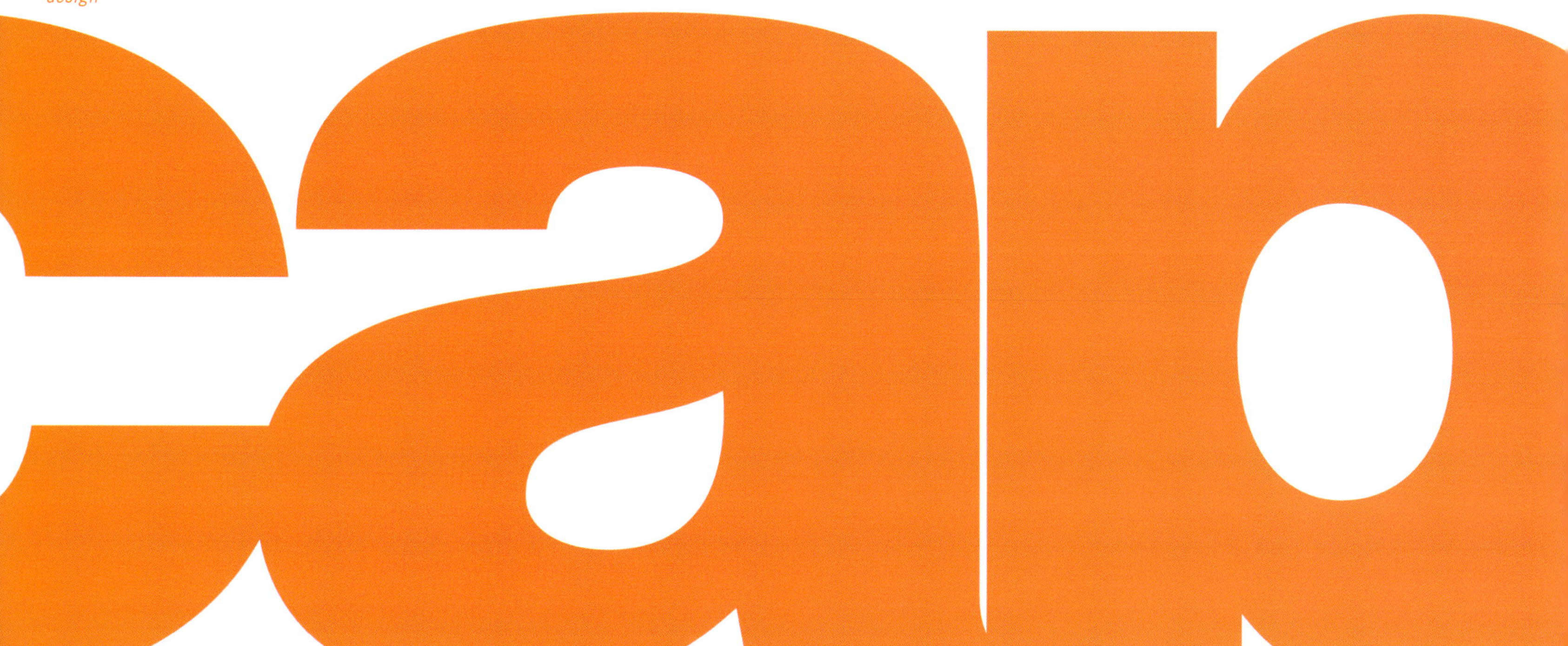

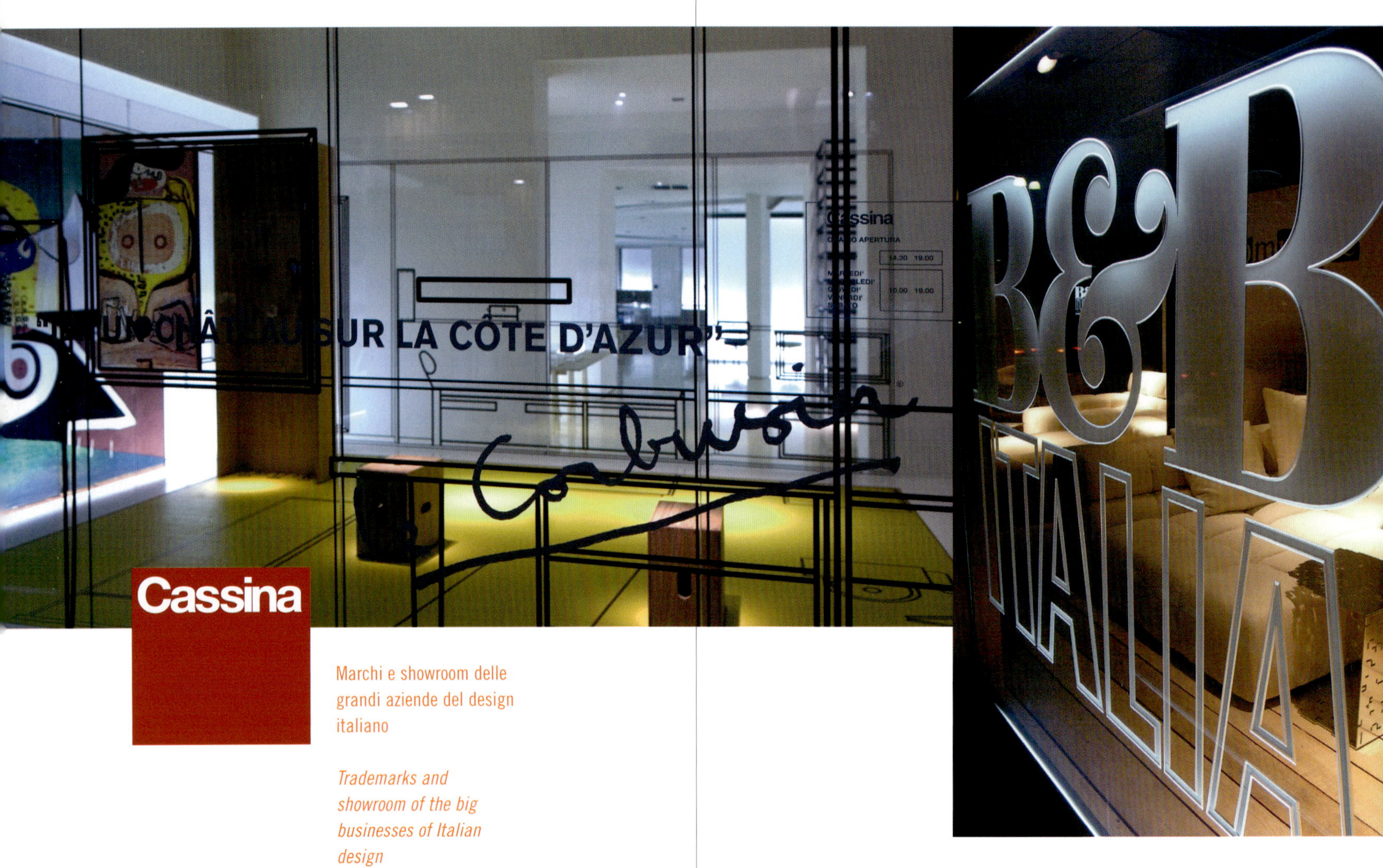

Cassina

Marchi e showroom delle grandi aziende del design italiano

Trademarks and showroom of the big businesses of Italian design

Kartell

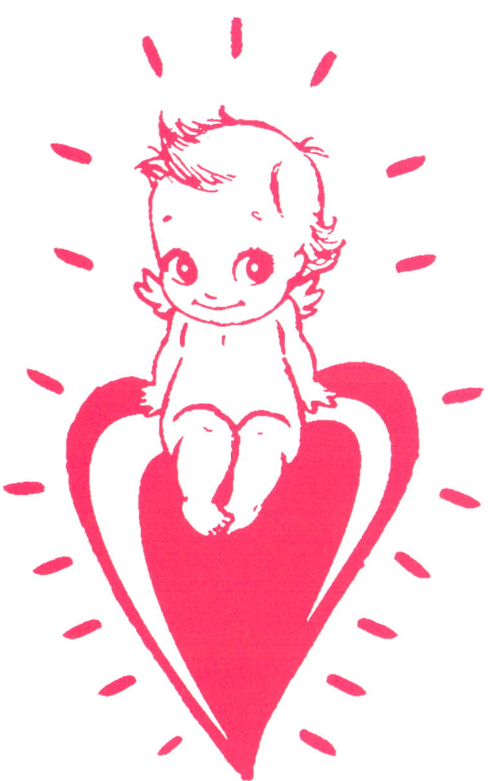

Love Therapy®

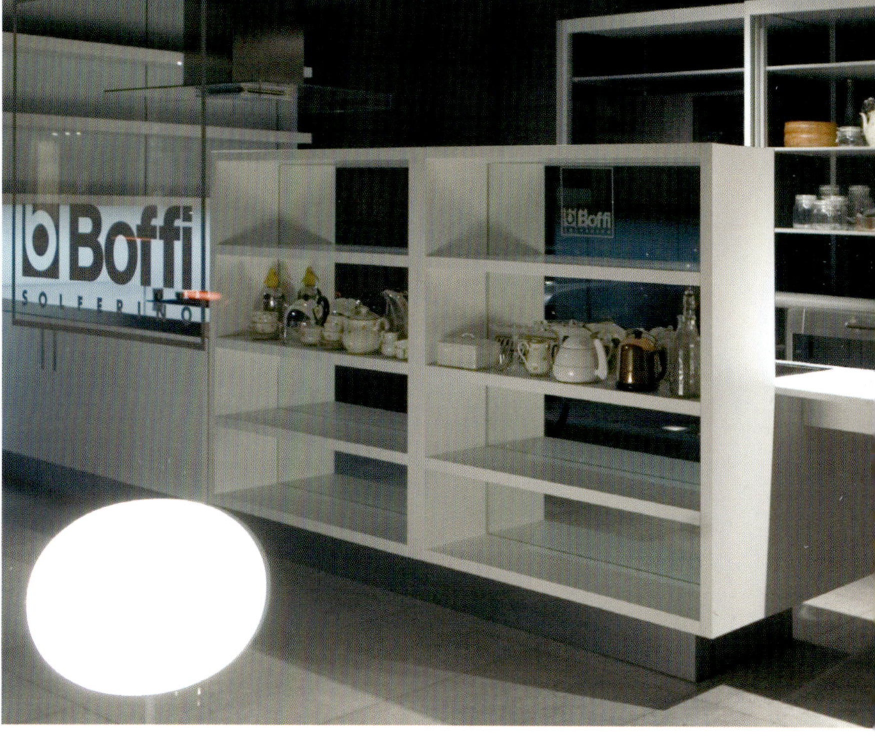

Per cercare idee nuove e progettare è necessario guardare gli altri, andare al di là delle apparenze, leggere fra righe dei linguaggi non solo della moda, ma in particolare della vita quotidiana, di tutti altri mondi, le altre discipline che sono solo apparentemente lontane. Viaggiare, ho sempre viaggiato molto; frequentare il mondo dell'arte dalla strada ai musei, l'arte; dalla strada alla strada, per la moda ma anche guardando al di fuori del proprio territorio.
Elio Fiorucci, fashion designer

To look for new ideas and to design it is necessary to look at others, to go beyond appearances, to read between the lines of languages other than that of fashion, especially the language of daily life, of all other worlds and sectors that only seem to be distant. I have always traveled a lot; frequenting the world of art, art from the street to the museums; from the street to the street, for fashion but also looking beyond one's own territory.
Elio Fiorucci, fashion designer

Artemide

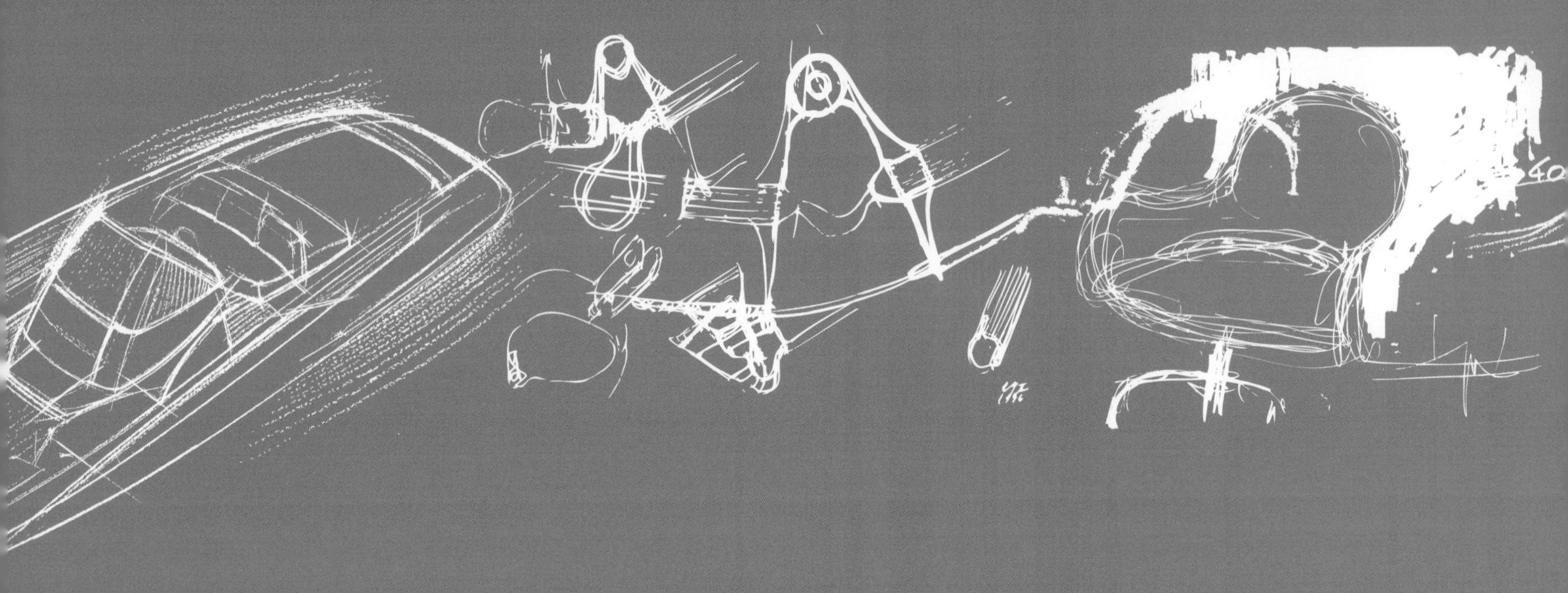

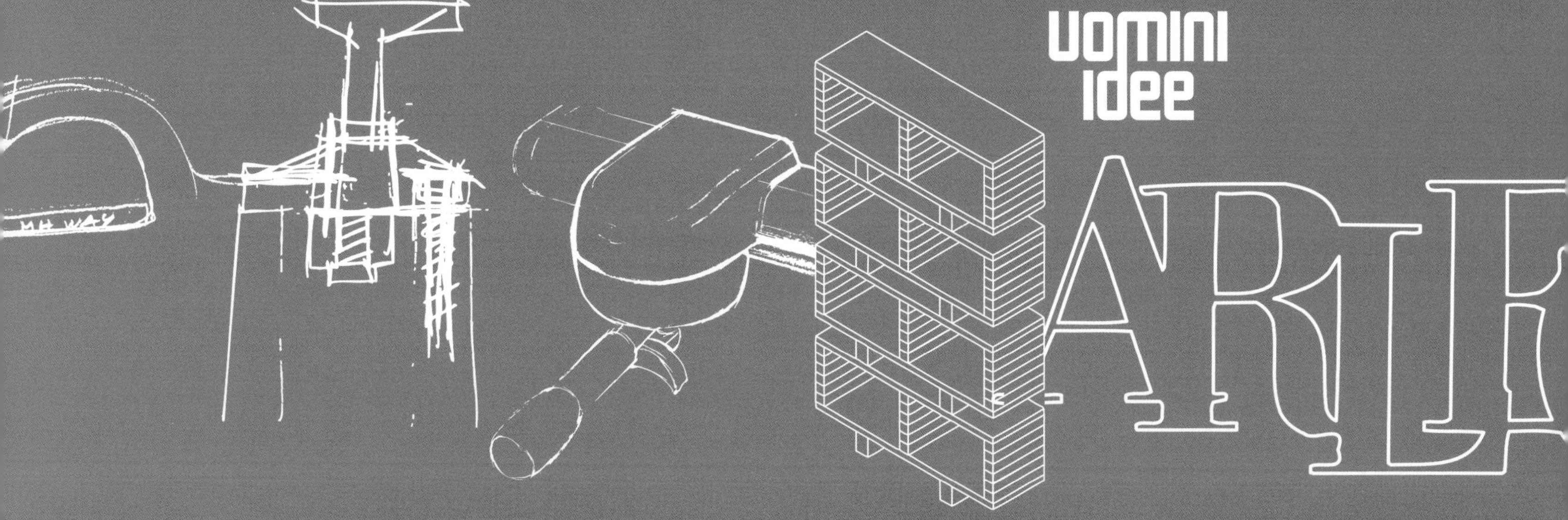
uomini
idee

Tradizione e cura della lavorazione manuale e artigianale, nel sistema del design italiano hanno dialogato con la cultura del progetto, mettendo a disposizione le competenze esecutive, la conoscenza dei materiali e delle soluzioni costruttive.

Fatto a mano

Italy's culture of design has always entailed a dialogue with traditional manual craftsmanship, which has given it practical capacity, a knowledge of materials, and constructive solutions.

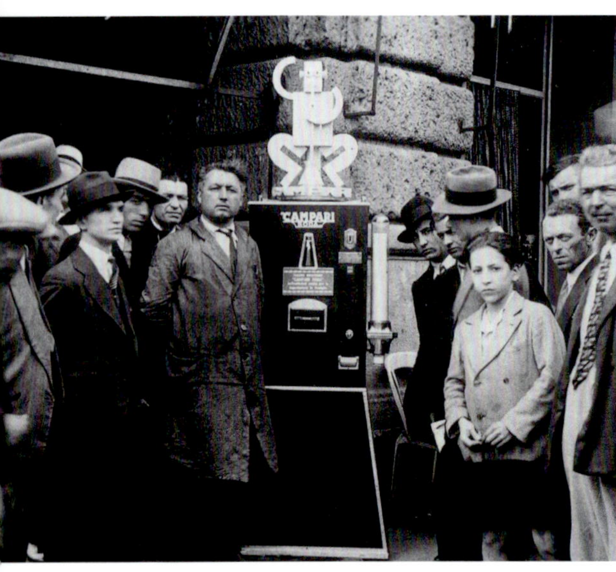

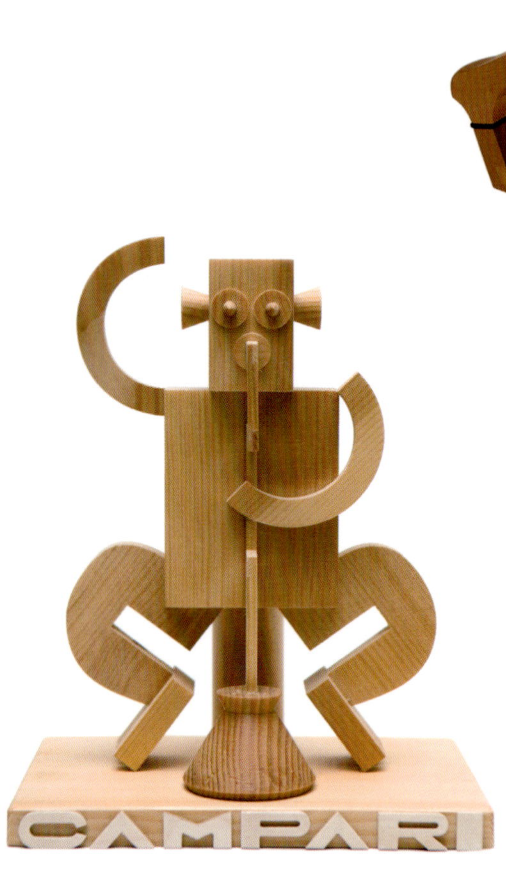

MODELLO OGGETTO PUBBLICITARIO CAMPARI
MODEL PUBLICITY OBJECT FOR CAMPARI
Campari
realizzato da Giovanni Sacchi su disegno di Fortunato Depero
Realized by Giovanni Sacchi after a drawing of Fortunato Depero
1990 ca

Fortunato Depero a metà degli anni venti concepisce questo oggetto per Campari, trasposizione tridimensionale dei "personaggi" presenti nella sua grafica per l'azienda che, all'inizio degli anni novanta, commissiona la sua riproposizione a Giovanni Sacchi, il maggiore modellista per l'industrial design.

In the mid-1920s, Fortunato Depero conceived this object for Campari, a three-dimensional rendering of the "characters" that animated his graphic work for the company which, at the beginning of the 1990s, commissioned to revive it to Giovanni Sacchi, the most important model maker for objects of industrial design.

SPRING
Giorgetti
Massimo Scolari
1992

La base girevole in alluminio pressofuso e legno di faggio massiccio, stabilizza la seduta in faggio massiccio lucidato, con inserti in ebano nello schienale, rivestita in tessuto o pelle. I braccioli e lo schienale sono collegati al sedile con un raccordo in massello contenente un meccanismo per il molleggio e l'elasticità degli stessi.

The cast aluminum swiveling base, with solid beech, stabilizes the polished solid beech seat, and the cloth or leather covered back shows ebony inlays. The arms and back are connected to the seat with an attachment containing a mechanism making them flexible.

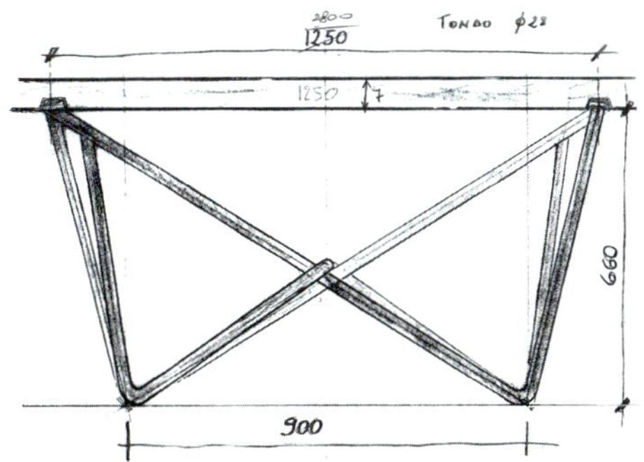

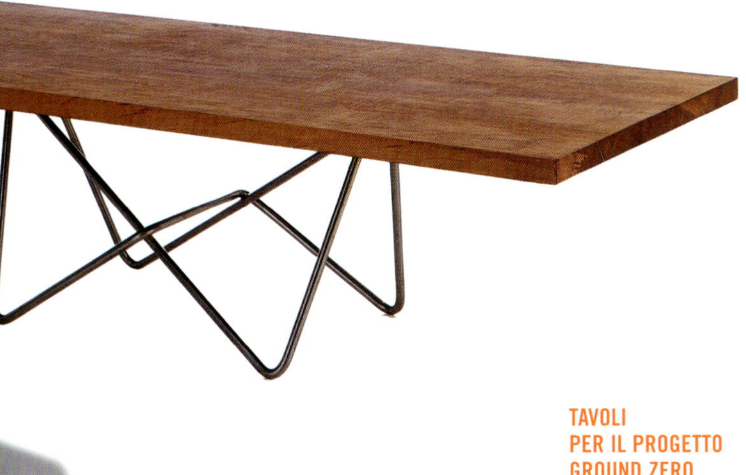

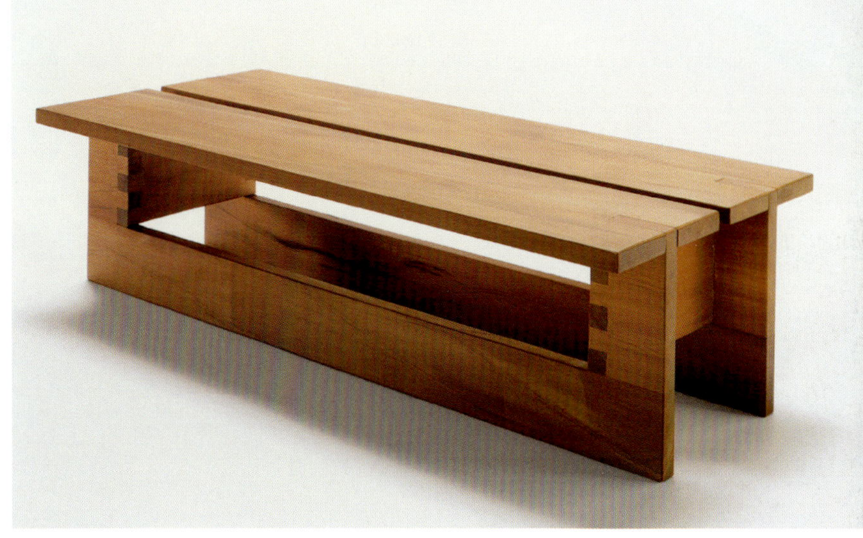

TAVOLI PER IL PROGETTO GROUND ZERO
TABLES FOR GROUND ZERO PROJECT
Riva 1920
Terry Dwan, Antonio Citterio, Renzo e Matteo Piano, Paolo Pininfarina, Mario Botta
2005

Progetto benefico cui hanno contributo sei protagonisti del design disegnando cinque tavoli in un unico esemplare, venduti a un'asta di beneficenza con l'aiuto di Christie's, il cui ricavato è stato devoluto alla Fdny Columbia Association, a favore dei figli dei vigili del fuoco e degli agenti di polizia italo-americani di New York coinvolti nella tragedia dell'11 settembre. I tavoli sono resi esclusivi dall'utilizzo del millenario legno Kauri, essenza rara e antica simboleggiante la rinascita.

A charitable project for which six design protagonists contributed five tables, each in a single prototype, to be sold at a charity auction conducted by Christie's, with proceeds to go to the Fdny Columbia Association for the children of Italo-American firemen and policemen hit by the September 11 tragedy. The tables' value is enhanced by the use of thousand-year old Kauri wood, which is a rare and ancient symbol of rebirth.

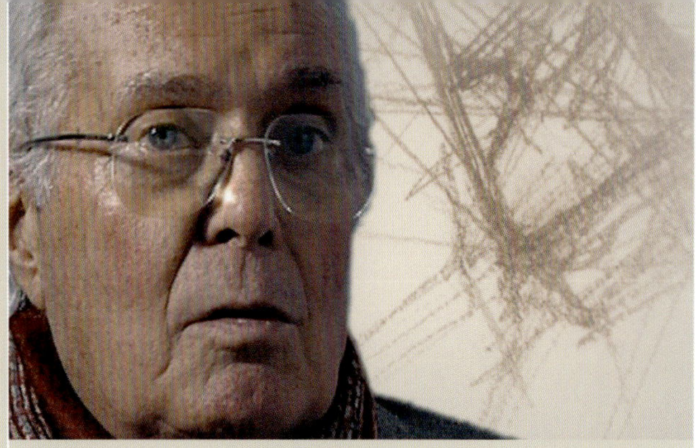

PIERLUIGI GHIANDA
EBANISTA
CABINETMAKER

“ La collaborazione fra progettisti e artigiani nasce quando, proprio a partire da un disegno, si cerca di capire cosa si vuole ottenere, oppure come una certa cosa va realizzata. Questo si comprende facendo dei piccoli campioni di oggetti di cui poi si discute in bottega. Lo stesso accade per la scelta dei legni, che a volte si decidono semplicemente guardandosi intorno e notando cose interessanti – che altrimenti non avremmo mai scoperto – o recuperando ciò che era stato scartato in partenza. Il fascino della bottega sta nel discutere tutto quello che nascerà lì dentro; è un luogo dove si eseguono tanti tipi di lavori e dove alla fine c'è sempre la possibilità di intendersi al meglio.
Artigianato e industria infatti non sono la stessa cosa, hanno mentalità diverse; l'industria ha come elemento centrale le necessità legate ai costi, per cui se la cosa può essere realizzata dalla macchina, cioè con l'attrezzatura industriale che si possiede, allora si produce e va bene, altrimenti – ad esempio se viene richiesto l'intervento manuale per un certo pezzo – spesso si finisce per cambiare il prodotto. L'artigiano esegue invece qualsiasi disegno gli venga proposto; dove arrivano le macchine benvenga, quindi, e dove serve la manualità: lì allora esiste l'artigiano!

Cooperation between designers and craftsmen begins when, starting with a sketch, they try to understand what is wanted, or how a certain thing can be realized. This becomes clear when they make little samples of objects that are then discussed in the shop. The same thing happens with the choice of woods, which sometimes are decided simply by looking around and seeing something interesting – that otherwise would not have been discovered – or taking up again something that had been discarded at the outset.
The charm of the workshop lies in discussing everything that will be created in it; it is a place where many types of work are conducted and where there is always the possibility of understanding each other best.
Craftwork and industry are in fact not the same, they have different mentalities; industry's central element is the necessity to keep track of costs, which means that if something can be done on a machine, with the industrial equipment at hand, then it is produced and that is all right, otherwise – for example if a certain piece needs handwork – they often end up changing the product. The craftsman executes any design that is proposed to him; if machines can do it they are welcome, but where the hand intervenes, there is the craftsman! ”

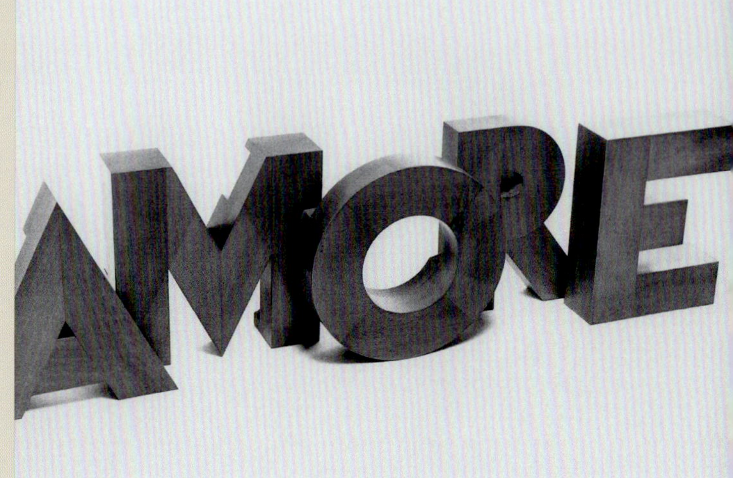

AMORE
Ghianda
Pino Tovaglia
1959

Versione dell'opera del grafico Pino Tovaglia, che riproduce tridimensionalmente la scritta Amore in legno di pero svizzero evaporato.

Version of the work of graphic designer Pino Tovaglia, which reproduces the word Amore in three dimensions in steamed Swiss pearwood.

CULLA/PANCA
CRADLE/BENCH
BLOOMINGTON
Riva 1920
Terry Dwan
2005

La culla, realizzata e rifinita esclusivamente con materiali naturali, è caratterizzata da alte pareti a listelli fissate a incastro che le conferiscono un aspetto rigoroso ed essenziale. Flessibile nell'uso, come gli altri pezzi della collezione, può facilmente trasformarsi in una comoda panca.

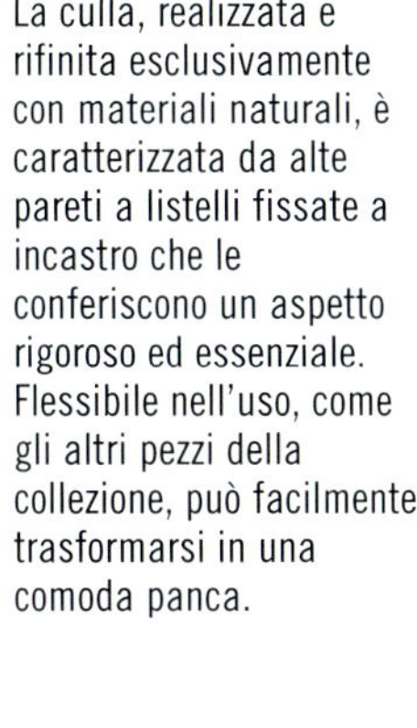

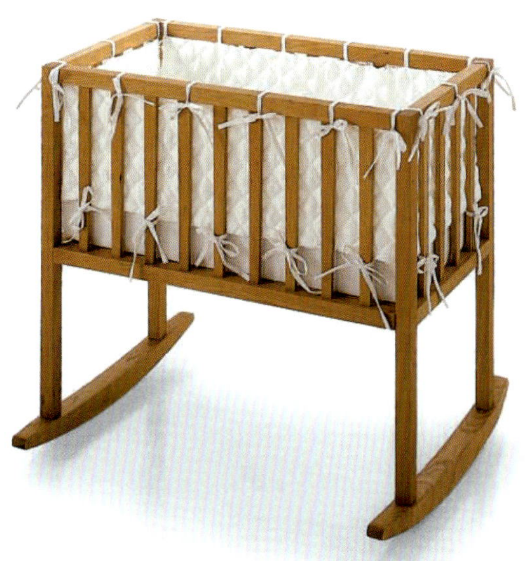

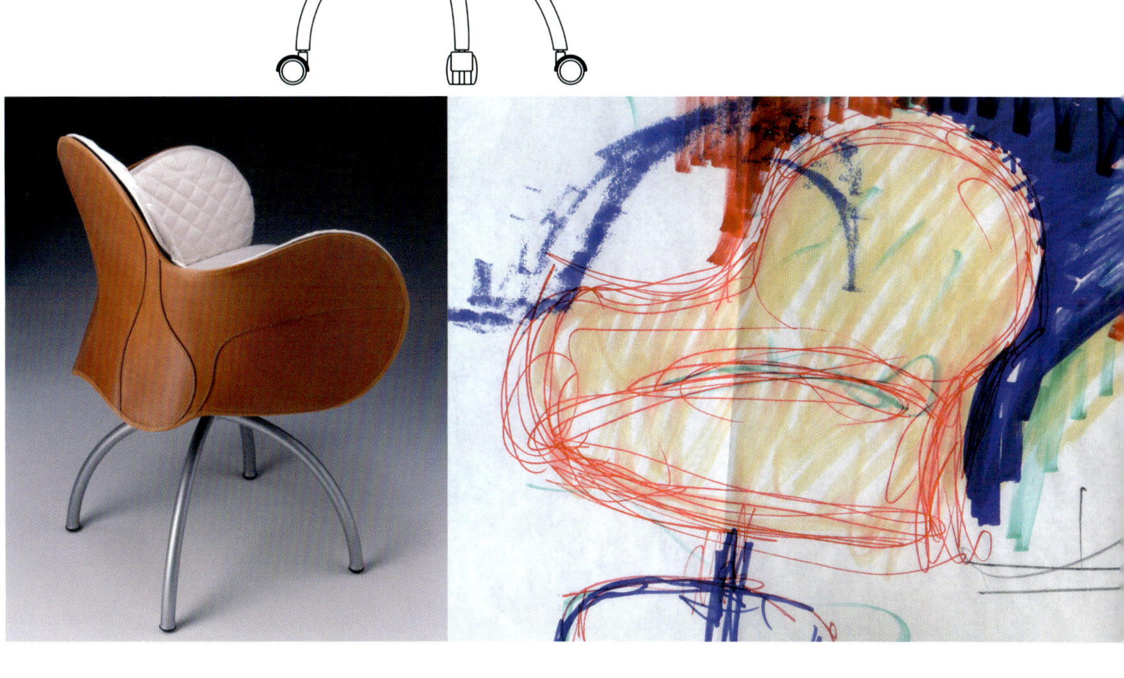

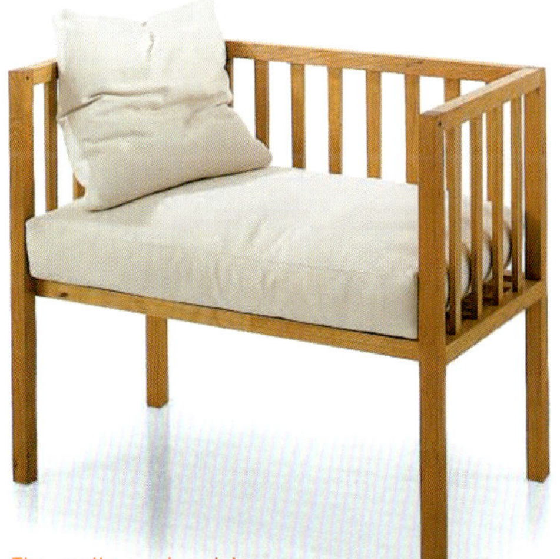

The cradle, made solely out of natural materials, has high slat sides giving it a rigorous and essential appearance. Flexible in its use, as are the other pieces in this collection, it can easily be transformed into a comfortable bench.

INCISA
De Padova
Vico Magistretti
1992

Poltrona girevole dal disegno ispirato a una sella di cavallo; ricerca e tecnologie hanno reso il cuoio – esaltato dalla finitura, con impunture e arrotondamenti, espressione di abilità artigianale nella lavorazione – struttura portante della poltrona, grazie all'utilizzo di una scocca di poliuretano e balestre d'acciaio.

Swivel chair whose design was inspired by a saddle; research and technology have made it possible to use the leather – enhanced by the skilful craftsmanship of its finish, with its back-stitching and rounding – in the chair's bearing structure, thanks to the polyurethane body and steel springs.

ANELLI
RINGS
De Vecchi
Gabriele De Vecchi
2001

Nata dall'osservazione di gesti e comportamenti universali che suggeriscono nuove funzioni per il gioiello, la collezione di anelli è caratterizzata dell'inedito gioco del movimento, dello scomporre e ricomporre in continuazione – con una movenza casuale del corpo o un'azione consapevole –, mutando la disposizione delle parti, celando e svelando i preziosi in plurime configurazioni.

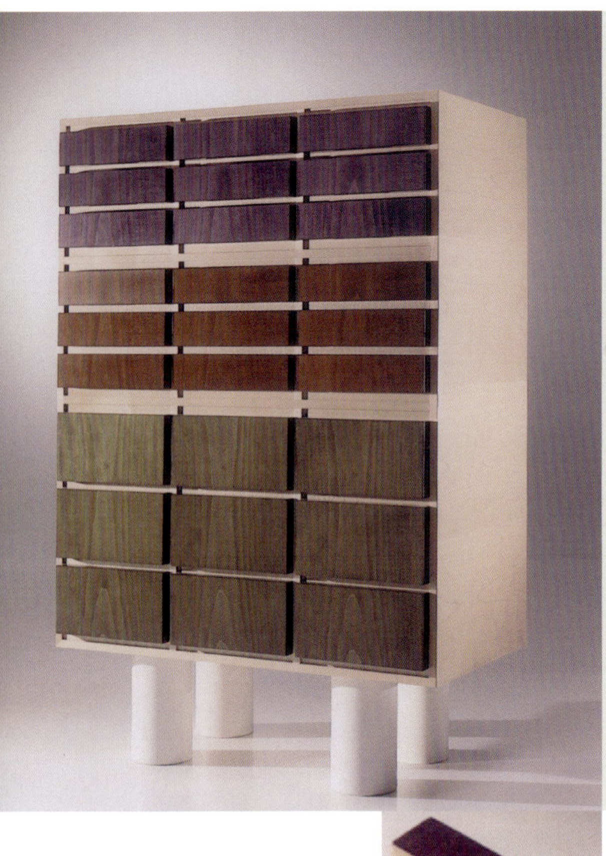

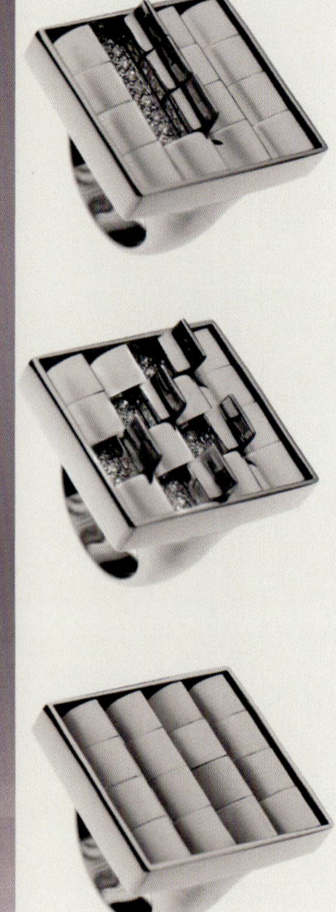

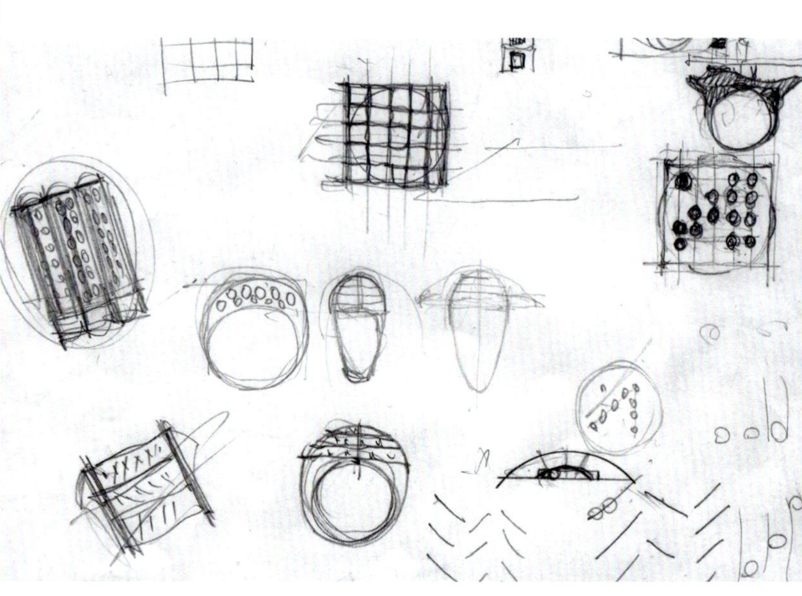

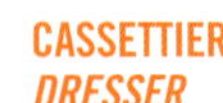

CASSETTIERA
DRESSER
Ghianda
Ettore Sottsass
2002

Mobile di notevole fattura artigianale, costruito con l'impiego di essenze pregiate e caratterizzato da grande linearità, esaltato dalla scelta di realizzare i cassetti con differenti cromie.

Remarkably crafted chest of fine woods, distinguished by its great linearity, enhanced by drawers made in different tonalities.

Born out of observation of universal behavior and gestures that suggest new functions for a jewel, the collection of rings is characterized by their novel play in movement, the continuous coming apart and coming together – with a casual or conscious movement of the body – changing the position of the parts, hiding and revealing the diamonds in multiple configurations.

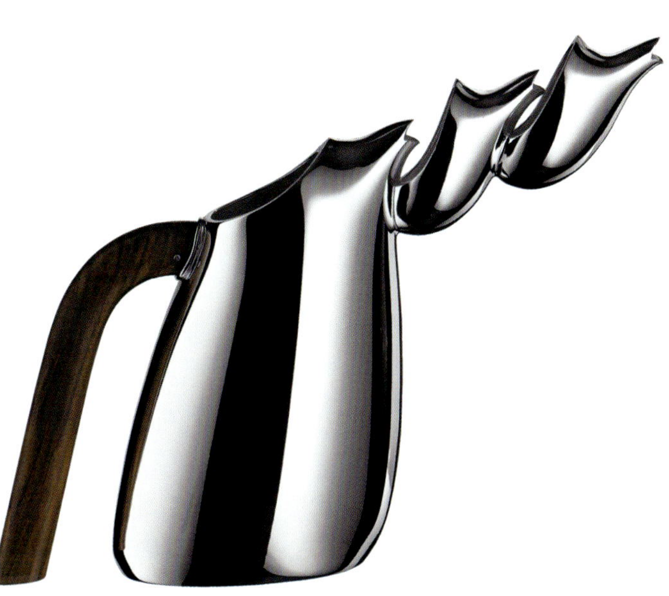

TREBOK
De Vecchi
Gabriele De Vecchi
2001

Nella caraffa d'argento l'acqua, prima di raggiungere il bicchiere, salta da un beccuccio all'altro come se scendesse in un ruscello. Fa parte della collezione Slow drink, ampia ricerca che ripensa non solo il tradizionale materiale, ma anche i comportamenti che connotano il valore d'uso degli oggetti.

In the silver carafe, the water, before it reaches the glass, leaps from one spout to another as though descending in a stream. This is part of the Slow drink collection, where an effort has been made to rethink not only traditional materials, but also the movements that give value to the use of the objects.

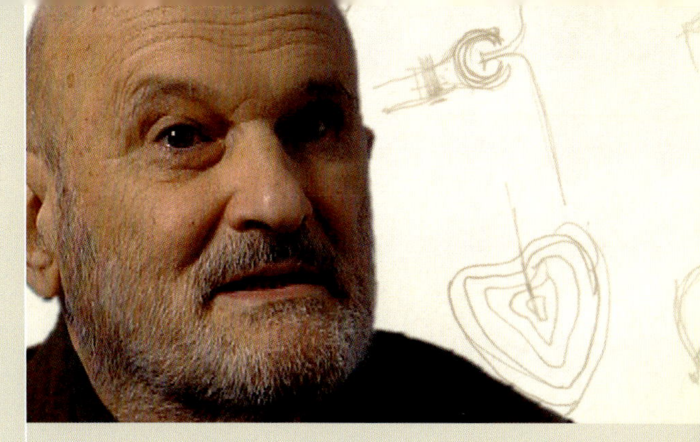

GABRIELE DE VECCHI
ARTISTA E DESIGNER
ARTIST AND DESIGNER

“ L'esperienza dell'Arte Programmata si collega certamente agli oggetti che creo perché lavorando con l'argento mi sono ritrovato a occuparmi della riflessione della luce e di inserire nell'oggetto elementi di ottica o, meglio, di catadiottrica. Nel progetto ho fatto quindi convergere concetti derivati dall'arte programmata con un ragionamento sulla natura degli oggetti, che considero come protesi. Quindi tanto per la brocca quanto per gli anelli il principio è il medesimo. L'anello che si muove è un ragionamento sulla gioielleria; il gioiello per me è una protesi identitaria, molto meno dolorosa della chirurgia estetica, comunque legata a una nuova immagine e percezione del corpo. Per la brocca: a furia di fare della brocche perfette si beve solo per bisogno; allora ho pensato che se fossi riuscito a inserire un divenire parallelo non avrei fermato il tempo della necessità ma solo inserito un tempo della libertà: il disegno del manico e la relazione tra le parti fanno sì che io curi il mio gesto nel versare, veda il liquido, che altrimenti non apprezzo, lo senta gorgogliare: queste sono cose che fa anche una brocca normale, ma io non la “sento” più! Negli oggetti contemporanei vi è un'attenzione più aperta proprio verso la multisensorialità, ovvero la sinestesia. Altrimenti l'oggetto diventa solo da contemplare oppure strumento che si usa con indifferenza.

The experience of Arte Programmata certainly had an effect on the objects that I create because working with silver I found that I was dealing with reflections of light. To design, therefore, meant to insert into the object some elements of optics, or better yet, of catadioptrics. This gave me the possibility of converging elements of programmed art and also the possibility of reasoning about the nature of objects that I consider like prostheses. So the principle is the same for both the pitcher and the rings. The ring that moves is a reflection on jewelry as a whole; the jewel for me is an extension of my identity, a prosthesis far less painful than aesthetic surgery, but still linked to an image and perception of the body. As for the pitcher: by dint of making perfect pitchers we end up drinking only because we need to drink; so I thought that if I could insert a parallel becoming I would not have stopped the time of necessity but I would have inserted into it a time of liberty: the design of the handle and the relation of the object's parts make me more aware of the gesture of pouring, I see the liquid that otherwise I would not appreciate, I hear it gurgle: these are the things that a normal pitcher does too, but I no longer “feel” them! Contemporary objects entail greater attention to all the senses, which we call synesthesia. Otherwise the object is only something to be contemplated, and functional objects are only tools used with indifference. ”

Un'articolata e variata struttura produttiva, che unisce la qualità della lavorazione artigianale a quella più avanzata che adotta tecnologie e macchinari innovativi, consente di sperimentare e realizzare prodotti caratterizzati dall'estrema cura nelle soluzioni di dettaglio.

Amare il dettaglio

A richly articulated productive structure, which joins quality craftsmanship with the most advanced processes, techniques, and machines, makes possible both experimentation and carefully detailed products.

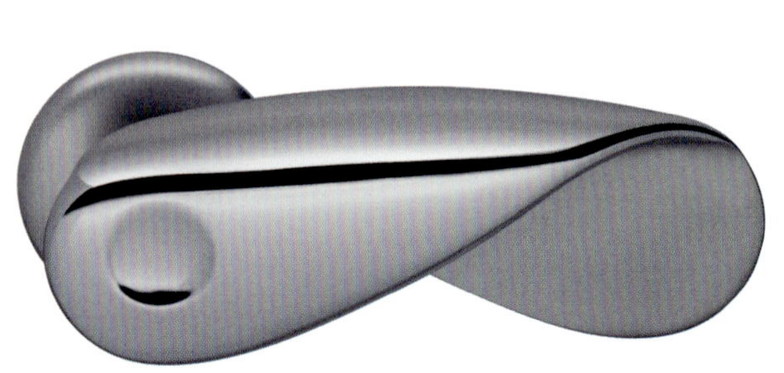

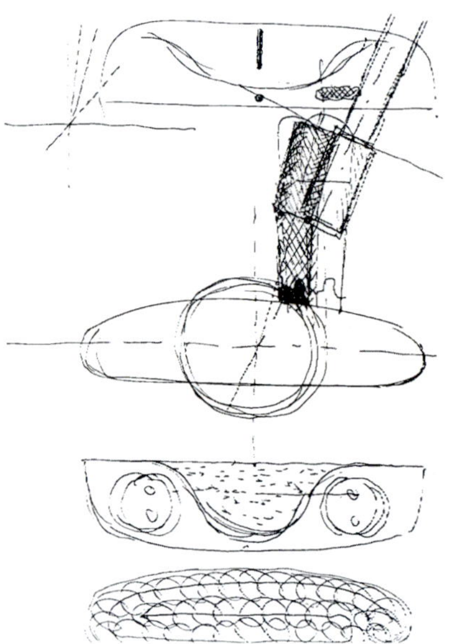

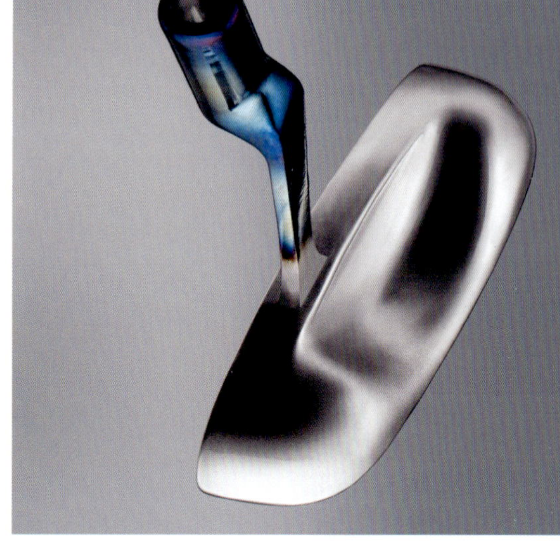

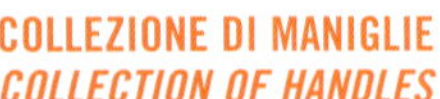

COLLEZIONE DI MANIGLIE
COLLECTION OF HANDLES
Fusital/Valli&Valli
Autori vari
1976 sgg.

Il marchio Fusital di Valli&Valli nasce nel 1976 per sviluppare "maniglie d'autore" per porte e finestre, coinvolgendo, prima fra le aziende del comparto, noti architetti e designer internazionali. Fino ad oggi sono state concepite 51 collezioni collaborando, tra gli altri, con Eero Aarnio, Ron Arad (foto), Gae Aulenti, Mario Bellini, Achille Castiglioni, Studio Cerri & Associati, Frank O. Gehry.

Valli&Valli's Fusital was created in 1976 to develop "artists' handles" for doors and windows, and was the first in this business to call on well-known architects and international designers. Until now 51 collections have been created with the participation of, among others, Eero Aarnio, Ron Arad (photo), Gae Aulenti, Mario Bellini, Achille Castiglioni, Studio Cerri & Associati, Frank O. Gehry.

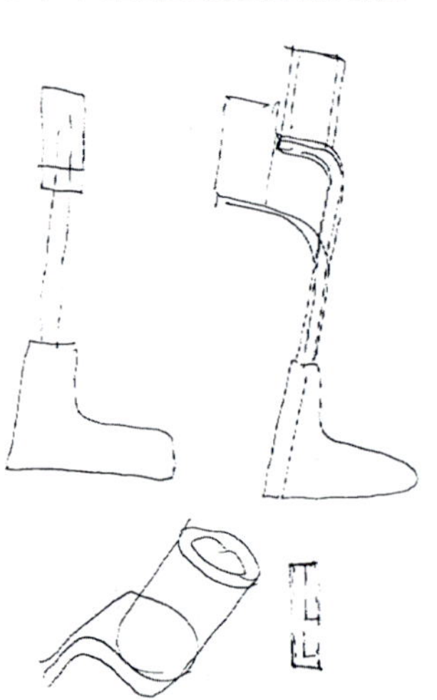

MAGIS
San Lorenzo
Tobia Scarpa
2004

Bastone da golf con testa in argento e inserto di titanio, con pesi di equilibratura in tungsteno. I materiali e il disegno, assicurando resistenza meccanica ed elasticità significative, garantiscono precisione e potenza di tiro. Questo putter contiene un meccanismo di variazione di peso. Brevettato in Europa, Usa e Giappone.

Golf putter with silver head and titanium insert, with balancing weights in tungsten. The materials and the design, by assuring significant mechanical resistance and elasticity, give precision and power to the stroke. This putter contains a weight variation mechanism. Patented in Europe, Usa, and Japan.

FANCY TEE
Studio Lorenzo Bonfanti
Studio Lorenzo Bonfanti
2003

Brevettati, sono realizzati in plastica con due diversi materiali co-stampati, una parte strutturale rigida e una seconda sovrastampata morbida che produce un piacevole effetto tattile. Disponibili in diversi abbinamenti di colore, con singolari effetti grafici e cromatici.

These are patented, and are made of plastic with two different co-stamped materials, a rigid structural part and a second soft one superimposed which is pleasant to the touch. Available in various color combinations, with singular graphic and chromatic effects.

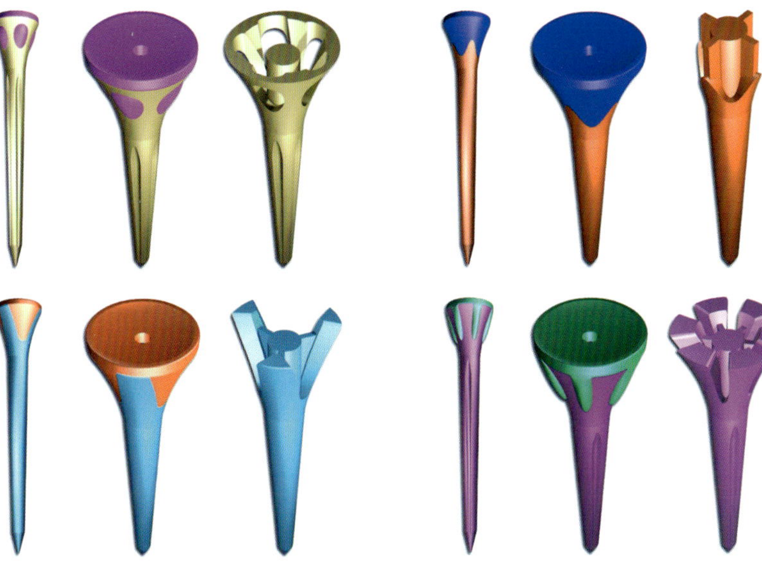

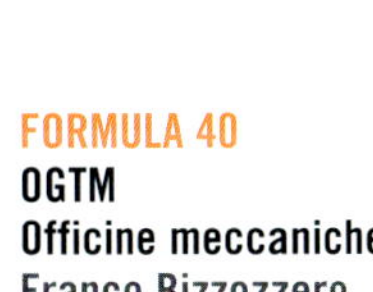

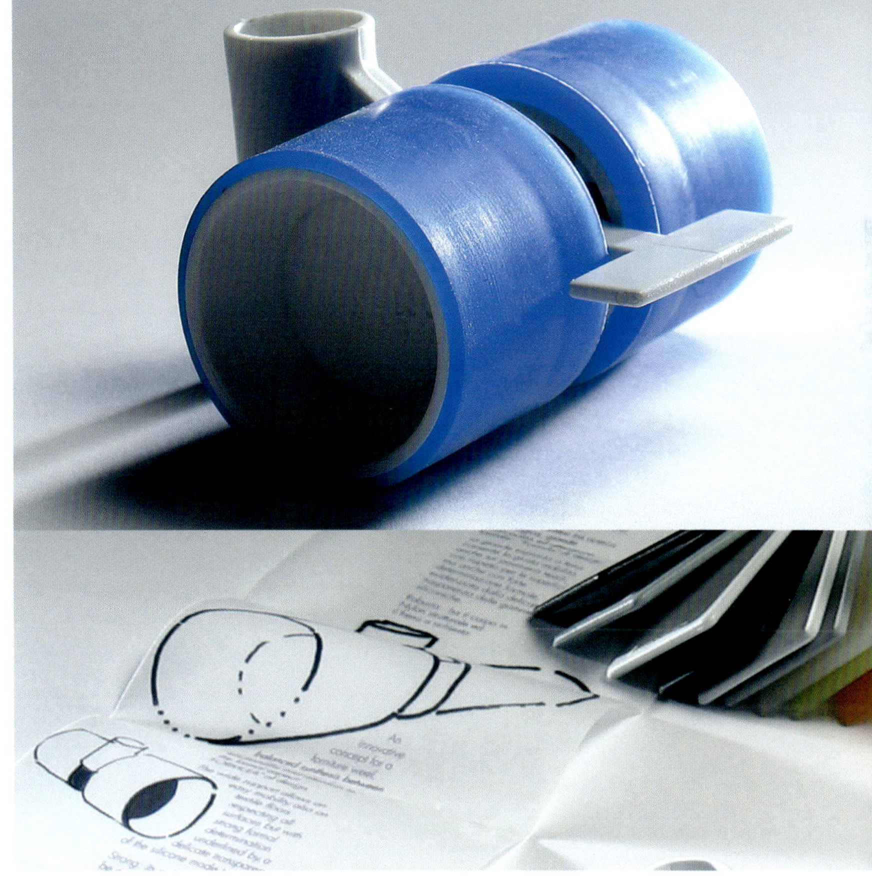

FORMULA 40
OGTM
Officine meccaniche
Franco Bizzozzero
2003

Sistema di ruote per arredamento, adatte per cassettiere, complementi di arredo, sedute per abitazioni o mobili.
Il corpo è realizzato in nylon, mentre il battistrada è in gomma opaca o trasparente.
Il freno è a richiesta.

System of wheels for interior furnishings, such as chests, decorative elements, seats. The body is made of nylon, while the tread is in opaque or transparent rubber.
A brake is optional.

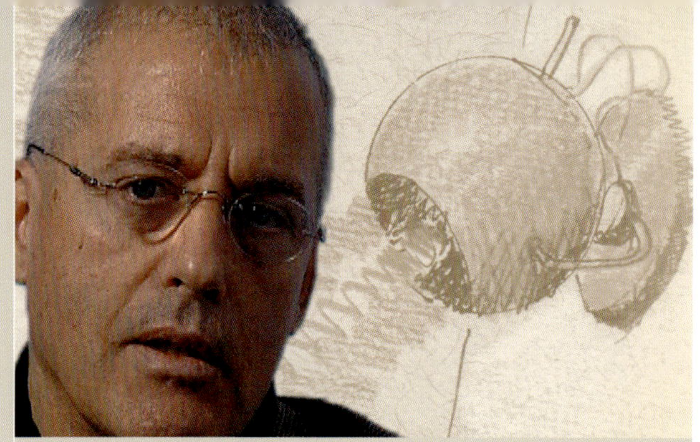

MARC SADLER
DESIGNER

“ Le aziende si rivolgono a me per cercare una performance da aggiungere a quella produttiva che già posseggono; insieme spingiamo il progetto di là dalla consuetudine.
Ad esempio, l'idea di Caimi Brevetti era di realizzare una libreria dalle dimensioni non abituali. La particolare conoscenza aziendale nella lavorazione del materiale ha permesso in questo caso di ottenere una luce enorme tra i montanti, che sembra una cosa banale invece è molto difficile da fare.
Il designer è colui che assorbe tutte le informazioni – relative a misure, colori, superfici, trattamento del materiale –, l'azienda mette invece a disposizione la propria conoscenza e capacità di esecuzione; assieme trasformano l'idea in proporzioni, dimensioni ecc. per uno specifico prodotto. Il fatto di lavorare in simbiosi con l'azienda, cercando di trovare soluzioni formali e utilizzi nuovi, è un'operazione ad alto rischio perché, di frequente, sono necessari tempi lunghi, e non pienamente preventivabili, per sviluppare pienamente il progetto. Vorrei che i miei clienti mi chiedessero ogni tanto delle cose semplici da fare.

Companies turn to me to get added performance; together we push the project beyond the realm of the ordinary. An example: Caimi Brevetti wanted to create a bookcase of unusual dimensions. Their special understanding of how to work materials made it possible to obtain a wide inner space, which seems banal but in fact is very difficult to do.
The designer is the person who absorbs all the information – concerning measurements, colors, surfaces, treatment of the material – while the company makes available its own knowledge and capacity to realize the project; together they transform the idea into proportions, dimensions, etc., for a specific product. The fact of working in symbiosis with the company, trying to find new formal solutions and new uses, is a high-risk operation, however, because the time necessary to develop the project fully is frequently long, and not calculable before beginning. I wish from time to time my clients would ask me to do simple things. ”

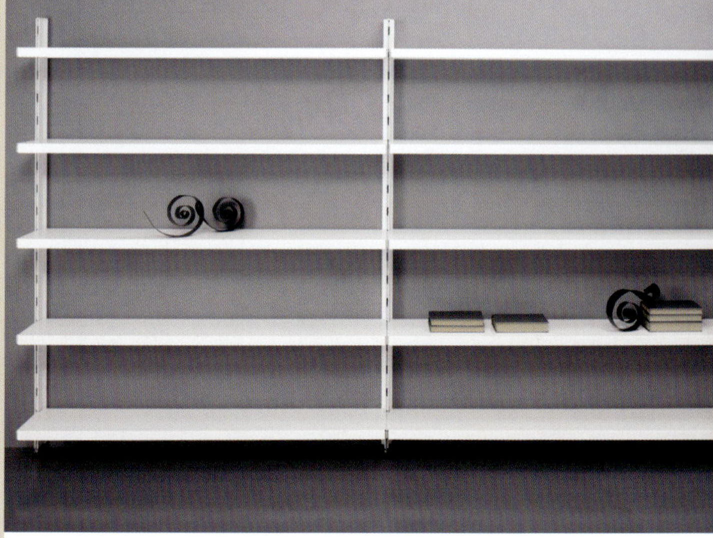

BIG
Caimi Brevetti
Marc Sadler
2004

Libreria in metallo da fissare a parete ancorando i montanti di alluminio con sezione a T. A questi sono agganciati ripiani a sbalzo in lamiera d'acciaio piegata, connotati dal bordo frontale alto e dal taglio vivo degli spigoli, mediante un sistema di fissaggio brevettato, in cui scompaiono i meccanismi, studiato per mantenere la complanarità tra moduli consecutivi.

Metal bookcase to be wall-mounted by anchoring the aluminum uprights with T-braces, to which are attached modeled steel shelves featuring a high frontal piece and sharp edges, through a patented installation system with mechanisms hidden so as to keep the shelves of consecutive modules on the same level.

PADELLA
FRYNG PAN
San Lorenzo
Tobia Scarpa
e Afra Bianchin
1999

Nel 1992 l'azienda, in collaborazione con i progettisti, dopo aver messo a punto una specifica tecnologia, inizia la produzione di manufatti in argento puro arrivando a sperimentare l'impiego di questo per la cottura del cibo.

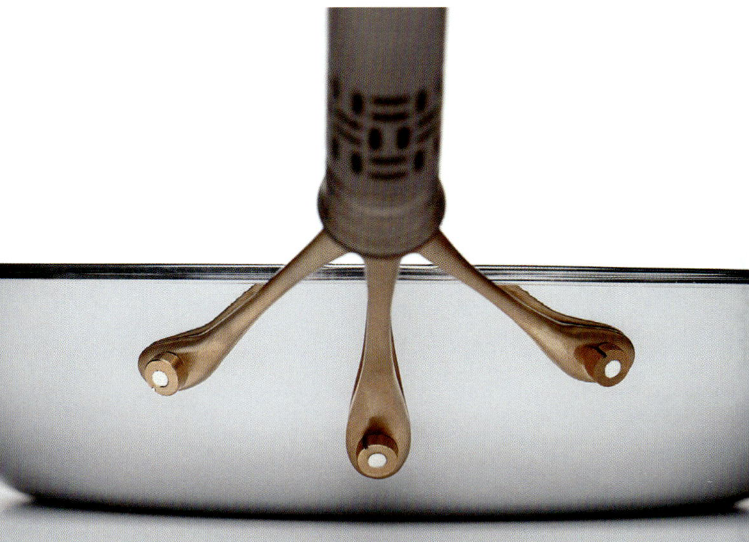

Nel 1999 nasce la linea di casseruole, padelle, risottiere realizzate in argento 999/°°°. Questo materiale è il miglior conduttore di calore ed è in grado di diffonderlo in maniera uniforme, dal fondo alla sommità del recipiente; coperchi e impugnature sono in titanio traforato per evitare scottature.

In 1992, the company, having perfected a certain technique, worked with Afra and Tobia Scarpa to produce silver kitchenware pots for cooking food. In 1999, it began production of a series of casserole dishes, pans, and rice pots made of 999/°°° silver. This material is the best conductor of heat and is able to diffuse it evenly from the bottom to the top of the recipient; covers and handles are in perforated titanium to avoid burning.

VETRINA BLINDATA PER LA GIOCONDA AL LOUVRE
ARMORED GLASS FOR THE MONA LISA IN THE LOUVRE
Laboratorio museotecnico Goppion
Laboratorio museotecnico Goppion
2005

SOCRATE
Caimi Brevetti
Caimi lab
1991

Sistema modulare di librerie in metallo progettato come una specie di "gioco meccanico", dove le caratteristiche più evidenti sono l'estrema flessibilità e la libertà di composizione e fruizione.

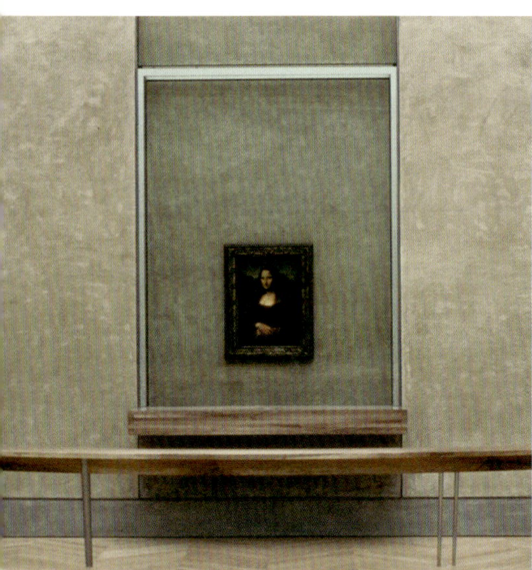

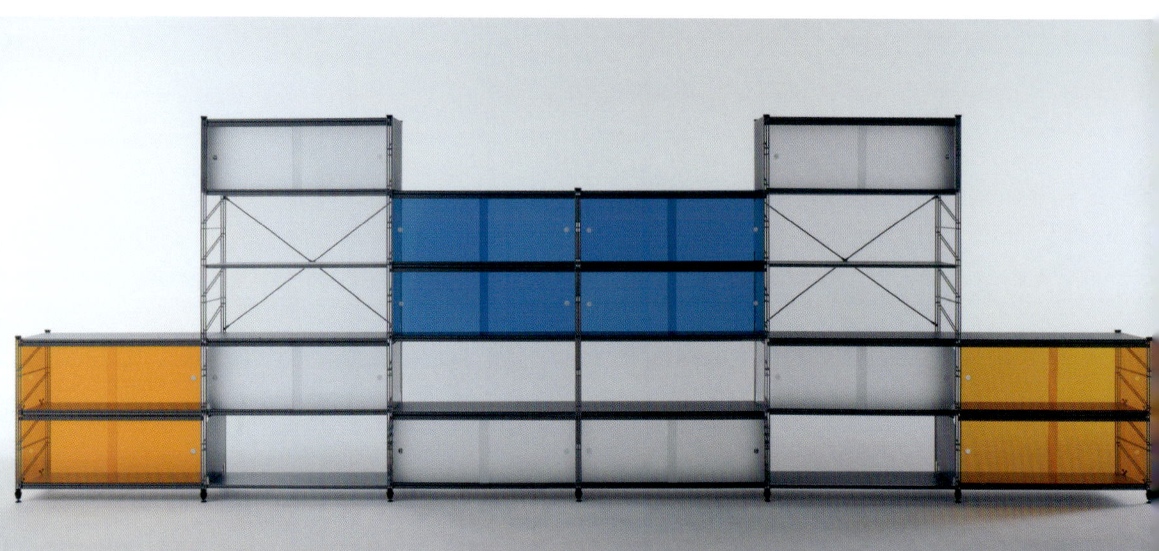

L'opera di Leonardo, nella nuova sistemazione nella salle des Etats al Louvre, progettata da Lorenzo Piqueras, è conservata in una teca "a scomparsa" – ingegnerizzata e realizzata dal Laboratorio museotecnico Goppion – una vera cassaforte trasparente che garantisce l'assoluta sicurezza contro ladri, vandali e terroristi e ne assicura una conservazione perfetta in un microclima costantemente controllato.

Leonardo's work, in its new position in the salle des Etats in the Louvre, planned by Lorenzo Piqueras, is conserved in a "disappearing" encasement – engineered and built by the Laboratorio museotecnico Goppion – a real transparent safe which provides absolute security against thieves, vandals, and terrorists, while insuring perfect conservation in a constantly controlled microclimate.

A modular system of metal bookcases planned as a kind of "mechanical game", whose most obvious characteristics are its extreme flexibility and freedom of composition and use.

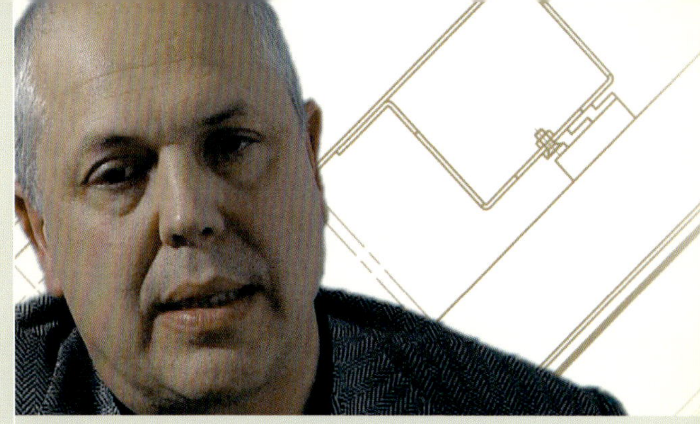

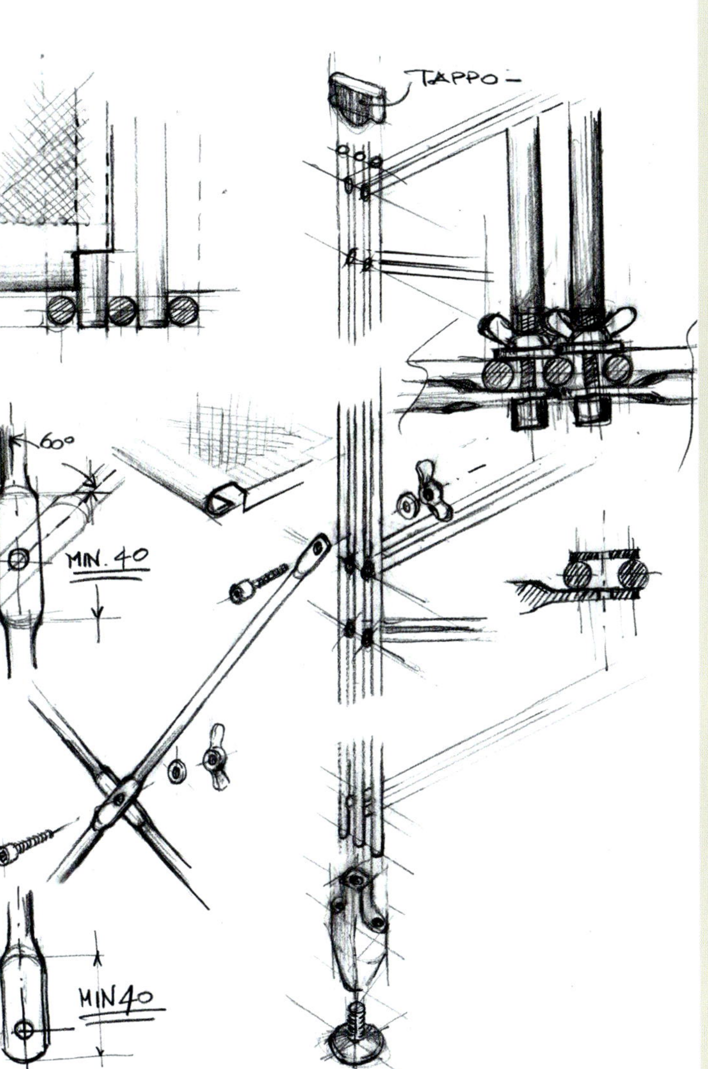

SANDRO GOPPION
IMPRENDITORE
ENTREPRENEUR

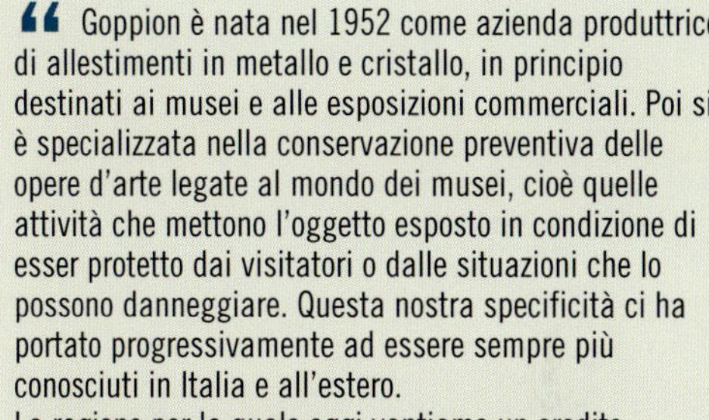

“ Goppion è nata nel 1952 come azienda produttrice di allestimenti in metallo e cristallo, in principio destinati ai musei e alle esposizioni commerciali. Poi si è specializzata nella conservazione preventiva delle opere d'arte legate al mondo dei musei, cioè quelle attività che mettono l'oggetto esposto in condizione di esser protetto dai visitatori o dalle situazioni che lo possono danneggiare. Questa nostra specificità ci ha portato progressivamente ad essere sempre più conosciuti in Italia e all'estero.
La ragione per la quale oggi vantiamo un credito internazionale sta comunque anche nel fatto che il coinvolgimento nel campo della conservazione preventiva, indipendentemente da problemi immediati di valorizzazione, ci ha messo nella condizione di dialogare con le istituzioni culturali e quindi di essere considerati più come collaboratori che fornitori di beni e servizi.

Goppion was born in 1952 as a company producing metal and glass structures for museums and commercial exhibitions. It then began specializing in preventive conservation of works of art for the museum world, that is, in those operations that protect the object on view from visitors or situations that might damage it. This specific activity has led us to become ever better known in Italy and abroad.
The reason we enjoy credit internationally is that our involvement in the field of preventive conservation, independently of immediate problems of valorization, has put us in a position to conduct a dialogue with cultural institutions and therefore to be considered more as collaborators than as suppliers of goods and services. ”

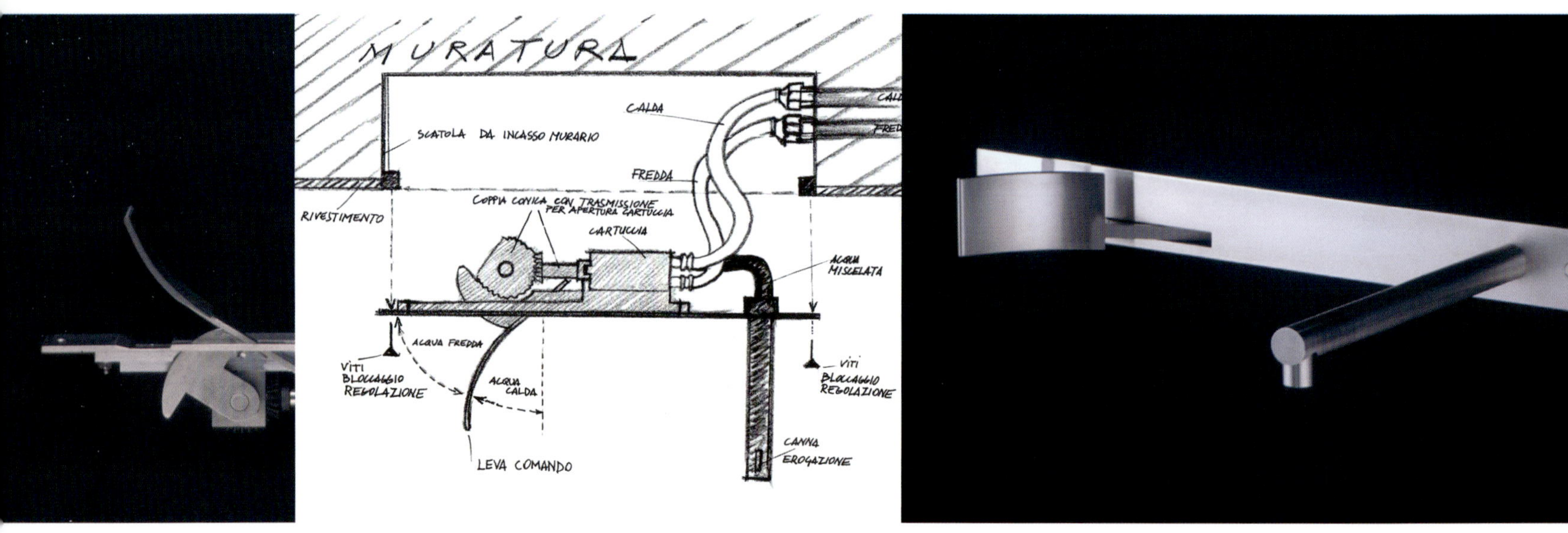

CUT
Boffi
Mario Tessarollo e Tiberio Cerato
2002

È una linea di rubinetteria, in acciaio inox spazzolato, unicamente da incasso a parete caratterizzata da una piastra orizzontale con leva di comando integrata e bocca d'erogazione lineare. Con un unico movimento si determina l'apertura della erogazione e la regolazione della temperatura dell'acqua in modo progressivo. Protetto da tre brevetti: per il design, la funzione e i meccanismi.

A line of plumbing fixtures in brushed stainless steel, to be sunk in the wall with a horizontal plate, where there is an integrated command lever and a linear spout. A single movement turns on the water and regulates the temperature progressively. It is protected by three patents: for design, function, and mechanisms.

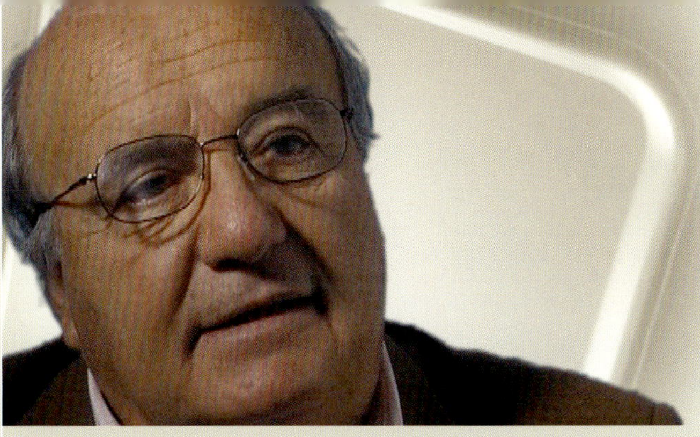

PAOLO BOFFI
IMPRENDITORE
ENTREPRENEUR

“ L'impresa italiana è stata la prima ad aprire con curiosità e attenzione ai designer e come tali siamo i più allenati e preparati a recepire le proposte di un progettista. Ma non solo, il successo del design italiano è fatto anche dagli imprenditori, perché se di fronte al designer non c'è un uomo azienda e un ufficio tecnico che veramente amano l'azienda e riescono a capire come si possano tramutare le idee in concretezza, tutto diventa molto difficile da realizzare.
Il design italiano è quindi la somma di ottimi designer e aziende innamorate del proprio lavoro, che hanno sempre cercato di interpretare il disegno e trasformarlo in una forma funzionale.
"In fondo siamo nati tutti artigiani"; c'è rimasto cioé questo tipo di manualità perché oggi sicuramente la tecnologia ha fatto passi giganteschi ma il particolare artigianale costituisce il vero valore aggiunto del prodotto di design fatto nella nostra regione. Lo dico con orgoglio e convinzione: noi siamo quelli che hanno le idee, le traducono in un prodotto che mettono nel mercato; purtroppo non faremo mai le tirature veramente industriali, ma in compenso innovazione e voglia di fare ricerche, sostenute dall'artigianalità e dalle sperimentazioni su materiali e lavorazioni, faranno sempre la differenza.

Italian firms were the first to open their minds to designers. This curiosity and attention trained us, more than others, to take in designers' proposals. But Italian design's success is also due to entrepreneurs, because if the designer does not find a businessman and a technical office that really love the company and understand how to transform the ideas of the designer into reality, everything becomes difficult.
Italian design is the sum of the production of very good designers, along with those companies in love with their own work, which interpret the design and transform it into a functional form.
"Basically we were all born as craftsmen"; manual skill remains valid because even if technology has made giant strides forward today, the artisan's detail constitutes the true added value of the piece of furniture or the designer product made in our region.
I say it with pride and conviction: we are the ones who have ideas, and translate them into a product that we then put on the market; unfortunately this will never be something that involves big numbers or truly industrial production, but on the other hand there is this innovation, this desire to research possibilities of widely differing sorts which, thanks to craftsmanship and experimentation on materials and processes, will always make a difference. ”

DELTA
Robots
Enzo Mari
2001

Libreria autoportante con montanti e ripiani in alluminio anodizzato naturale, in due differenti altezze e che può essere fissata alle pareti o al soffitto. I montanti sono collegati tra loro tramite barre e i ripiani sono appesi alla struttura portante con fili in acciaio cromato a forma di delta.

A freestanding bookcase with supports and shelves in natural anodized aluminum in two different heights, which can be fixed to the wall or the ceiling. The upright supports are linked by crosspieces and the shelves are hung from the bearing structure by delta-shaped chrome steel wires.

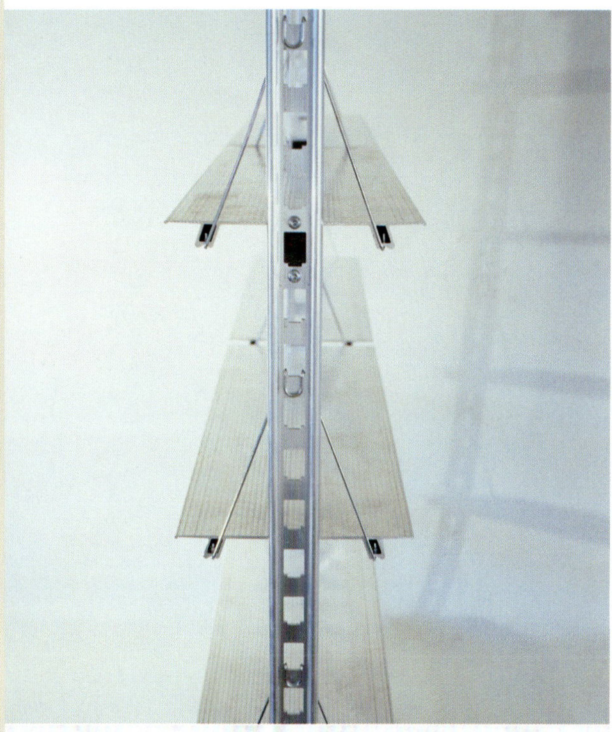

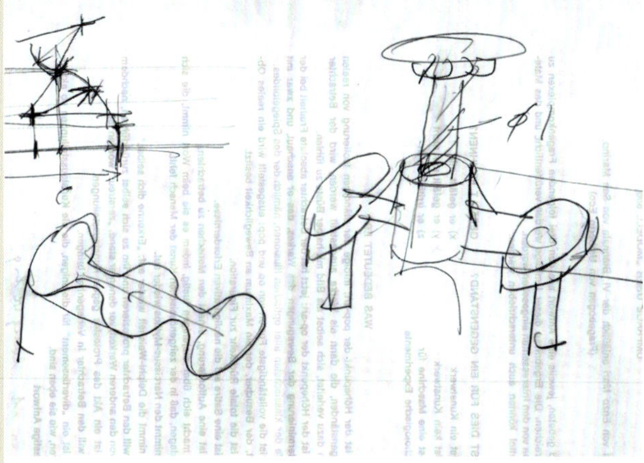

In tutto il mondo gli apparecchi d'illuminazione italiani sono sinonimo di elevata qualità estetica e cura produttiva, tanto che molti modelli prodotti in milioni di esemplari sono divenuti classici oggetti del design.

Luci e ombre

Throughout the world Italian lighting is synonymous with high aesthetic quality and careful production, so much so that many models produced in millions of copies have become classic design objects.

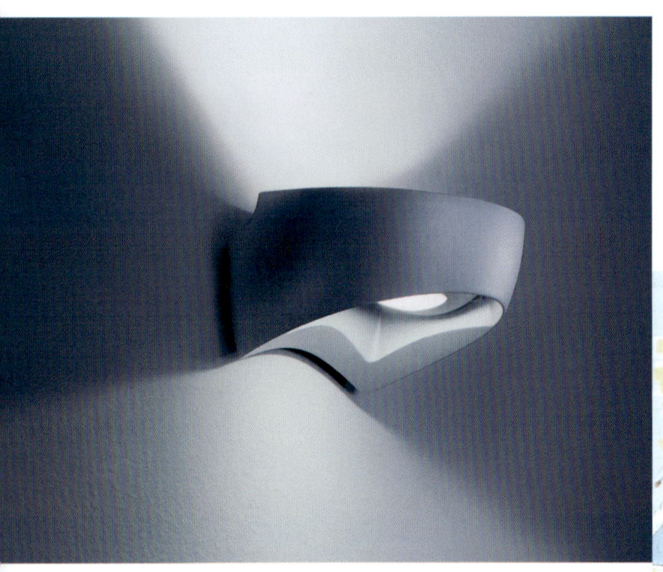

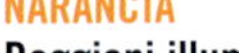

NARANCIA
Reggiani illuminazione
Fabio Reggiani
2004

Proiettore orientabile da parete, ottenuto dalla modificazione di un quarto di sfera, che fornisce una morbida luce asimmetrica. Il vano ottico a tre posizioni permette di regolare la luce emessa, anche quella secondaria proiettata sulla parete.

A swiveling wall projector made of a quarter sphere, giving a soft asymmetrical light. The three-position optical compartment makes it possible to regulate the light emitted directly, as well as the secondary light projected on the wall.

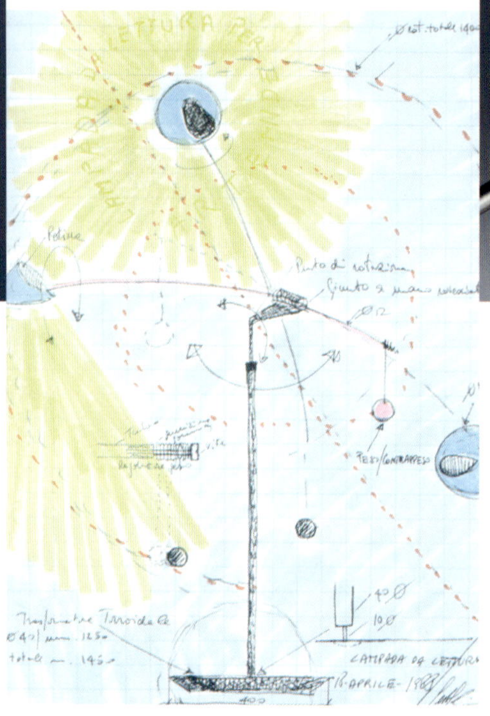

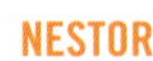

NESTORE
Artemide
Carlo Forcolini
1989

La testa in resina termoplastica, che emette luce diretta orientabile nella versione da terra e diretta concentrata nella versione lettura, è resa stabile da una struttura in metallo verniciato o nichelato opaco, a braccio bilanciato, regolabile sul piano verticale e orizzontale mediante un contrappeso sferico.

The head in thermoplastic resin emits light that can be oriented in the floor version and concentrated in the reading version. It is stabilized by a structure in opaque nickel or painted metal, with a balanced arm that can be regulated vertically and horizontally thanks to a spherical counterweight.

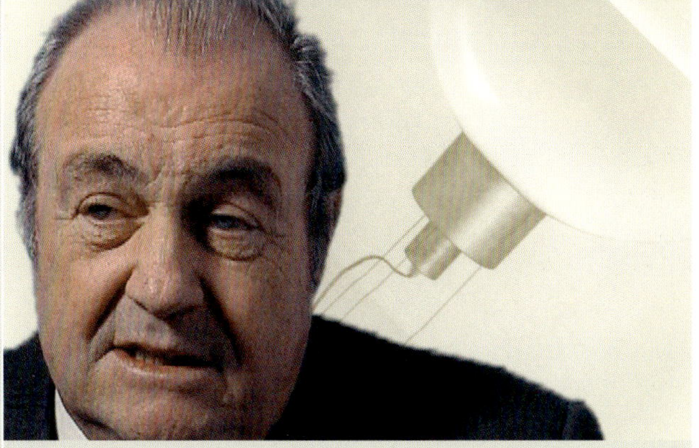

ERNESTO GISMONDI
IMPRENDITORE
ENTREPRENEUR

“ Esiste un’obiezione che si può fare parlando oggi di design italiano, cioè se andiamo a leggere i nomi dei designer che lavorano con le aziende maggiori troviamo che di italiani ve ne sono ben pochi; tranne quelli purtroppo scomparsi, gli altri sono perlopiù stranieri. Questo è avvenuto perché noi imprenditori abbiamo cercato nel mondo i progettisti che potevano essere della nostra stessa fede del design, quelli che possedevano quella cultura. Certo noi italiani abbiamo esportato designer anche in altri paesi, ma sono molti di più quelli che abbiamo importato.
Ciò che continuiamo ad esportare sono i prodotti; ad esempio, a proposito di illuminazione, se un nostro apparecchio riesce bene, è di grande forza, è un pezzo di buon design, lo diventa per tutto il mondo. Praticamente non esiste nulla che sia importante e che valga solamente per l’Italia: i prodotti validi, come l’Arco dei fratelli Castiglioni per Flos o alcuni oggetti della mia azienda Artemide, sono validi ovunque, sono successi internazionali riconosciuti dappertutto.

An objection that can be made about Italian design today is that if we go read the names of the designers who work with our biggest firms we find that there are very few Italians among them; aside from those who unfortunately are no longer alive, the names are mostly of foreigners. This has happened because we entrepreneurs have looked for designers throughout the world who shared our own faith in design, people who possessed that culture.
It is true that we Italians have exported designers to other countries, but we have imported far more.
What we continue to export are the products; for example, in terms of lighting, if a lamp of ours succeeds, and is forceful and well designed, it succeeds throughout the world. There is practically nothing that is important and valid for Italy alone: products like the Arco of the Castiglioni brothers for Flos or some objects of my company, Artemide, are valid everywhere, they are international successes recognized everywhere. ”

ARA
Nemo
Ilaria Marelli
2003

Lampada per interni ricavata da una massa monolitica dove un taglio di luce fluorescente, orientabile sull’asse verticale, e alogena, per l’illuminazione indiretta, permette una doppia emissione del flusso luminoso, verso l’alto e verso il basso.

Lamp for interiors made of a monolithic mass where a cut of fluorescent light, oriented on the vertical axis, and halogen light, for indirect lighting, make possible a double flow of light, upwards and downwards.

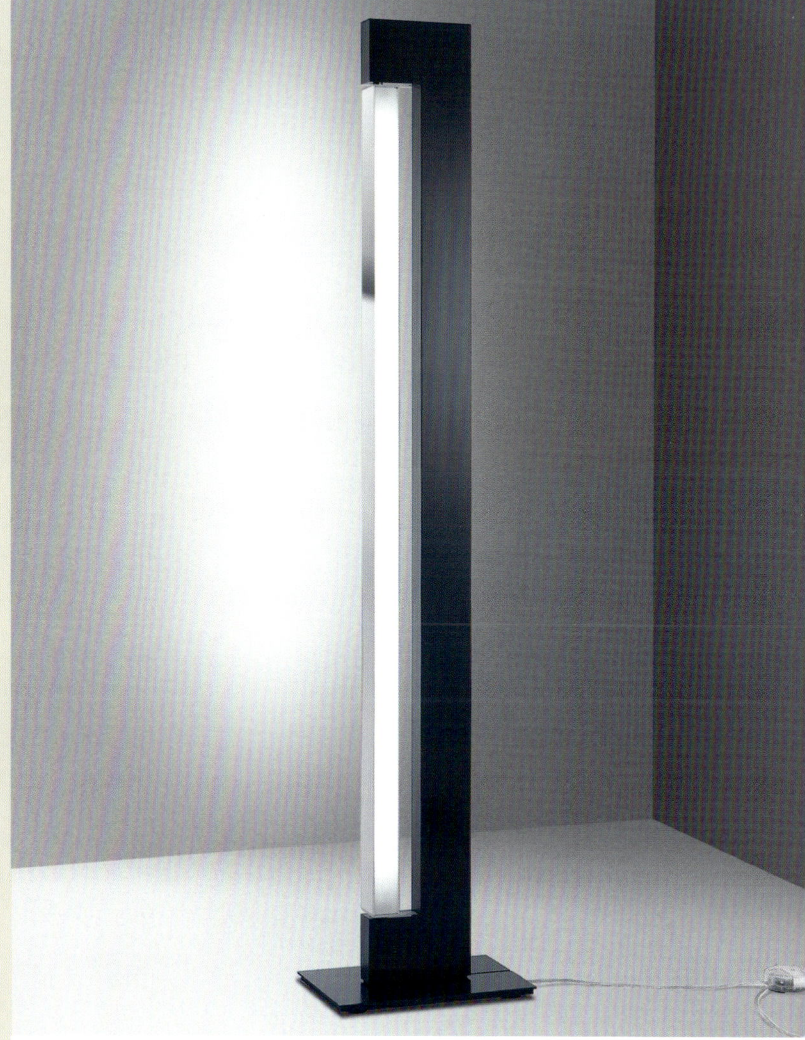

LOLA
Luceplan
Paolo Rizzatto e Alberto Meda
1987-2001

Superando la consueta staticità dei modelli da terra, Lola è leggera, trasportabile e, grazie all'asta telescopica, adattabile a varie altezze. Ciò è ottenuto integrando in una configurazione omogenea tre parti differenti per materiali e tecniche, secondo le esigenze prestazionali: testa orientabile, in un composto resistente alle temperature elevate; treppiede pieghevole in zama pressofusa; asta di tubi telescopici in fibra di carbonio, fino ad allora utilizzato nel settore aerospaziale.

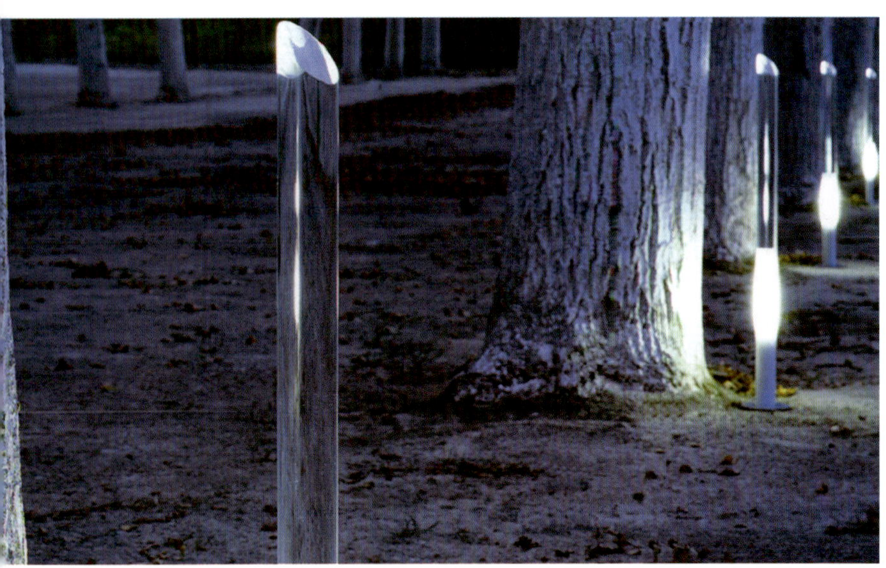

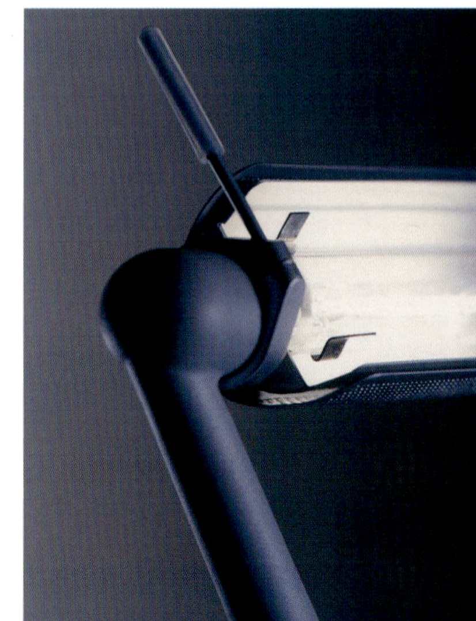

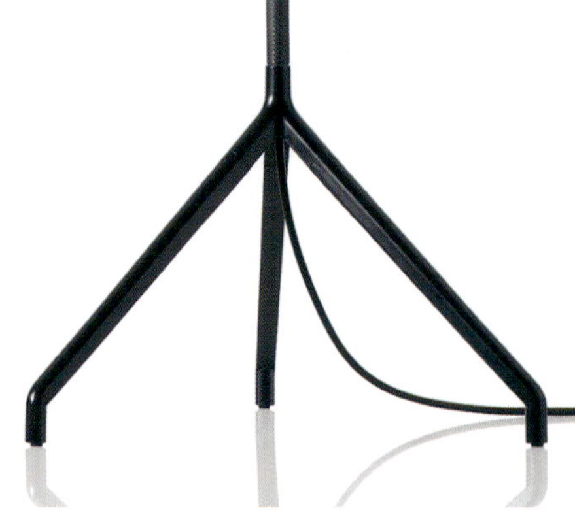

Going beyond the usual static floor model, Lola is light, movable, and thanks to its telescopic stem, it can be adapted to various heights. This is obtained by integrating into a homogeneous shape three parts that are different in materials and techniques, in response to different needs: a movable head in a material resistant to high temperatures; die-cast articulated tripod; telescopic stem in carbon fiber, hitherto used in the aerospace industry.

TEDA
Oluce
Ferdi Giardini
2002

Lampada da esterno a luce diretta e diffusa costituita da una canna di metacrilato trasparente che trasporta verso l'alto la luce contenuta nell'opalescente cilindro di base. È sostenuta da una struttura in acciaio inox satinato.

Outdoor lamp with direct and diffused light, made of transparent acrylic pipe which sends the light in the opalescent cylindrical base upward. It is held up by a satin finished stainless steel structure.

AGARICON
Luceplan
Ross Lovegrove
2001

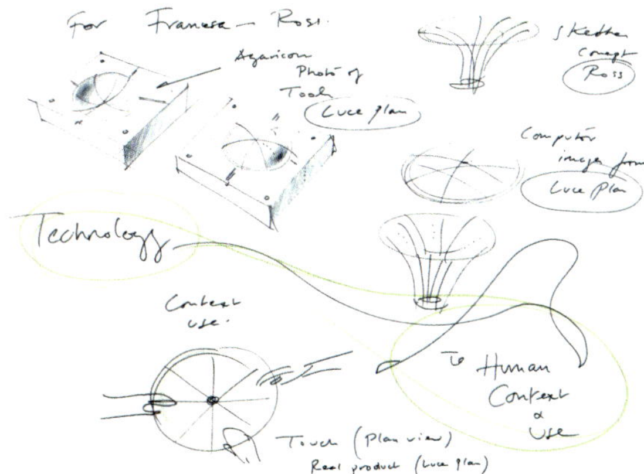

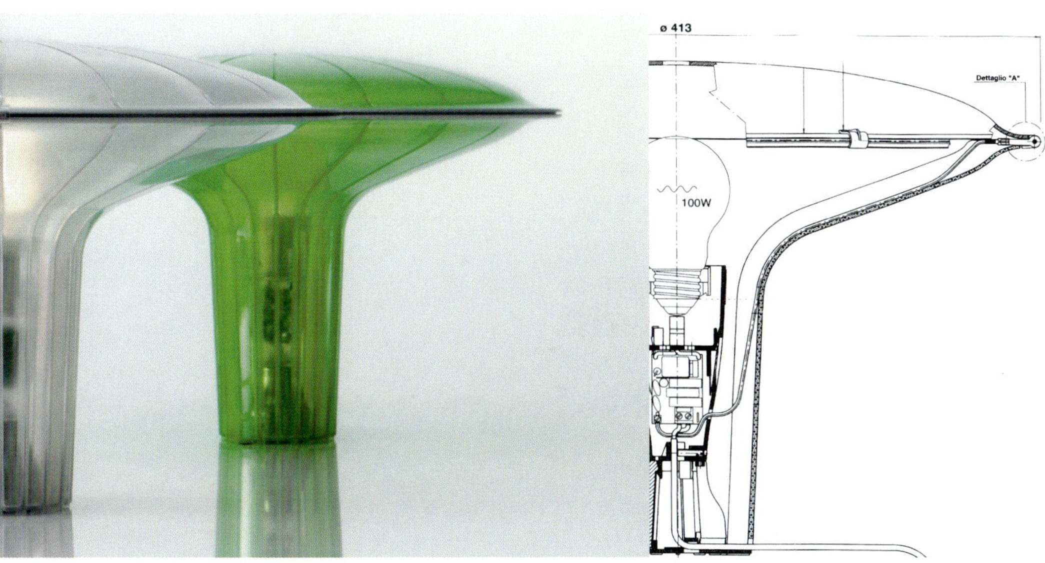

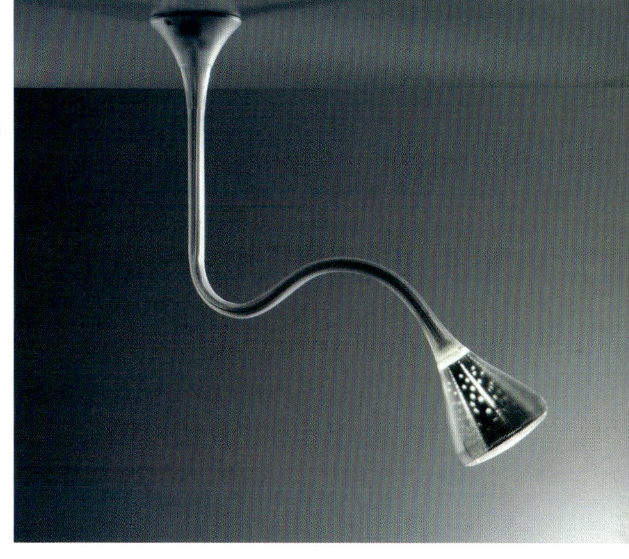

Un involucro leggero e semitrasparente, capace di generare effetti cromatici inediti grazie allo stampaggio a iniezione del policarbonato colorato in massa, è contornato da un anello d'alluminio che, premuto leggermente con le dita, consente di modulare gradatamente la luce: un dimmer sensoriale elettronico che controlla sia la funzione di accensione e spegnimento, sia quella di regolazione dell'intensità luminosa.

A light and semi-transparent exterior able to generate unusual chromatic effects, thanks to its mass-colored injection-molded polycarbonate, this is surrounded by an aluminum ring which responds to the touch of a finger by progressively modulating the light: an electronic sensor dimmer controls both the on/off function and dimming.

PIPE
Artemide
Herzog & De Meuron
2002

L'inedita configurazione sinuosa è ottenuta grazie alla struttura flessibile in tubo d'acciaio rivestita da una guaina in silicone platinico naturale, mentre il rosone e il diffusore sono realizzati in policarbonato trasparente verniciato effetto gomma.
Compasso d'oro-ADI 2004

The unusual sinuous form was achieved thanks to the flexible steel pipe structure sheathed in clear platinum silicon, which terminates in a diffuser of transparent polycarbonate painted to look like rubber.
Compasso d'oro-ADI 2004

STAR
OY light
Carlo Forcolini e Francesco Iannone
2005

L'impiego di una nuova sorgente luminosa – Led ceramici a 24 volt, ad alta emissione con sistema ottico di controllo del flusso luminoso sotto i 60 gradi – determina forma e caratteristiche innovative della lampada, costituita da un ridotto corpo centrale in alluminio lucido da cui si dipartono "raggi" in alluminio anodizzato naturale, con funzione di dissipatori di calore.

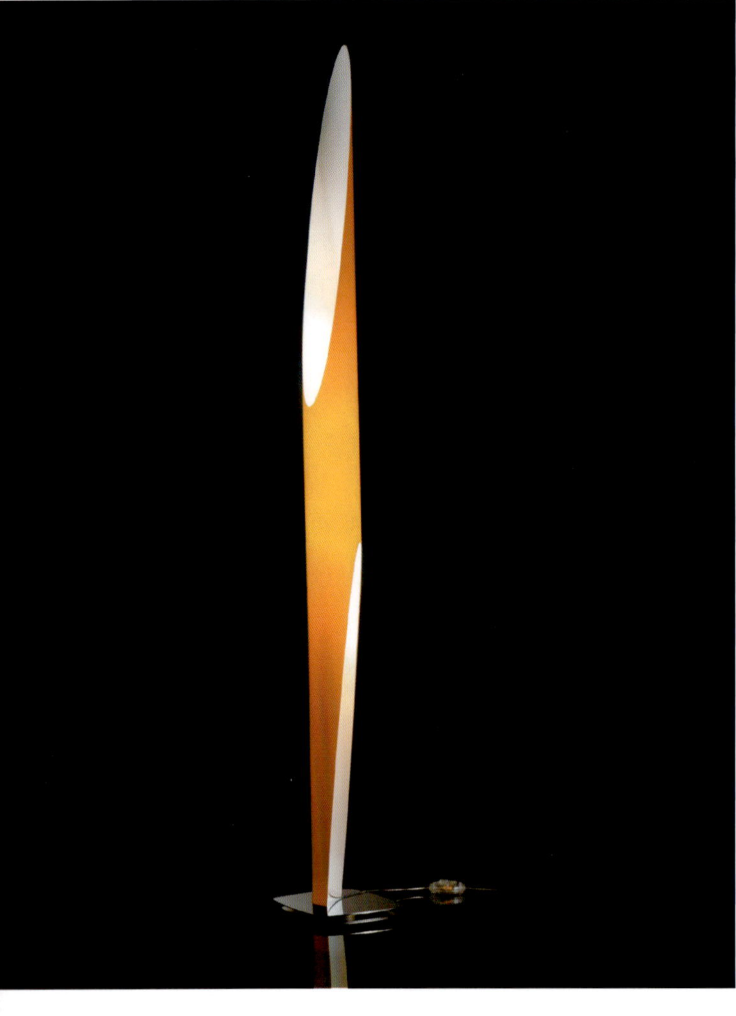

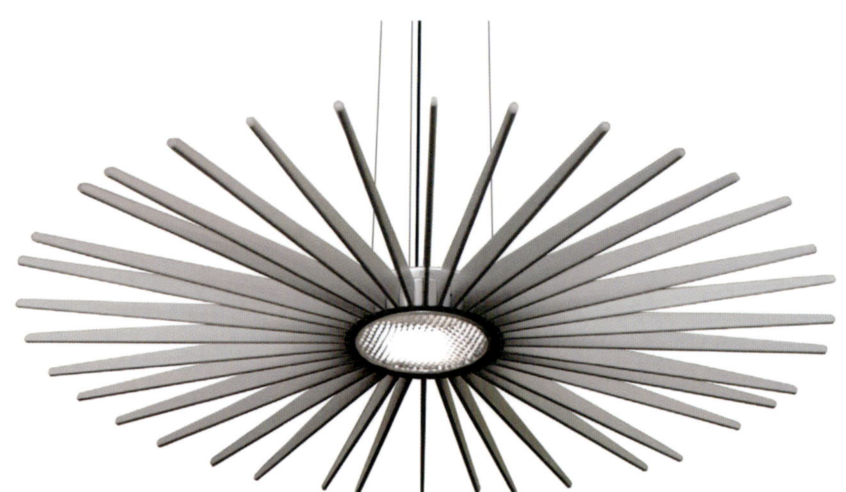

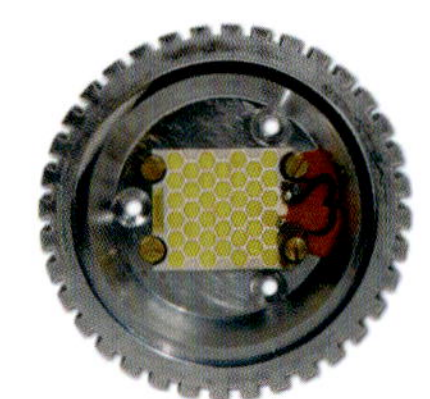

SHAKTI
Kundalini
Marzio Rusconi Clerici
2001

Materiale e tecnologia usati permettono di ottenere un monolitico diffusore tubolare, in plexiglas tagliato a laser, di grandi dimensioni contenente due sorgenti, per lettura e ambiente. Grazie all'innovazione tecnologica della coestrusione, emana sempre una luce bianca anche nelle versioni colorate.

The materials and technology make it possible to have a big monolithic tubular diffuser in laser-cut Plexiglas with two light sources, for reading and for the surrounding space. Thanks to technological innovation in co-extrusion, it emanates a white light even in the colored versions.

Use of a new light source – ceramic 24 volt high emission Led with an optical control system below 60 degrees – determines the form and innovative characteristics of the lamp, made of a reduced central portion in polished aluminum from which "rays" in natural anodized aluminum emanate, with the function of dissipating the heat.

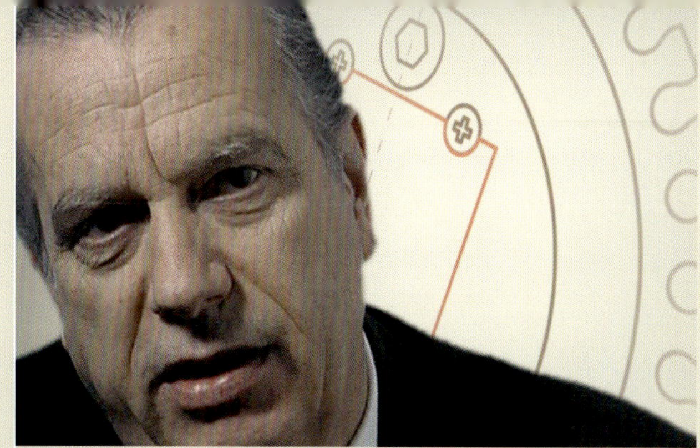

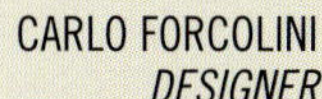

CARLO FORCOLINI
DESIGNER

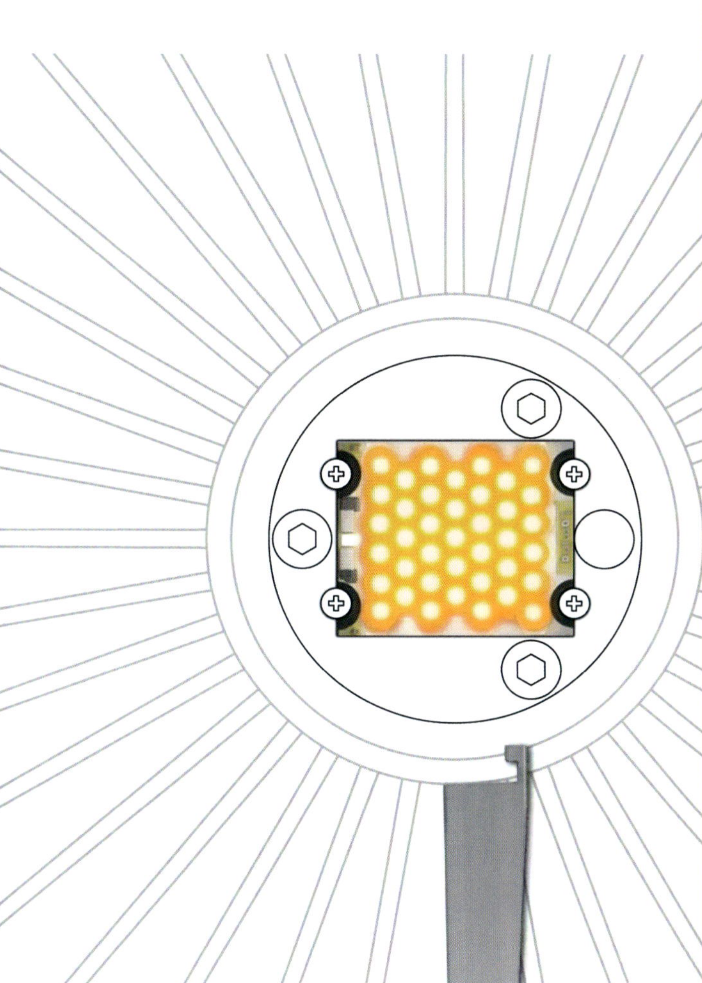

“ I nostri prodotti per Oy light eliminano tutta una ridondanza espressiva, una specie di assunzione ormai stilistica da parte dei designer per cui ognuno vuole imporre un proprio linguaggio che, almeno per me, costituisce un sovrappiù, un qualcosa di eccessivo e spesso fastidioso. Propongono invece un ritorno a un modo di progettare in cui il linguaggio emerge dalle circostanze stesse, dai materiali, dalle tecnologie e, ovviamente, dal contesto linguistico di chi disegna.
In questo senso abbiamo fatto dei prodotti che si collocano in una dimensione che è più vicina ad una sintassi del progetto, a una metodologia di lavoro caratteristica degli anni d'oro del design, quando non ci si poneva la questione di imporre la propria personalità ma di fare degli oggetti intelligenti, utili e magari anche belli.

Our products for Oy light eliminate all expressive redundancy, that type of stylistic assumption whereby each designer tries to impose his own language, which, for me at least, is over the top, excessive and often irritating. Our products reflect a return to design suggested by the circumstances themselves, the materials and technologies, as well as by the linguistic context of the person doing the designing.
In this sense we have made products situated in a dimension closer to the syntax of the project, to a method of work characteristic of the golden period of design, when it wasn't a question of imposing one's own personality but of making objects that were intelligent, useful, and maybe beautiful as well. ”

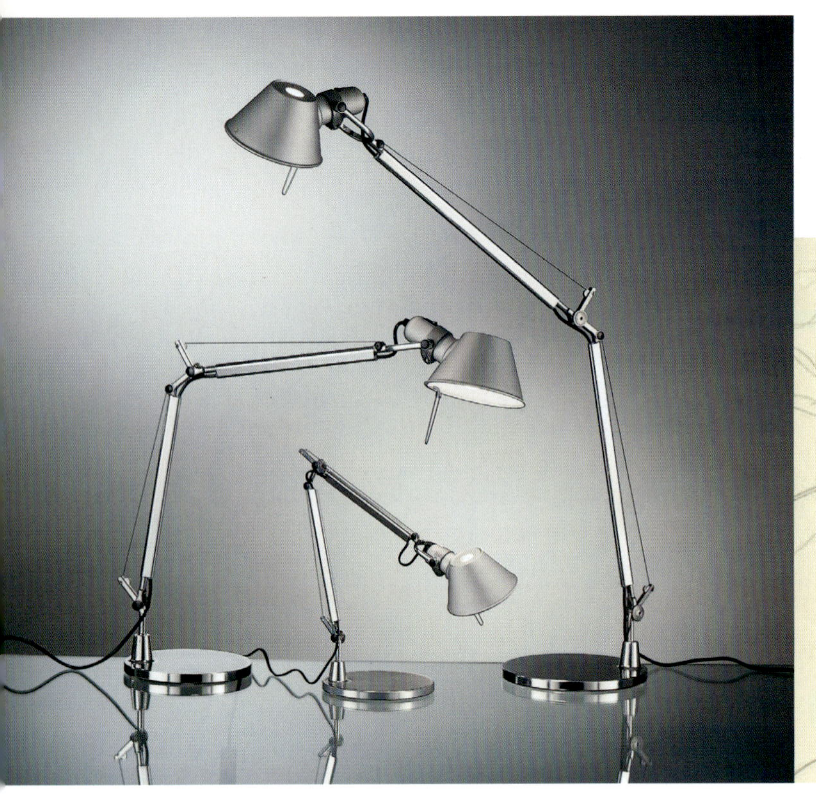

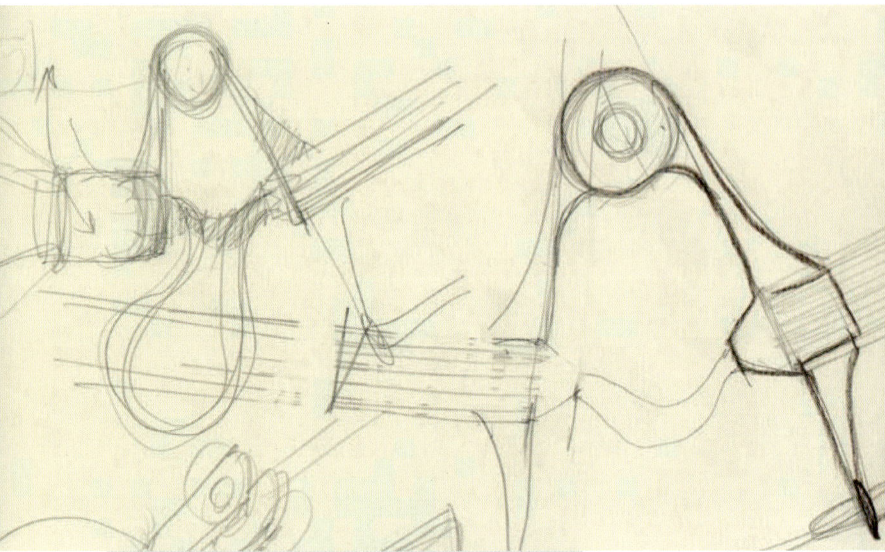

TOLOMEO
Artemide
Michele De Lucchi
e Giancarlo Fassina
1986

Lampada a bracci mobili in alluminio lucidato che nasconde all'interno della struttura le molle che ne permettono il funzionamento e l'equilibrio. La testa troncoconica è forata e girevole per ottenere luci di diverso raggio e intensità sul piano di lavoro.
Compasso d'oro-ADI 1989

Lamp with moveable arms in polished aluminum which conceals the springs enabling it to move and keep balance. The truncated cone shade is perforated and rotates to give light of varying range and intensity on the work table.
Compasso d'oro-ADI 1989

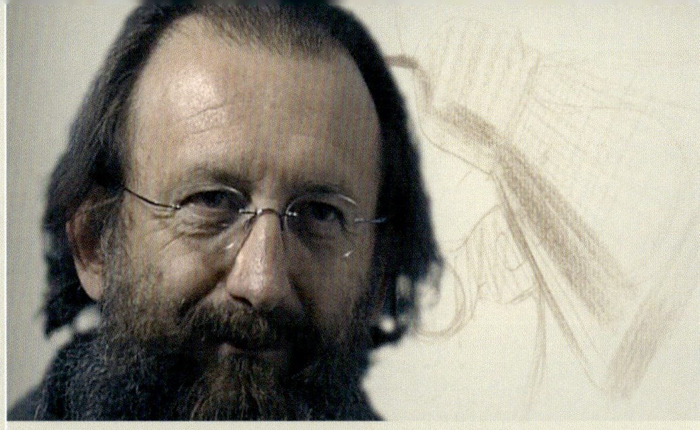

MICHELE DE LUCCHI
ARCHITETTO
ARCHITECT

“ Mi ero messo in testa di disegnare una lampada da tavolo per architetto.
Che voleva dire innanzitutto snodabile, con un meccanismo tale per cui la posso spostare con una mano; allora negli anni ottanta, la Tizio aveva superato nell'immaginario collettivo la Luxo, ma la Tizio funzionava solo a luce alogena, e in questo era più complicata.
Così, pensando ad un meccanismo, mi è venuto in mente lo strallo che usano i pescatori come aiuto per avvolgere la lenza e, mettendo insieme questa suggestione con l'idea delle molle su cui è basata la Luxo, è nata questa lampada, dove l'unione di strallo e molle sostituisce le viti, in modo che l'apparecchio si regge da solo.
Il bello della Tolomeo, prodotta da Artemide, è che è sempre stata molto semplice, quasi naturale. È una lampada da ufficio che ha saputo andare oltre l'ufficio, si usa bene dappertutto per cui è un oggetto che supera la funzionalità abbinata all'arredo. Un altro punto di forza è la sua connotazione tecnologica ma familiare: c'è dentro della tecnologia ma non diventa mai così evidente, cioè non si percepisce come tale, ma risulta frugale nell'aspetto, forse per il cappello che ricorda un vasetto per i fiori; funziona bene su un tavolo di legno o su un mobile d'antiquariato e questa sua adattabilità è un grande pregio.

I got the idea to design a table lamp for architects. That meant first of all that it had to be flexible, through a mechanism making it movable with one hand. In the 1980s, Tizio had surpassed the Luxo in people's imagination, but the Tizio worked only with halogen light, which made it more complicated.
So as I was thinking of a mechanical solution, what came to mind was the stay that fishermen use to wind in the fishing line, and putting together this image with the idea of the spring that the Luxo is based on, a lamp was born where the coupling of stay and spring replaces screws, so that the lamp is self-supporting.
The beauty of the Tolomeo, produced by Artemide, is that it has always been very simple, almost natural. It is an office lamp that has made it out of the office, useful everywhere: it is an object that goes beyond the functional quality linked to decor. Another strong point is that it is hi-tech but homey: technology is there but not so much that it is perceived as such, because the lamp's appearance is frugal, maybe because of the shade that looks something like a flower pot. It works well on an ordinary wooden table or on a piece of antique furniture, and this adaptability is a great merit. ”

TIZIO
Artemide
Richard Sapper
1972

Prima lampada a proporre l'utilizzazione della struttura portante come conduttore di energia per alimentare una sorgente alogena a 12 v, essenzialmente tramite due bracci che, attraverso contrappesi, controllano anche la posizione della testa orientabile in alluminio verniciato.

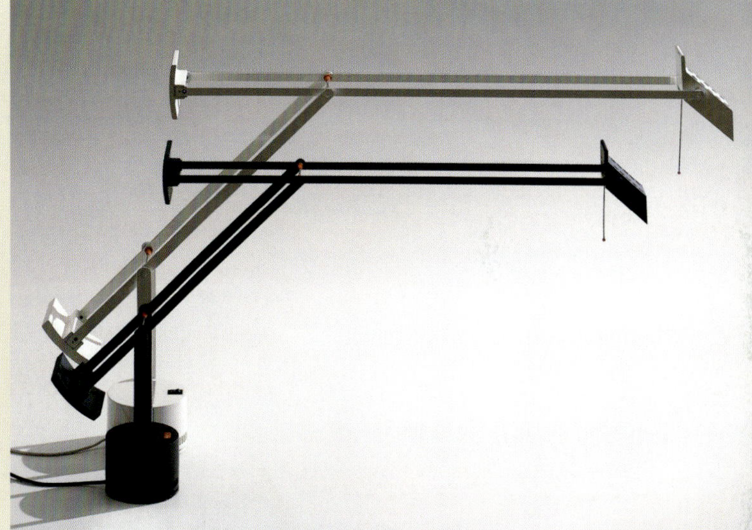

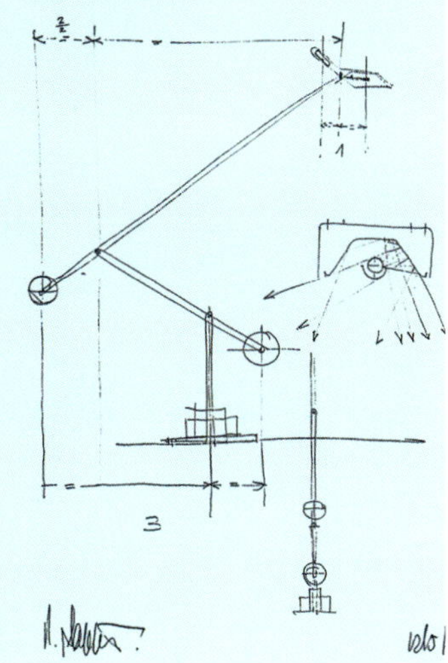

The first lamp to use the bearing structure as a conductor of energy to supply a 12 volt halogen light, essentially through two arms which, thanks to counterweights, control the position of the rotating head in painted aluminum.

Il design dell'arredamento italiano presenta una grande varietà di linguaggi, soluzioni produttive e di mercato e costituisce uno dei settori più avanzati, evocativi e simbolici del successo del Made in Italy nel mondo.

Casa dolce casa

Home furnishing design in Italy expresses itself in a great variety of languages, production modes, and market solutions, and symbolizes one of the most advanced and resonant successes of 'Made in Italy' in the world.

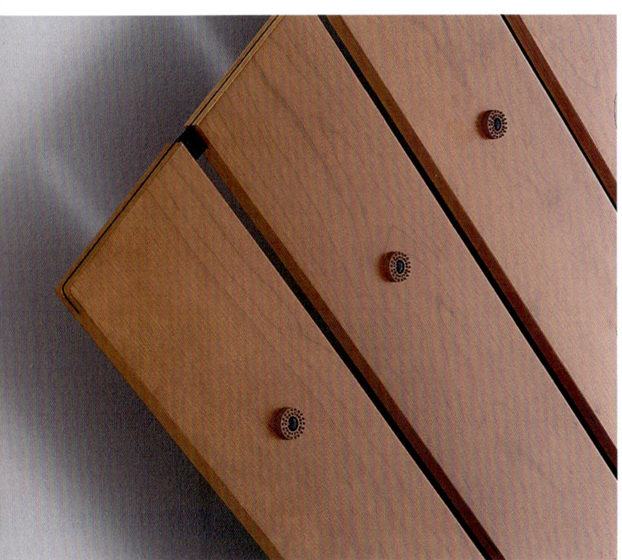

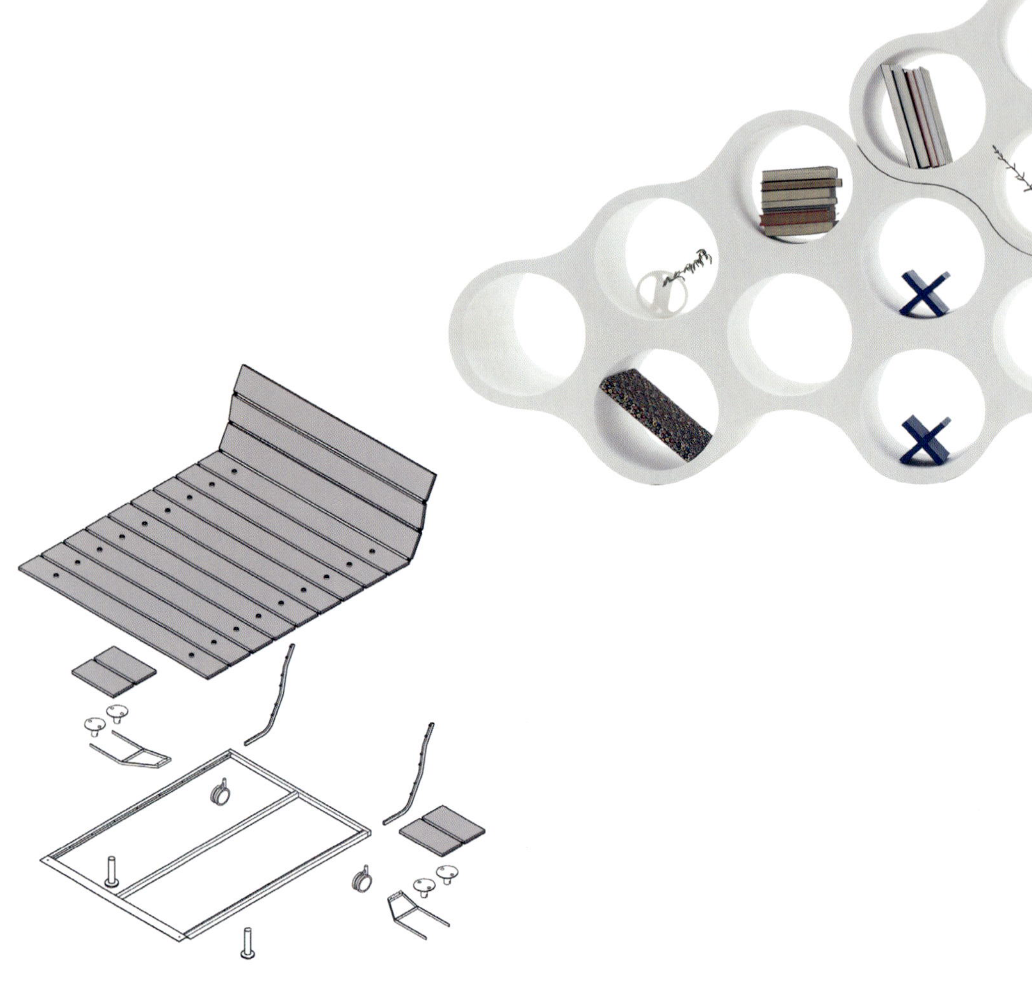

TADAO
Flou
Vico Magistretti
1993

Letto in cui la stessa doga di legno multistrato sale senza interruzioni a formare sia il piano di appoggio del materasso, sia la testata.
Ciò costituisce una semplificazione strutturale che favorisce la produzione in serie.
Il supporto è in acciaio verniciato; ruote autobloccanti sono previste nel lato della testata.

Bed where the flat plywood mattress support curves upward to form the headboard as well: this structure simplifies factory production.
The legs are painted steel; self-blocking wheels fit the headboard.

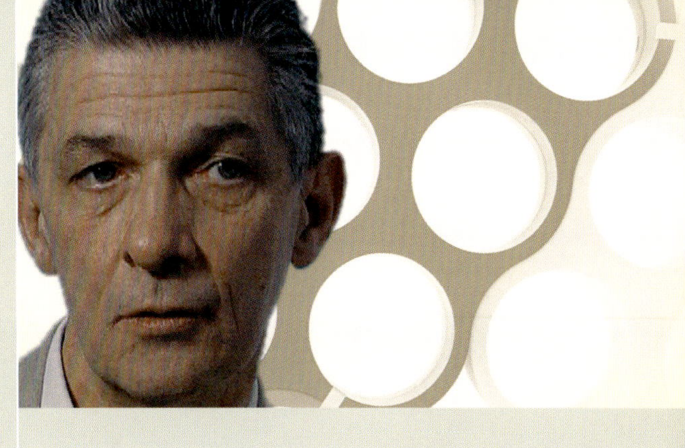

GIULIO CAPPELLINI
ARCHITETTO E IMPRENDITORE
ARCHITECT AND ENTREPRENEUR

“Penso che mai come in questo momento la gente stia attribuendo importanza alla casa, al luogo in cui vive. Non credo assolutamente agli stili di vita e alle immagini coordinate; penso che ogni consumatore sappia esattamente di quali libri si vuole circondare e di quali oggetti. Oggi le persone amano miscelare storia, tendenze, culture differenti; non funziona più la casa tutta etnica o tutta di design o in stile. Le case fondamentalmente riflettono noi stessi, quindi sono un mix di prodotti vari ed eventuali, presi in varie parti del mondo, disegnati da più personaggi, e di oggetti straordinari progettati adesso o cinquant'anni fa. Ritengo perciò che la parola che maggiormente definisca il fruitore di design contemporaneo sia libertà. Funziona tutto e il contrario di tutto e se in passato esistevano delle tendenze e degli stili precisi, oggi direi che invece con grande naturalezza contrapponiamo un design di semplicità con uno più barocco, uno di ispirazione più pop a uno organico. Tracciare un panorama di quello che è il linguaggio del design attuale è praticamente impossibile e il fatto interessante è che questi linguaggi completamente diversi tra loro spesso convivono in perfetta armonia. Questo è il nuovo modo di fare design e di lavorare a un progetto d'azienda.

I think that never so much as now people give importance to the home, to the place they live. I absolutely do not believe in coordinated life styles and images; I think that each consumer knows exactly what books he or she wants to be surrounded by or what objects. Today there are no mono-cultural consumers, but people who like to mix different histories, tendencies, and cultures; a wholly ethnic, wholly traditional, or wholly design-oriented house doesn't work any more. Our homes fundamentally reflect ourselves, therefore they mix up various and sundry products, found in different parts of the world, designed by many different people, as well as extraordinary objects designed just now or fifty years ago.
I believe therefore that the word which best defines the consumer, the person who enjoys contemporary design, is liberty. Everything and the contrary of everything works, and if in the past there were precise styles and tendencies, today I would say that there is a great liberty in the world of design. Therefore it is completely natural to juxtapose a design of simplicity with one that is baroque, one that is inspired by pop and one that is organic. To trace a panorama of what is current design language is practically impossible and the interesting fact is that these completely different languages often coexist in perfect harmony. This is the new way to design and to work on a company project.”

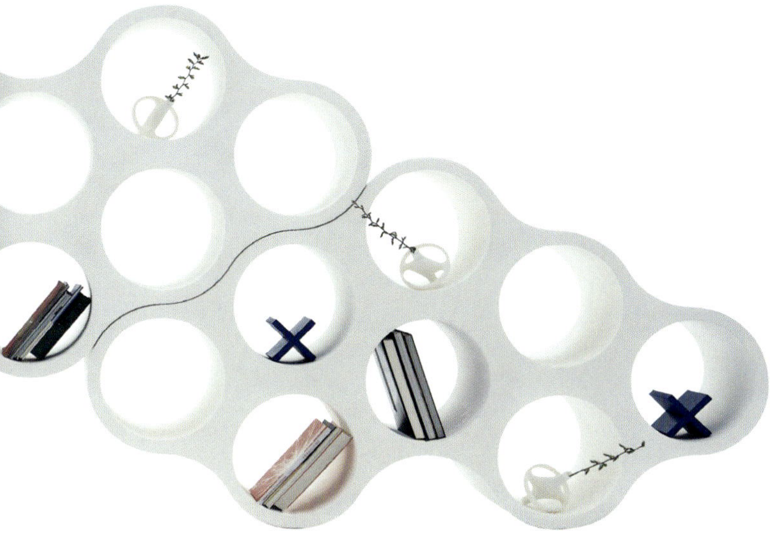

CLOUD
Cappellini
Ronan e Erwan Bouroullec
2003

Libreria modulare bifacciale, provvista anche di illuminazione interna, con vani passanti in polietilene bianco o colorato. Gli elementi, realizzati con tecnica rotazionale, sono aggregabili tra loro mediante due clips a pressione di colore bianco.

Two-sided modular bookcase with interior lighting and white or colored polyethylene open shelves. The elements can rotate, and are linked with two white pressure clips.

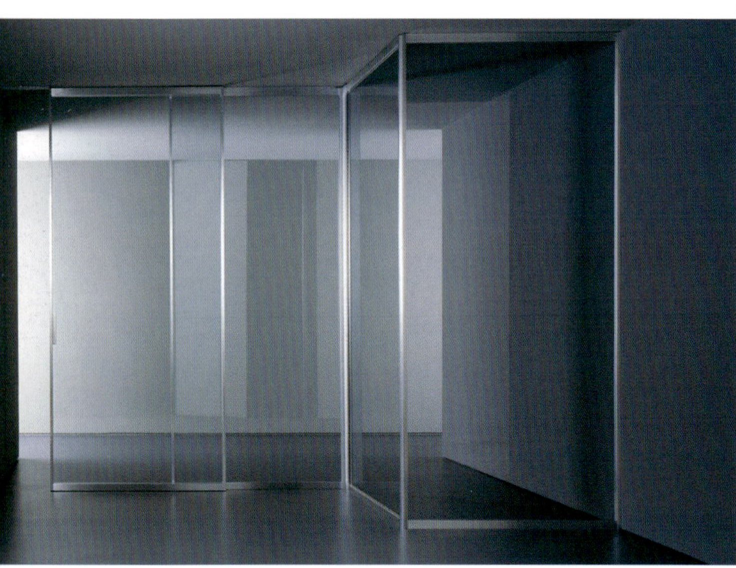

PAVILLON LIGHT
Tre P & Tre Più
Antonio Citterio
1998

Gamma completa di ante scorrevoli e pannelli fissi con struttura in acciaio e pannelli in cristallo temperato. Le essenziali maniglie e l'esclusivo sistema di avvicinamento spontaneo garantiscono una facile presa e una perfetta chiusura.

Complete line of sliding doors and fixed panels with a steel structure and tempered crystal panels. The clean-lined handles and the exclusive system of assisted closing guarantee a good grip and perfect closure.

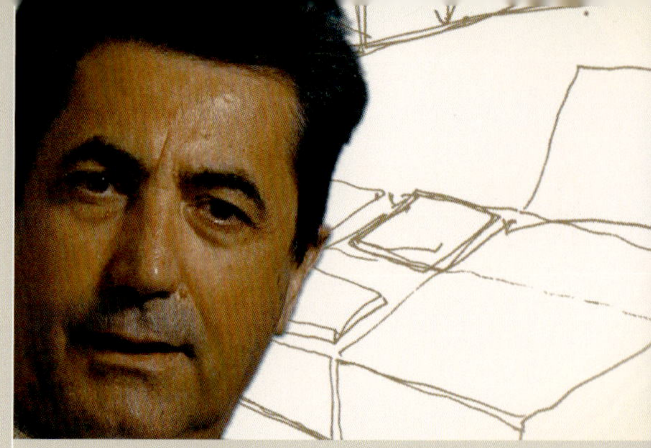

ANTONIO CITTERIO
ARCHITETTO
ARCHITECT

“ Uno degli elementi che più ha inciso nella storia del design italiano è la figura del designer, che quasi sempre è un architetto. Questa relazione tra architettura e design è assolutamente tipica della cultura del progetto italiana e non si è realizzata in altri paesi. L'architetto lavora sulle evoluzioni tipologiche quindi sul cambiamento del modo di vivere. Chiaramente a volte diventa un precursore: negli ultimi anni il mio lavoro, ad esempio, su cucine, bagni o oggetti per la casa, ha talvolta innescato dei minimi cambiamenti sull'approccio a nuove tipologie abitative, che riguardano poi il modo in cui la persona vive, gli spostamenti che uno compie nello spazio domestico.
Credo che una delle grandi modificazioni in atto nel settore sia il rapporto tra design e comunicazione. Esiste una proliferazione mondiale di prodotti di design, per cui riuscire a comunicare il prodotto è diventato uno degli aspetti più complessi perché non si tratta più solo di disegnarlo ma anche di progettare come presentarlo nelle fiere, nelle immagini pubblicitarie, nei negozi. E infatti il mio lavoro di designer si è trasformato anche in quello di consulente aziendale su strategie e comunicazione di prodotto. Un altro dei grandi cambiamenti – come è successo nella moda – è rappresentato dal fatto che il negozio rappresenta ora il design del prodotto, la filosofia aziendale rispetto al suo modo di comunicare.

One of the elements that has most affected the history of Italian design is the figure of the designer, who is almost always an architect. This relation between architecture and design is absolutely typical of Italian design culture, and it is not the case in other countries. The architect works on architectural typologies, and therefore on changes in ways of living. Clearly the architect is sometimes a precursor; in recent years my work on new typologies of kitchens, bathrooms, or household objects, has sometimes spurred minimal changes in my approach to new housing typologies, that concern then the way a person lives.
I believe that one of the big changes underway in the world of design is the relation between design and communication. There is a proliferation of design products throughout the world, so that communicating a product has become one of the most complex aspects because it is not simply a matter of thinking of and designing a product but also of planning how to present it, in fairs, in publicity images, in shops. In fact, my work as designer in these years has been transformed into that of a business consultant on product strategies and communication. Another of the big changes – exactly as has happened in fashion – is the fact that the shop represents the design of the product, the company's communication philosophy. ”

SIPARIUM E GRAPHIS
Rimadesio
Giuseppe Bavuso
1992-2004

Both systems of moving panels serve to divide up spaces. Siparium – patented and custom built, whose engineering was the result of a long period of study – includes fixed or mobile panels, with linear, accordion, or pocket door openings. Graphis is a new system where the aluminum structure, of minimal thickness, includes a double glass with a remarkable soundproofing capacity.

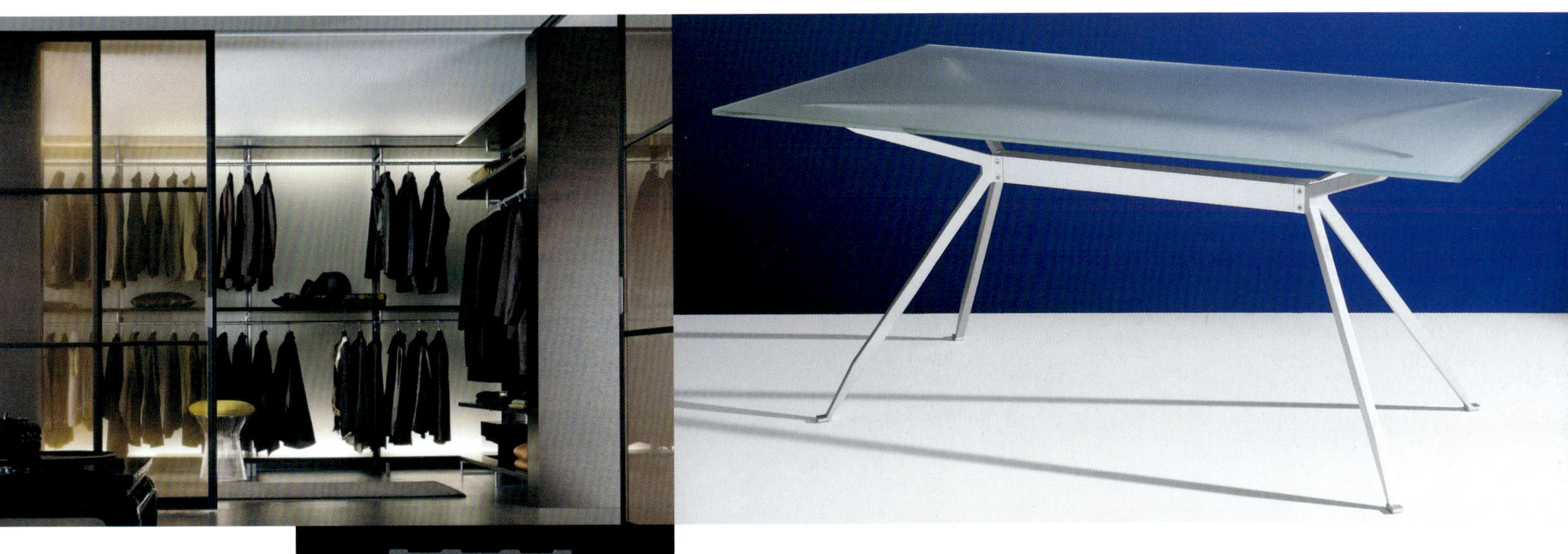

Entrambi i sistemi di pannelli scorrevoli sono pensati per dividere gli ambienti. Siparium – brevettato e realizzato su misura, frutto in una lunga fase di studio e di ingegnerizzazione – comprende pannelli, fissi o scorrevoli, con apertura lineare, a soffietto, a battente e con scorrimento a scomparsa. Graphis è un nuovo sistema dove un profilo strutturale d'alluminio, di minimo spessore, racchiude un doppio vetro, dotato di notevole potere fonoisolante.

JEI
Molteni
Studio Cerri & Associati
2003

Serie di tavoli caratterizzati dalla linea leggera e dalla grande resistenza, costituiti da due soli elementi, una gamba sagomata in pressofusione di alluminio anodizzato e un piano rettangolare o circolare in vetro acidato o in cristallo colorato.

Series of tables of light design and great sturdiness, made up of only two elements, a shaped anodized cast aluminum leg and a rectangular or circular top in acid-treated glass or colored crystal.

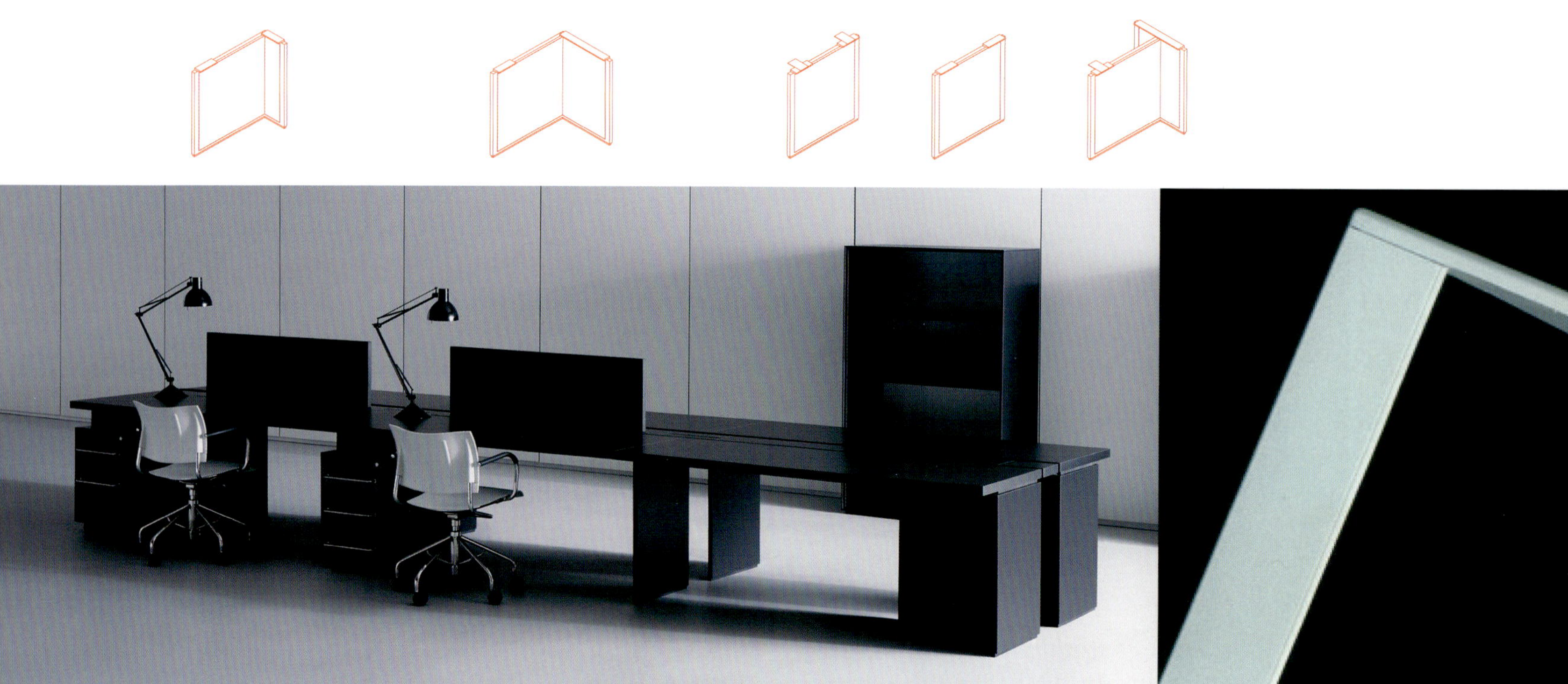

GRAPHIS SYSTEM
Tecno Ufficio
Piero Lissoni
2005

Rilettura dello storico sistema da ufficio disegnato dagli architetti Osvaldo Borsani ed Eugenio Gerli nel 1968: una rivisitazione dei criteri costruttivi attraverso finiture più attuali, piani di maggiore spessore, basi assottigliate e un alleggerimento legato all'effetto di "fluttuazione" del piano, distanziato dalle basi per permettere anche il passaggio dei cavi.

A reworking of the historical office system designed by architects Osvaldo Borsani and Eugenio Gerli in 1968: a new look at construction criteria through a more contemporary finish, thicker shelves, more slender bases, and a lighter effect thanks to the apparent "fluctuation" of the shelf, raised above the bases so that cables can pass underneath.

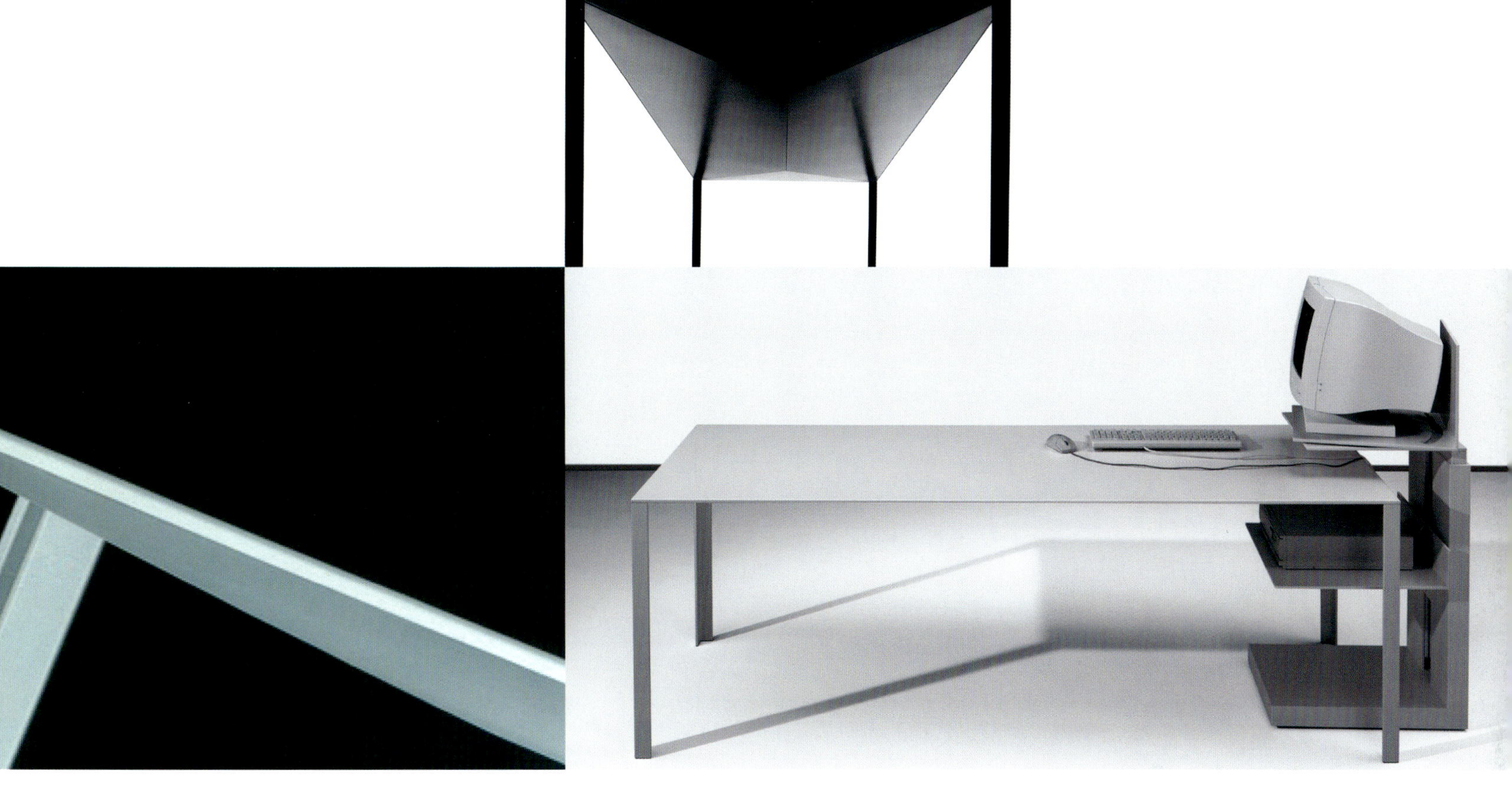

LESS
Unifor
Jean Nouvel
1994

Nata dalla fornitura per gli ambienti della Fondation Cartier di Parigi, progettata dallo stesso Nouvel, la serie di mobili per ufficio si connota per la leggerezza formale, le prestazioni tecniche e la qualità ambientale. La scrivania ha il piano di lavoro realizzato in lamiera piegata sostenuto da barre in acciaio a L, trattati con vernici epossidiche.

Born out of the project for furnishings for the Fondation Cartier in Paris, designed by Nouvel as well, this line of office furniture is characterized by the lightness of its forms, its technical features, and its quality in space. The desk has a modeled sheet metal top supported by steel bars bent into L-shape and treated with epoxy paint.

Progettare per fornire le condizioni migliori per stare bene, a proprio agio, in ogni momento e luogo – in casa, sul lavoro, nella vita quotidiana – costituisce una costante tensione del design italiano.

Ovunque **comodi**

Improving conditions for well-being to create ease for each moment and place – at home, at work, in daily life – constitutes an ever-present motive-force in Italian design.

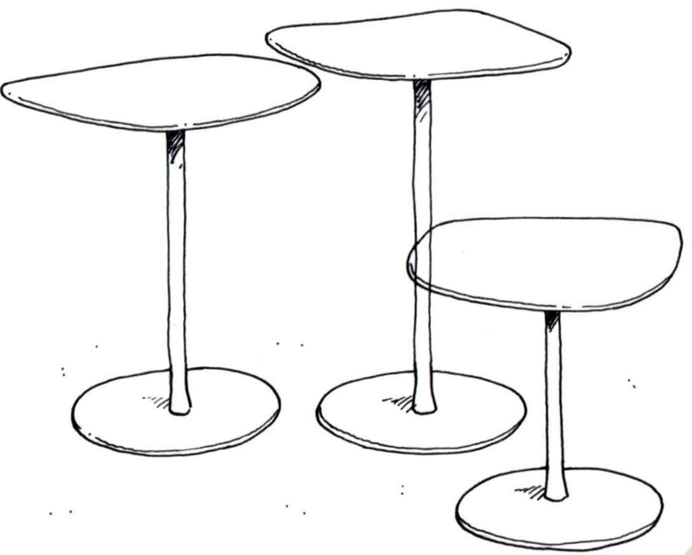

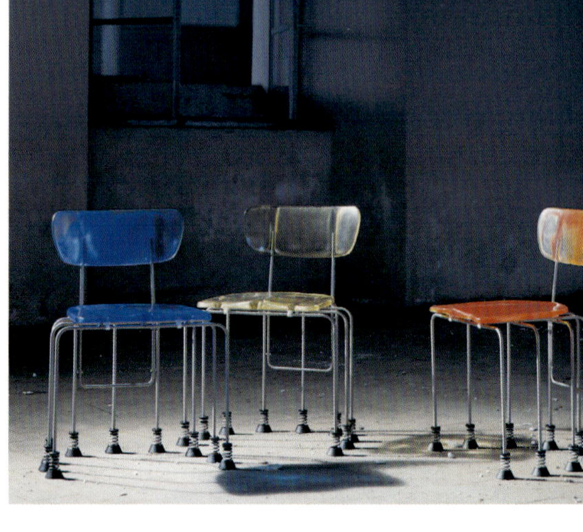

MIX IT
Desalto OMA
Arik Levy
2005

Base e tubo conificato in acciaio, verniciati con vernice poliacrilica semiopaca bianco ceramica, reggono il piano di questa serie di tavolini in laminato stratificato bianco dal disegno essenziale e morbidamente organico.

The base and cone-shaped tube in steel painted with ceramic white semi-opaque paint hold up the top of this series of little tables in white layered laminate, essential in its design and softly organic.

543 BROADWAY
Bernini
Gaetano Pesce
1993

La struttura in acciaio inox regge seduta e schienale in resina epossidica, che assumono differenti cromie per ciascun modello dato che i colori, interagendo con la resina, si dispongono ogni volta in modo inaspettato. La sedia poggia su piedini costituiti da molle e supporti in nylon nero, in modo da oscillare, flettersi e ondeggiare accompagnando i movimenti di chi è seduto.

VORT QUADRO
Vortice
Francesco Trabucco & Associati
2005

Lo spostamento dell'aspirazione dell'aria sul perimetro del prodotto anziché sul classico foro centrale, ha liberato i vincoli nel disegno del pannello frontale degli aspiratori centrifughi. La carrozzeria è integralmente realizzata in Abs, resina termoplastica anti UV, e costruiti totalmente con materiali riciclabili.

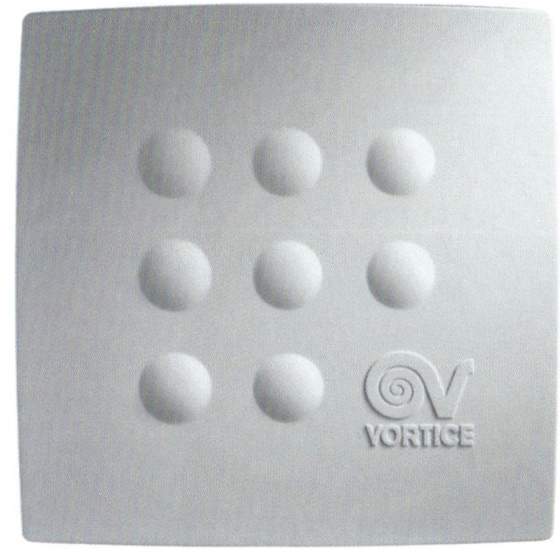

The movement of the extraction of air to the perimeter of the product rather than from the normal central hole liberated the design of the frontal panel of the line of centrifugal intake fans. The bodywork is made entirely of recyclable materials in thermoplastic resin anti-UV Abs.

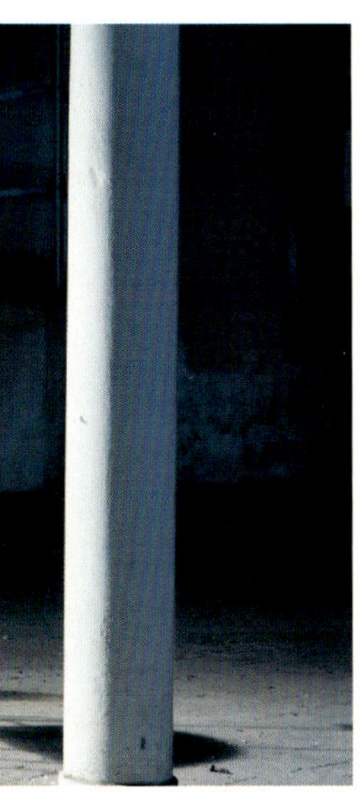

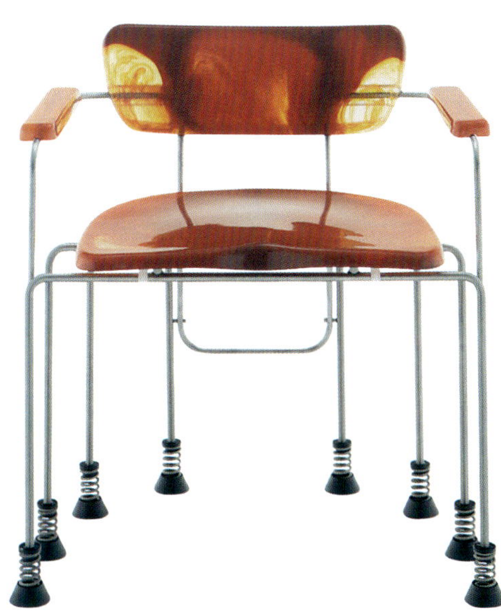

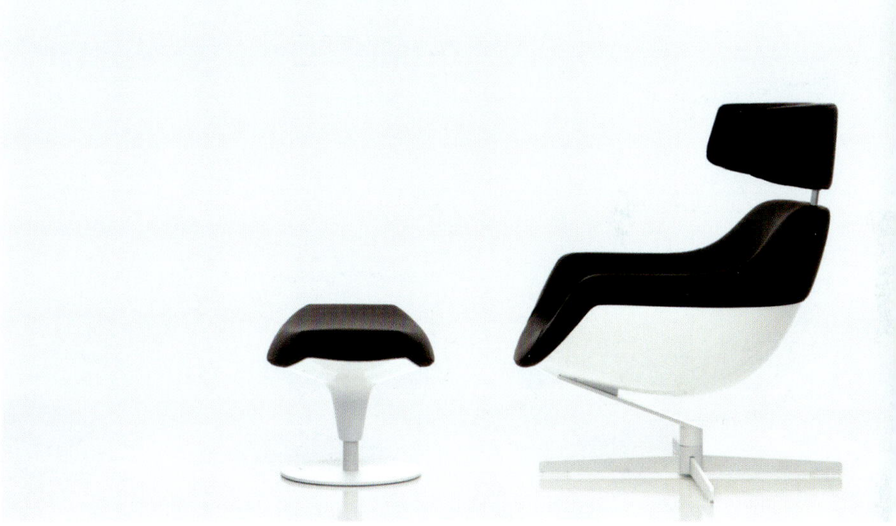

The stainless steel structure supports a seat and back made of epoxy resin, which assumes different tonalities for each model since the colors interact with the resin in unexpected ways. The seat rests on legs made of springs and supports in black nylon, so that it moves and flexes and rocks in response to the movements of the person seated on it.

AUCKLAND
Cassina
Jean Marie Massaud
2005

La poltrona, girevole su base fissa e provvista di poggiapiedi, è costituita da una scocca a vista in vetroresina verniciata lucida sollevata, mediante una lamina a sbalzo, sulla base a quattro razze. La struttura interna è metallica e l'imbottitura è in poliuretano espanso e ovatta di poliestere.

The chair, which swivels on a fixed base and has a footrest, features a glass resin body painted shiny white or black, and is held up by metal in relief on four supports on a base. The internal structure is metal, and the padding is of polyurethane foam and polyester cotton-wool.

LOW PAD CHAIR
Cappellini
Jasper Morrison
1999-2002

La poltroncina è formata da una scocca in multistrato, imbottita in poliuretano espanso a quote differenziate, sorretta da esili strutture in acciaio inox satinato, con piedini in gomma, e rivestita in tessuti o pelli.

The chair has a plywood body padded with modeled polyurethane, supported by slender satin stainless steel legs, upholstered in cloth or leather.

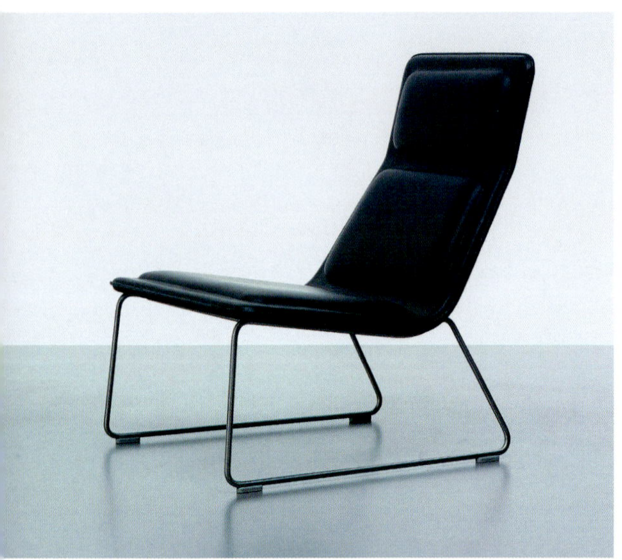

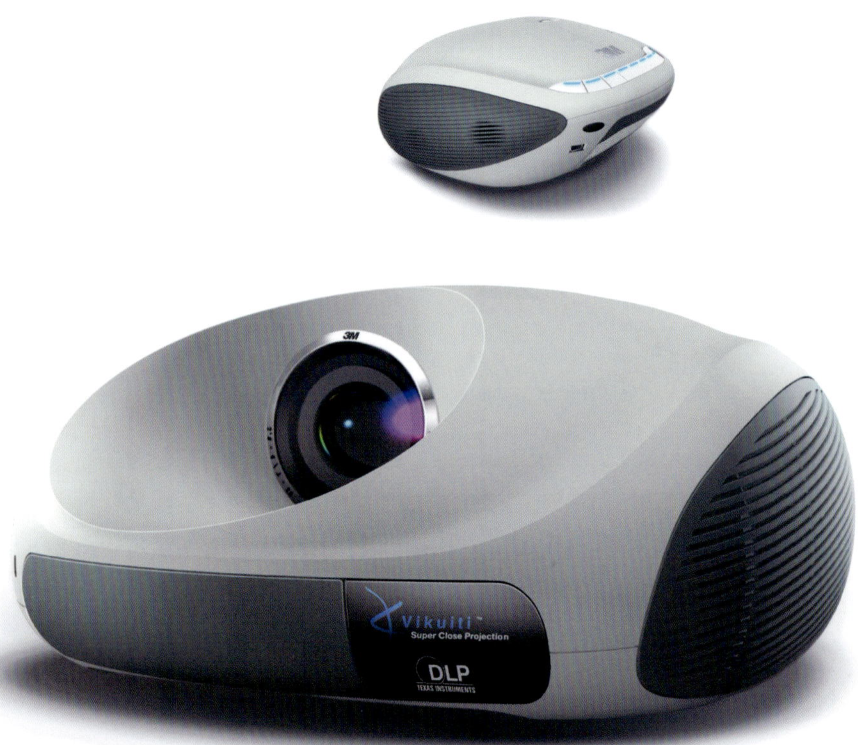

3M DIGITAL MEDIA SYSTEMS 710
3M
Design Group Italia
2006

L'apparecchiatura, oltre a garantire proiezioni di alta qualità grazie a uno speciale sistema di lenti (Super Close Projection), integra molteplici funzioni, come il lettore DVD e l'audio system.

The device guarantees high quality projections thanks to a special lens system (Super Close Projection), and combines many functions like that of DVD projector and an audio system.

MY_WAY
Olivetti
Ideo
2005

Stampante fotografica a getto d'inchiostro (brevetto Olivetti) di piccole dimensioni, portatile, facile da usare – e che stampa anche su carta comune, senza pc – configura una nuova tipologia di prodotto che induce inediti comportamenti d'uso.

Photographic inkjet printer (patented by Olivetti) of small portable size, easy to use – and it prints on ordinary paper without a pc – making it a new type of product that provokes new ways of using it.

ANY_WAY
Olivetti
James Irvine e Alberto Meda
2005

Stampante multifunzionale a getto d'inchiostro (brevetto Olivetti) disponibile in quattro versioni, con la possibilità di avere Bluetooth e Wi-Fi di serie, semplice da usare e dotata di un'interfaccia d'uso immediato, è disegnata per integrarsi in modo armonioso in qualunque ambiente anche domestico.

Multifunctional inkjet printer (patented by Olivetti) available in four versions, available with its own Bluetooth and Wi-Fi, simple to use thanks to an immediate interface, designed to fit in harmoniously in any space, even at home.

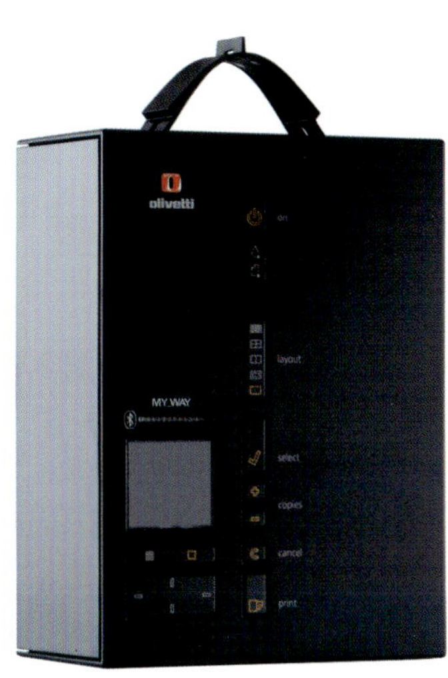

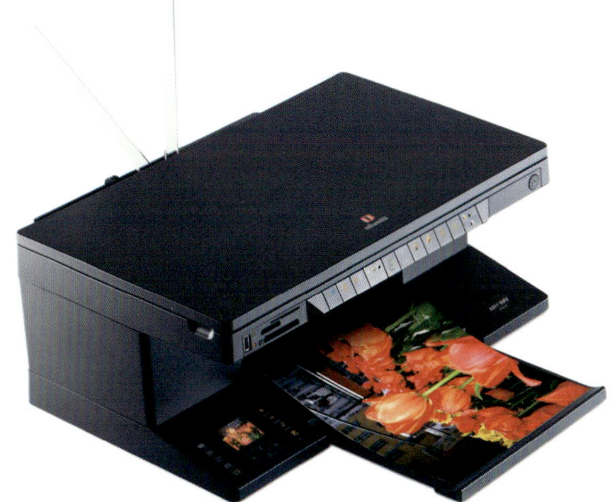

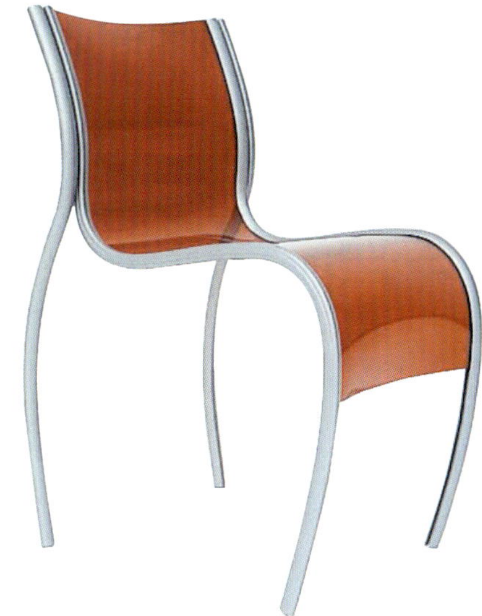

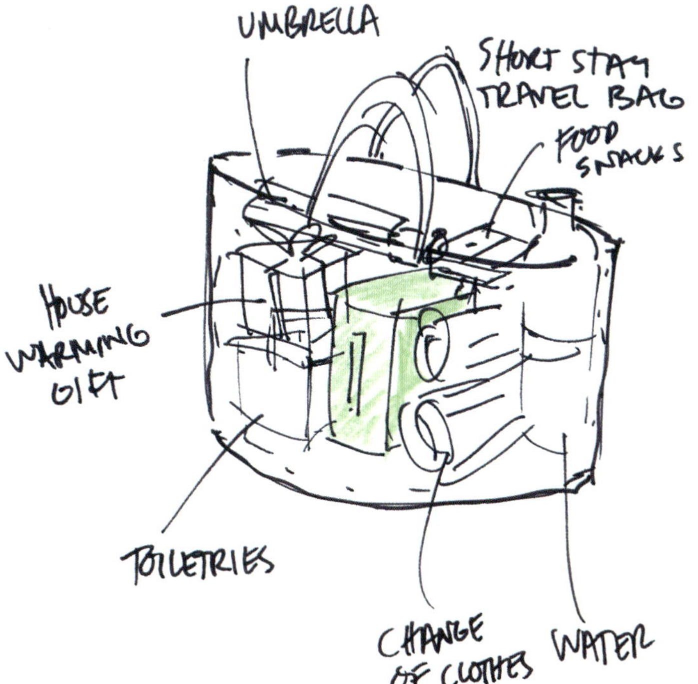

FPE CHAIR
Kartell
Ron Arad
1997

La sedia impilabile FPE, acronimo di Fantastic Plastic Elastic, è realizzata da una flessibile scocca nastriforme in polipropilene traslucido infilata, senza l'utilizzo di viti, su una struttura in alluminio estruso che, divaricandosi, forma sia le gambe, sia lo schienale.

The easy-to-stack FPE chair, an acronym for Fantastic Plastic Elastic, is made of a flexible ribbon-like seat/back in trans-lucid polypropylene inserted without screws on an extruded aluminum structure that unfolds to form both legs and back.

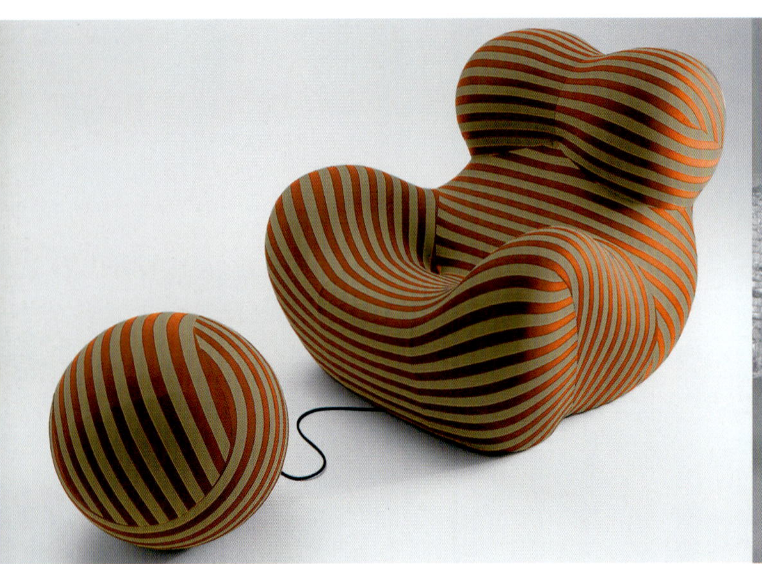

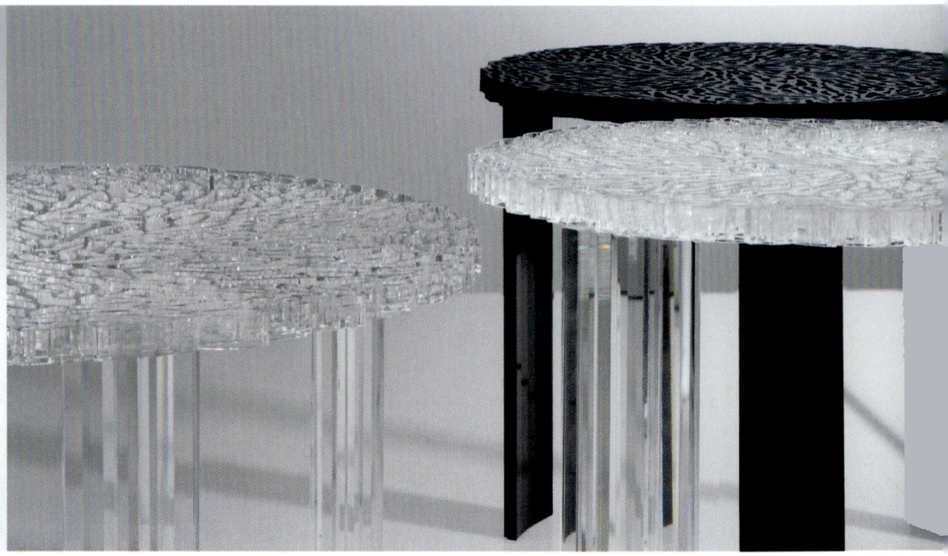

SERIE UP
B&B Italia
Gaetano Pesce
1969-2000

La serie Up comprende sette modelli di sedute dallo straordinario impatto visivo. Tra tutti, il pezzo più celebre Up5 e Up6, concepito come metafora della "donna con la palla al piede". Poltrona e pouff sono interamente realizzati in poliuretano con rivestimento in tessuto elasticizzato.

The Up line, includes seven models of chairs with a strong visual impact and experimental configuration modes. Chairs and footstools are built entirely of polyurethane with upholstering of elasticized fabric.

T-TABLE
Kartell
Patricia Urquiola
2005

I tavolini sono il risultato di una ricerca sulle superfici mirata ad ottenere nuovi effetti visivi e tattili: così il piano diventa un'alternanza di pieni e vuoti che disegnano una superficie simile a un ricamo.

These little tables came out of research on how to get new visual and tactile effects on surfaces, and thus the top became an alternation of volumes and voids like an embroidery.

IUTA
B&B Italia
Antonio Citterio
2001

Poltroncina girevole composta da una scocca in rete metallica con profilo perimetrale in alluminio anodizzato lucido, sedile in materiale plastico o imbottito e rivestito in tessuto o pelle, struttura di sostegno a quattro razze in alluminio spazzolato lucido.

Swivel chair with a metallic net body bordered with polished anodized aluminum, with seat in plastic or padded and upholstered in fabric or leather, with a support structure of four brushed aluminum rays.

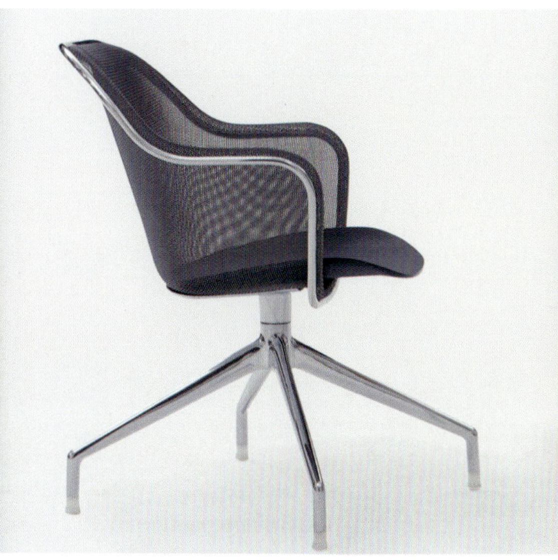

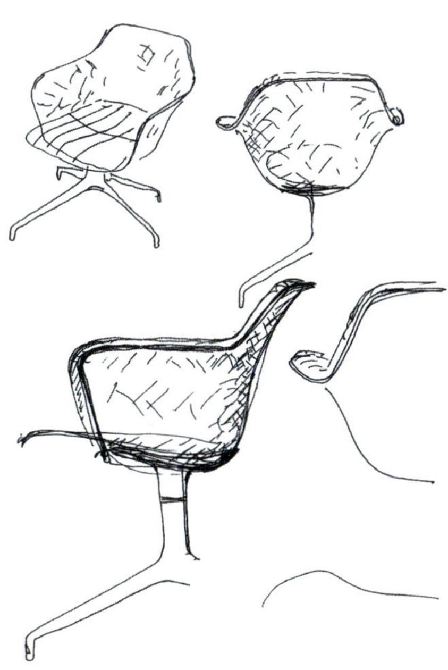

SA05
Laura Meroni
Sottsass Associati
2004

I cinque pezzi che compongono la collezione si distinguono per il notevole impatto visivo e il forte impegno tecnologico richiesto: l'intreccio dei sostegni di acciaio lucido realizza infatti un contatto sulle lastre d'appoggio in tutti i punti di connessione.

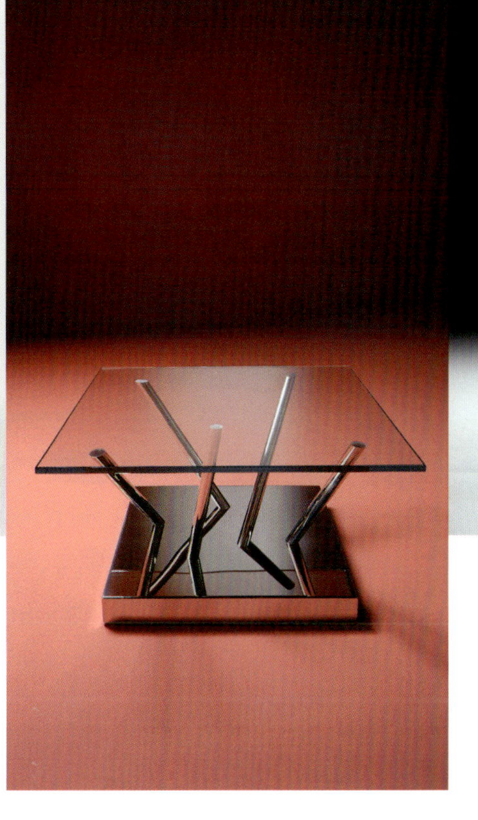

The five pieces in this collection are distinguished by a remarkable visual impact and the technical work that they required: the intertwined supports in shiny steel come into contact on the supporting plates along all the connecting points.

TIMELESS
Flexform
Antonio Citterio
2004

Elegante poltroncina che ricorda una seduta pieghevole, dalla struttura in metallo nichelato, satinato o cromato; la seduta e lo schienale sono formati dal medesimo inserto in cuoio.

Elegant little chair reminiscent of a folding chair, with a nickel, satin, or chrome metal structure; the seat and back are formed by a single leather insert.

Tutto quanto riguarda il cibo e l'alimentazione Made in Italy ha sempre avuto grande considerazione e successo nel mondo, assieme al design dei prodotti e degli accessori per il mangiare bene.

Mangiar **bene**

Everything Made in Italy concerning food has always won great consideration and success in the world, as has the design of products and accessories for making good eating possible.

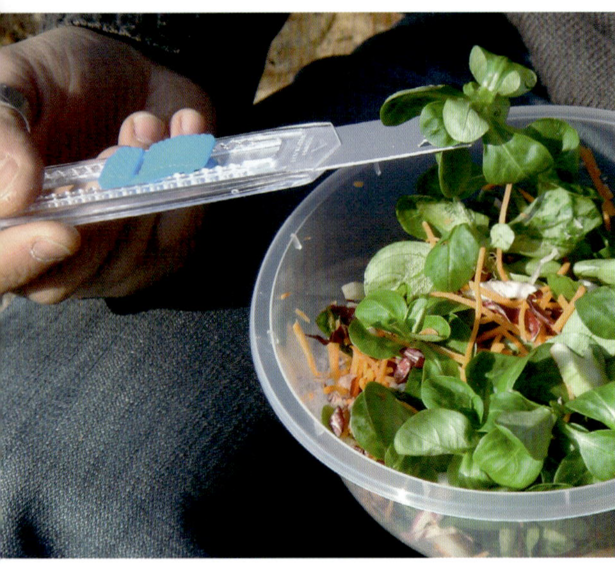

CUTTERY
CIAL Consorzio imballaggi alluminio
Odoardo Fioravanti
2004

Progetto che interpreta una ipotetica "seconda vita" dell'oggetto in alluminio. Le lame per i cutter assumono così la forma di posate, trasformando i comuni taglierini in strumenti per mangiare ovunque e da portare con sé facilmente.

Project that evokes the hypothetical "second life" of an aluminum object. The blades for the cutters become utensils, transforming common cutters into easily carried eating utensils.

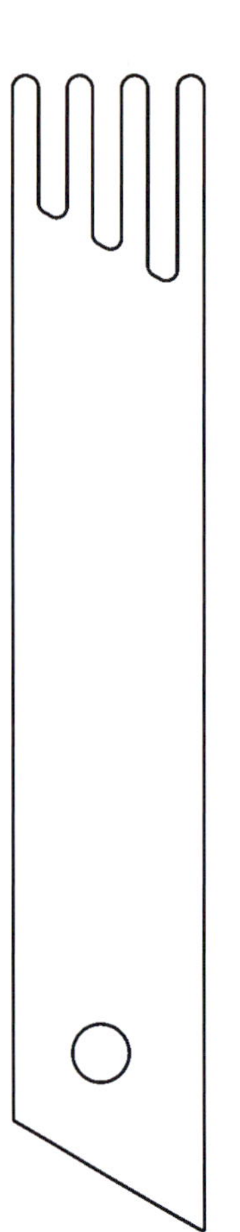

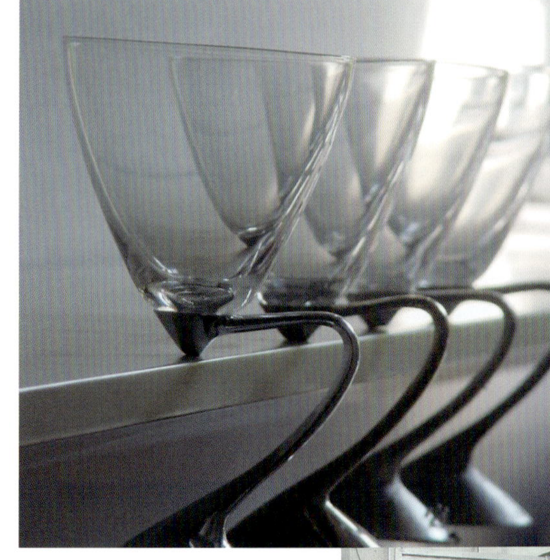

IN BILICO E SNELLO
Danese
Alberto Meda
2003-04

Bicchieri realizzati in cristallo soffiato a bocca con base in fusione di alluminio cromata che conferisce rigidità allo stelo. L'innovativo accoppiamento dei materiali mantiene l'aspetto di fragilità, garantendo la robustezza del metallo.

Glass made of blown crystal on a base of chrome aluminum which gives rigidity to the stem. The novel coupling of materials maintains the appearance of fragility, along with the strength insured by use of the metal.

A TUO AGIO
CIAL Consorzio imballaggi alluminio
Roberta Mazza
2004

Un oggetto che nasce dalla necessità di avere a disposizione un pratico vassoio per le situazioni in cui si è costretti a mangiare stando in piedi (feste, aperitivi, pranzi o cene fugaci di lavoro, viaggi aerei, inaugurazioni e catering). Il design è stato infatti pensato per sostenere il vassoio con una sola mano, in modo da poter usare l'altra per prendere e consumare il cibo.

An object born of the need for a practical tray in those situations where you have to eat standing (parties, aperitifs, fast business lunches or suppers, airplane trips, openings and catered events). The design took into consideration the need to hold the tray in one hand so as to be able to use the other for food.

TRIO
Candy elettrodomestici
Ufficio tecnico interno
2004

Interpretazione della cucina che punta all'ottimizzazione dello spazio e all'adattabilità agli ambienti riunendo le prestazioni tecnologiche di tre elettrodomestici (piano cottura, forno e lavastoviglie elettronica).

A kitchen that aims at the best and most adaptable use of space in coordinating the performance of three appliances (stove top, oven and electronic dishwasher).

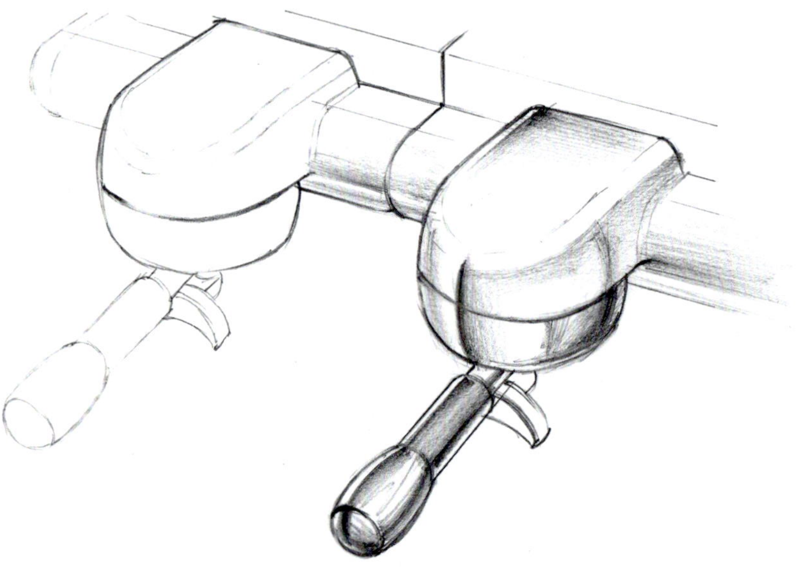

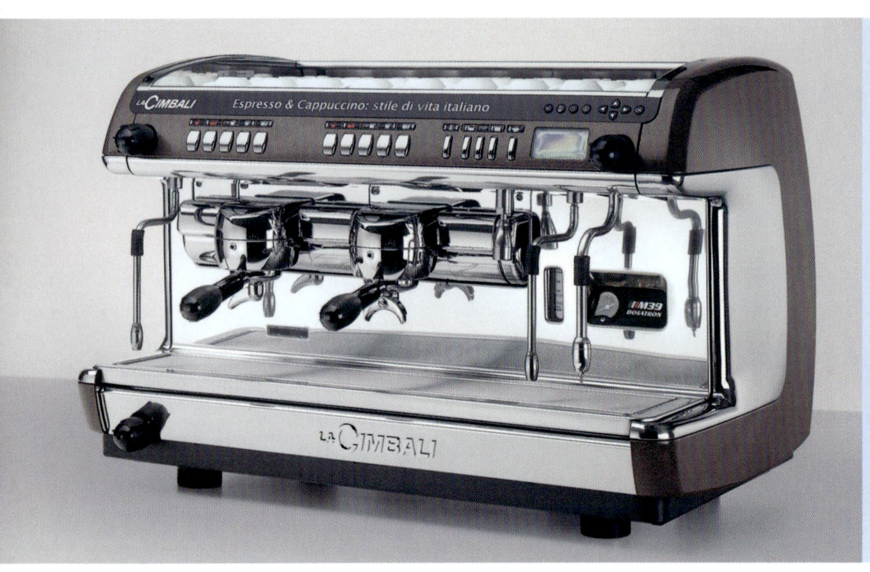

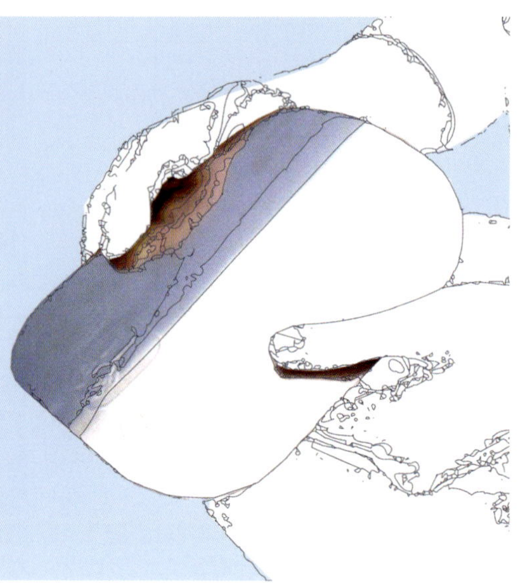

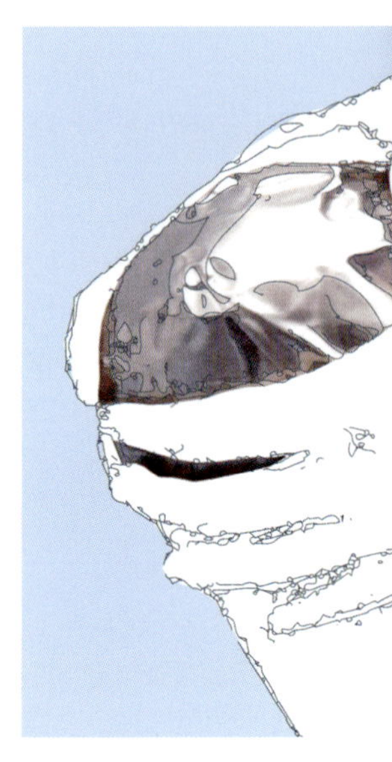

SERIE M39
Cimbali
Gianfranco Salvemini
2004

Macchina professionale da bar, disponibile anche per il caffè all'americana, è uno strumento adatto per tempi di lavoro prolungati e ritmi lavorativi sostenuti, grazie alla caldaia con sistema brevettato Smart Boiler che evita cali di produzione acqua/vapore. Il display facilita l'attivazione e il controllo delle funzioni mentre la sobria carrozzeria, senza verniciature, e la zona lavoro in acciaio inox garantiscono igiene e pulizia.

Professional machine for bars, available also to make American coffee. This is useful when days are long and work is tough, thanks to the patented Smart Boiler that keeps the production of steam and water steady. The display makes it easy to use, and the plain unpainted body and work space in stainless steel guarantee hygiene and cleanliness.

FLAT CUP
CIAL Consorzio imballaggi alluminio
Giulio Iacchetti
2004

Progetto che concretizza la possibilità che ognuno di noi, in situazioni di emergenza o di necessità possa realizzare con le proprie mani, grazie ad un semplice quadrato di alluminio laminato da 0,10 mm, una piccola vaschetta da adibire al contenimento e al consumo di cibo e acqua.

Project that makes real what each of us might do with our own hands in an emergency, thanks to a simple square of aluminum 10 mm thick, as a little basin to use for food and water.

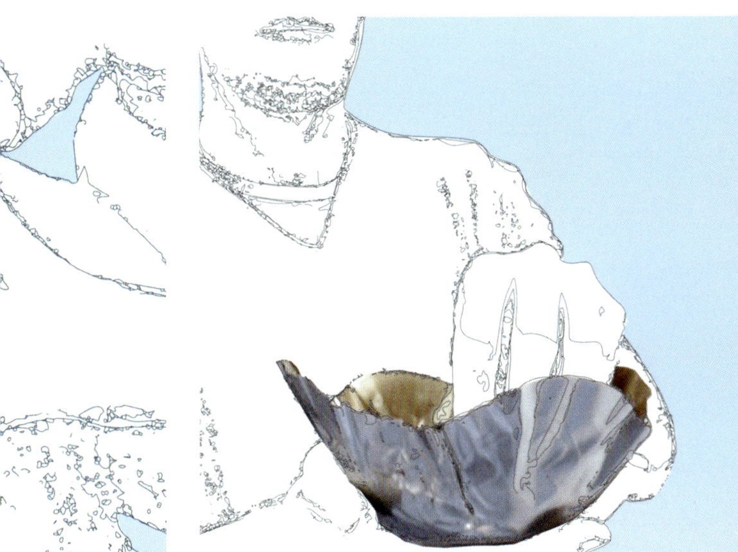

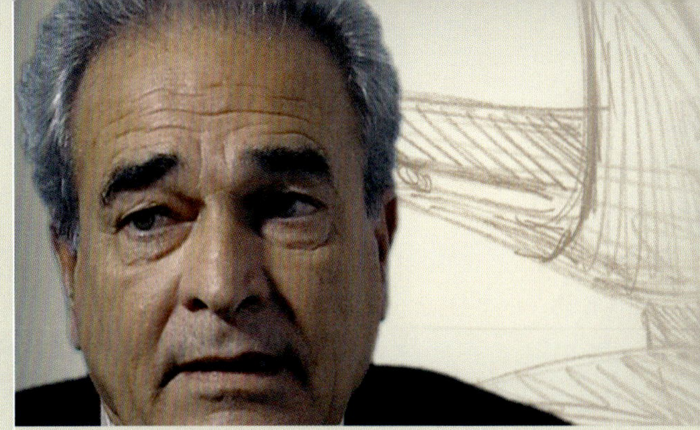

ALBERTO MEDA
INGEGNERE
ENGINEER

“Io sono interessato alla tecnologia e ai materiali perché li considero l'espressione dell'inventiva dell'uomo alimentata dalle conoscenze scientifiche e dalle loro applicazioni. Ovviamente la tecnologia ha anche dei lati negativi, per cui il problema è come il progettista utilizza questi strumenti e, al tempo stesso, come riesce ad addomesticare la tecnologia costruendo una relazione semplice con chi usa le cose. Questo è il plus che ci può essere con l'impiego delle tecnologie contemporanee in quanto contengono la capacità di integrare diverse funzioni. In sostanza operano come delle "invasioni di campo" e il risultato è interessante perché si ottiene un'immagine quasi organica, che esce cioè dal campo della meccanica.
Nel bicchiere per Danese ero partito dall'osservare la fragilità dei gambi sottili dei calici di cristallo; pensavo quindi che con un materiale lavorato in modo altrettanto esile ma meccanicamente più robusto si poteva trovare una nuova struttura all'oggetto. Mi piaceva anche l'idea di mettere insieme due materiali: il titanio nelle prime versioni – che in fondo è incorruttibile come il cristallo – mi ha permesso di uscire dal mondo del solo cristallo, così i due uniti finiscono col valorizzarsi vicendevolmente.

I am interested in aspects related to technology and materials because I consider them expressions of a creativity nourished by scientific knowledge and its applications. Technology obviously has its negative sides as well. The problem therefore lies in how the designer uses these tools, and at the same time in how we manage to tame technology in the things that create a simple relation with the people using them.
This is the plus that can come from using contemporary technologies, because I believe that these may contain the potential of integrating different functions. In essence, they operate as "invasions of field" and the result is interesting because it is an almost organic image, one that is beyond the field of mechanics. In the glass for Danese I started out with a fact that I had noticed: the slender stems of crystal goblets are very fragile. So I thought that if I worked with a material in an equally slender manner but mechanically stronger, I could find a new structure for the object. I also liked the idea of putting together two different materials: titanium in the first versions (then, for cost reasons, aluminum) – which is basically as incorruptible as crystal – and that enabled me to get out of the world of crystal alone, so that the two end up enhancing each other's value.”

Da sempre l'automotive design italiano vanta un'assoluta eccellenza in una grande varietà di campi, che arriva fino ai veicoli per le competizioni sportive e ai mezzi di trasporto sperimentali e innovativi.

Mito e velocità

Italian automotive design has always boasted true excellence in a variety of fields, including that of race cars and of innovative and experimental vehicles.

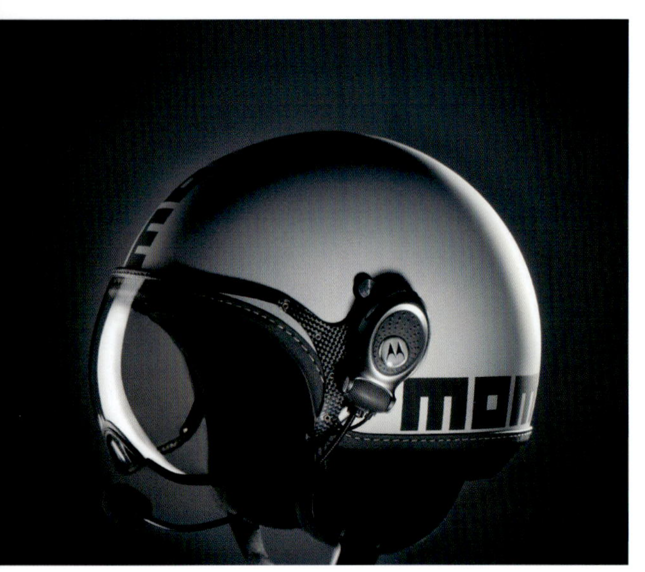

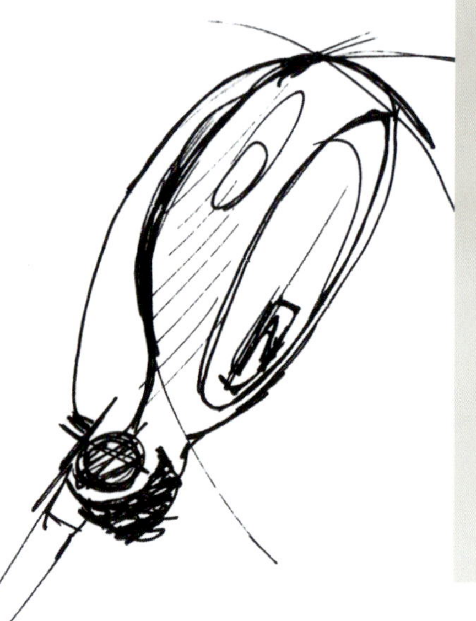

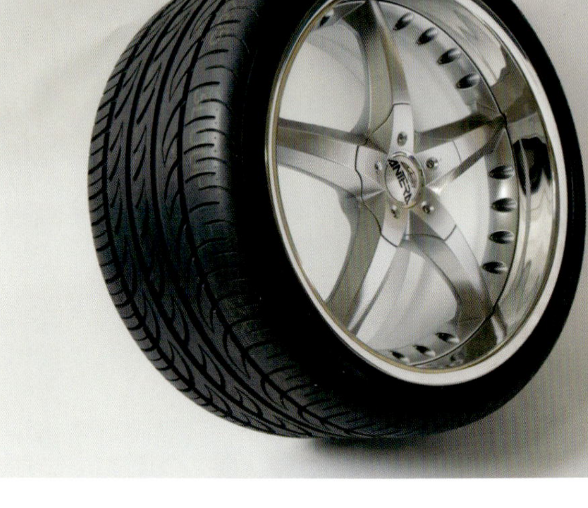

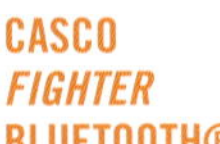

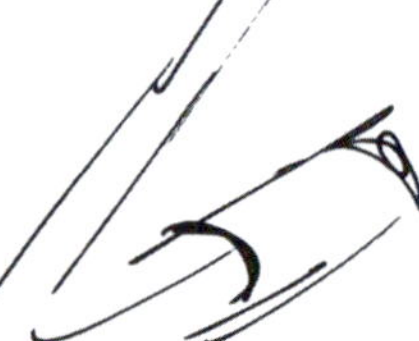

CASCO *FIGHTER* BLUETOOTH®
Momo Design
Momo Design
2004

Elegante casco jet, ispirato alle forme dei caschi degli elicotteristi, monta visiera termoformata a bolla e antigraffio supportata da una piastra in fibra di carbonio; integra un microfono Wireless Motorola HS830 con tecnologia Wireless Bluetooth® garantendo così la connessione telefonica sempre e ovunque con la massima sicurezza.

Elegant helmet inspired by helicopter pilot helmets, with anti-scratch visor and carbon fiber details; it integrates a Wireless Motorola HS830 microphone with Wireless Bluetooth® technology, guaranteeing telephone connection always and everywhere with maximum security.

PLANET ZERO
Pirelli
Pirelli
2004

Gamma di pneumatici Ultra High Performance tagliati su misura per soddisfare le molteplici e differenti esigenze e necessità degli automobilisti, al volante di una stessa vettura o Sport Utility Vehicle (SUV).

Ultra high performance line of tires made to measure to satisfy the multiple and diverse needs of drivers, at the wheel of a regular automobile or of a Sport Utility Vehicle (SUV).

EH101, A119 KOALA, GRAND, AW139
Agusta Westlant
Direzione tecnica e centro stile Agusta
1993, 1998, 2004, 2005

Gli elicotteri Agusta, per soddisfare molteplici requisiti civili e militari, uniscono elevate prestazioni motoristiche alla spaziosità e al comfort degli spazi interni. L'A119 Koala, ad esempio, è usato da centri ospedalieri e da numerosi corpi di polizia, tra cui quello americano di New York e quello cinese di Zhengzhou; l'EH101 invece è stato selezionato, nella variante US101 – commercializzata con Lockheed Martin e Bell Helicopter negli Stati Uniti –, per il trasporto del presidente Usa.

Agusta helicopters satisfy multiple civilian and military requirements because of their good motors and spacious interiors. The A119 Koala, for example, is used by hospitals and many police forces, including that of New York and that of Zhengzhou; the EH101 was selected in its US101 variation, which is sold with Lockheed Martin and Bell Helicopter in the United States, to transport the American president.

XLR8R3
Cinelli
Ufficio tecnico gruppo divisione Cinelli
2003

Telaio per biciclette costruito con le nuove tubazioni Columbus XLR8R, una serie di tubi in carbonio alto modulo realizzati con una collaudata disposizione delle fibre, progettata per una costruzione del telaio di tipo fasciato (*cocured*).

Bicycle chassis made of new Columbus XLR8R high module carbon fiber tubing made of a tested disposition of fibers, planned specifically for making a cocured frame.

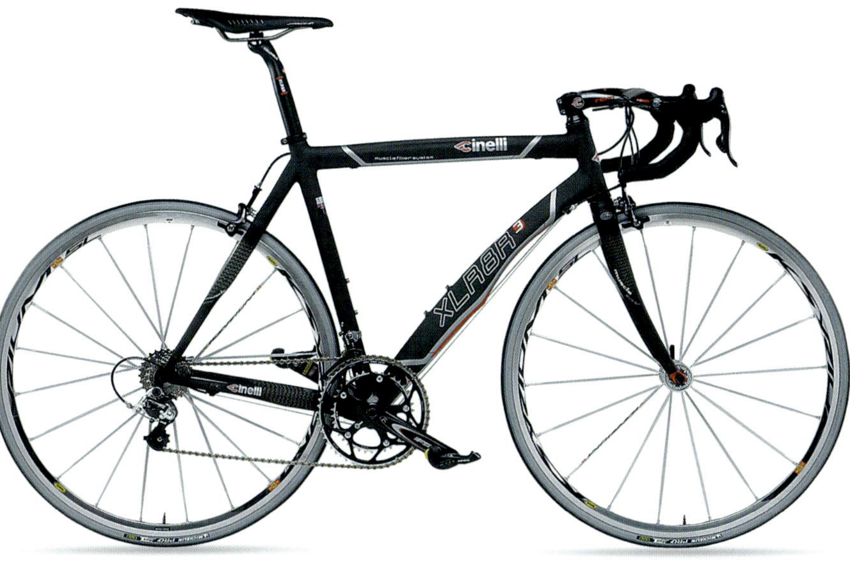

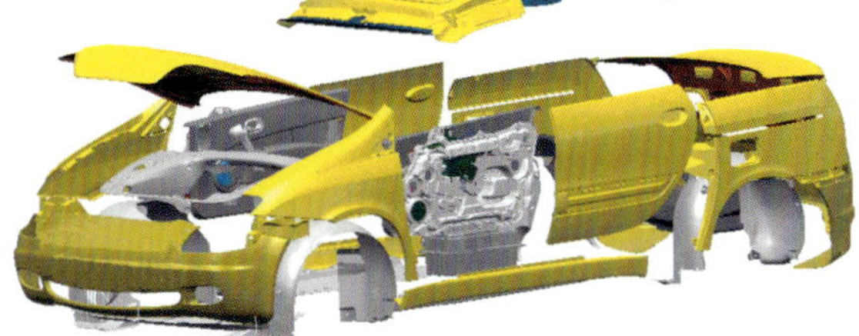

PLASTIC FOR CAR, INNOVATION FOR LIFE
Ranger Italiana
Paolo Murgia
2004

Opera che testimonia la provata esperienza del gruppo nella produzione di stampi e attrezzature complesse, nella metallurgia e nelle materie plastiche, che sono il punto di partenza per ogni progetto nel settore automobilistico.

A piece that testifies to the proven experience of the company in complex molding of metal and plastic, the starting point of every project in the automotive field.

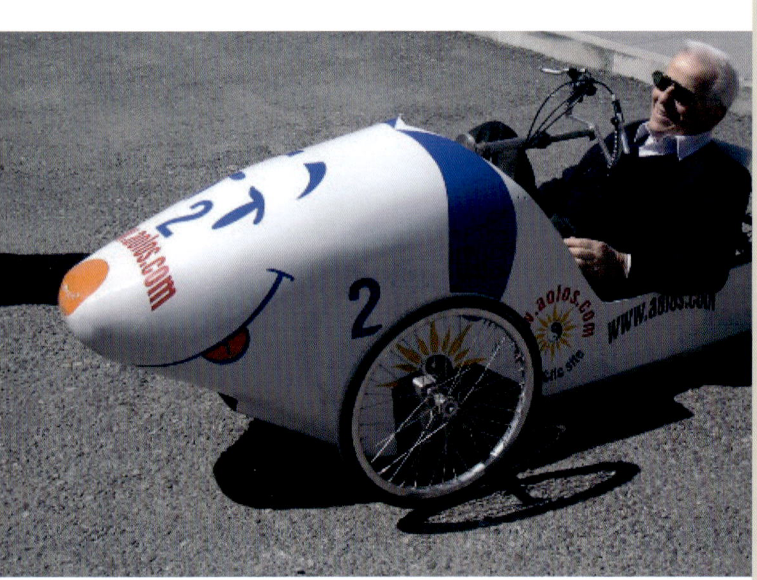

CYCLICAR
Aolos
Giordano Ghilardi
2000

Veicolo monoposto da competizione in fibra di carbonio, che riprende l'immagine ludica dell'automobilina a pedali usata dai bambini; realizzato artigianalmente, tranne che per alcuni dettagli della trasmissione, si propone anche come efficiente veicolo di locomozione rispettoso dell'ambiente.

Single seat carbon fiber racing vehicle, inspired by the shiny toy cars children play with; custom-made, except for parts of the transmission, it is also an efficient way of getting around while respecting the environment.

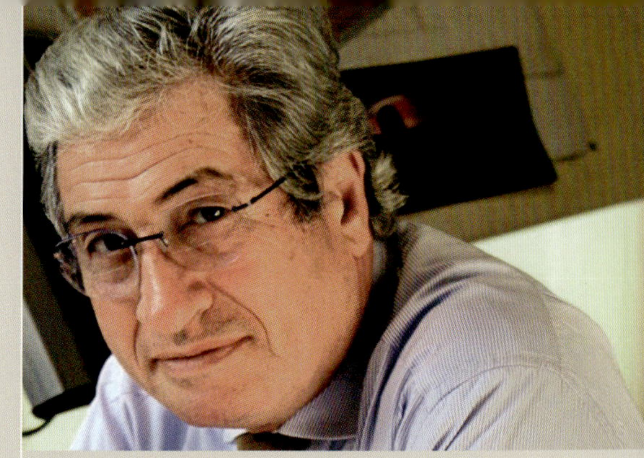

GIORGIO GIUGIARO
DESIGNER

“ L'idea di realizzare un prototipo per Alfa Romeo nasce da una voglia personale di mettere mano in libertà a un prodotto, un marchio importante, che è stato forse il primo con cui ho lavorato in gioventù. Si trattava di concepire una forma senza vincoli, avendo come unica ottica quella di realizzare un'opera che potesse essere, in qualche modo, ripresa per una vettura di serie o di piccola serie. La ricerca è partita dalla scelta di un telaio a trazione posteriore esistente – con un motore ovviamente differente – e già questa opzione portava con sé un layout sufficiente per poter immaginare la configurazione della vettura. Il modello oggi in produzione passa dalla trazione posteriore a quella anteriore, con un motore a sbalzo; inoltre la porta che prendeva tutta la metratura è diventata di dimensioni normali: il riproporzionare è stato forse più difficile che non l'invenzione pura, la libertà di modellare, ma siamo comunque riusciti a conservare l'idea originale. Il nome Brera nasce da una “milanesità”, perché Brera è l'Accademia di belle arti di Milano, istituzione importante e di grande prestigio; ho voluto così sottolineare l'aspetto creativo, artistico, anche se, forse, questa è una eccessiva caratterizzazione di un'opera soprattutto ingegneristica, comunque industriale e non artistica in senso assoluto.

The idea to make a prototype for Alfa Romeo came from a personal desire to get my hands on a product from an important brand, and this was perhaps the first one I had worked with in my youth. It was a question of conceiving a form freely, having as the only perspective that of creating something which could in some way be taken for an assembly line vehicle. My research began with the choice of an existing rear-wheel drive chassis – obviously with a different motor – and this option itself entailed a layout sufficient for me to imagine the vehicle's configuration. The model now being produced changed from rear-wheel drive to front-wheel, with a 90-degree V-8 engine; the door that occupied the whole side has become normal: this rescaling was perhaps more difficult than the pure creation, the liberty to shape, but we managed in any case to conserve the original idea. The name Brera came out of its Milanese context, because Brera is Milan's academy of fine arts, an important and very prestigious institution; I wanted to emphasize the creative and artistic aspect, even if this is perhaps excessive for what is above all a work of engineering, and in any case industrial rather than artistic in the absolute sense. ”

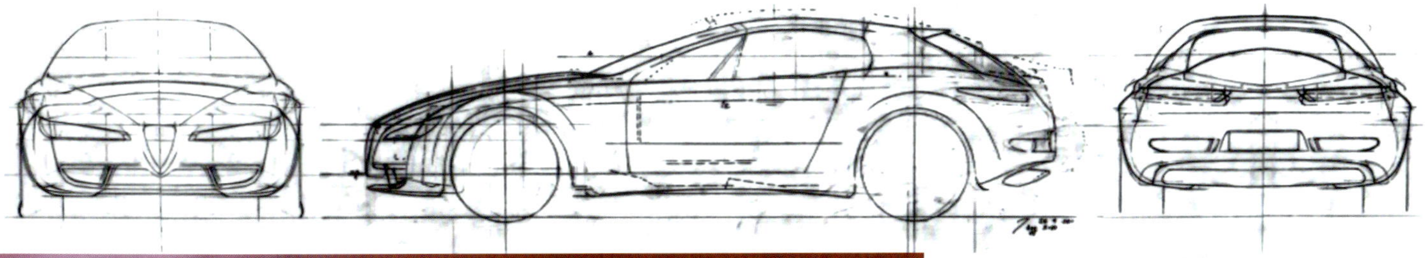

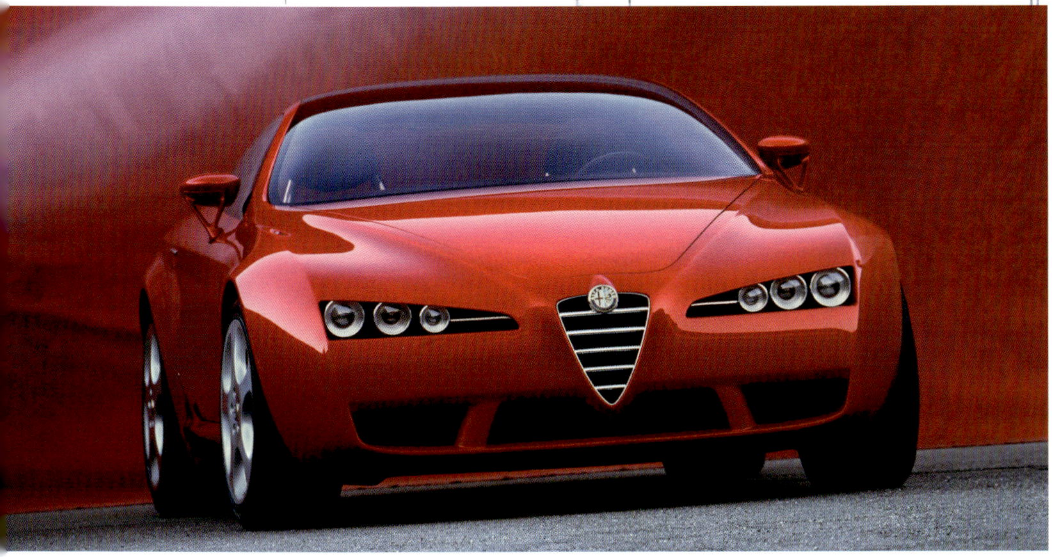

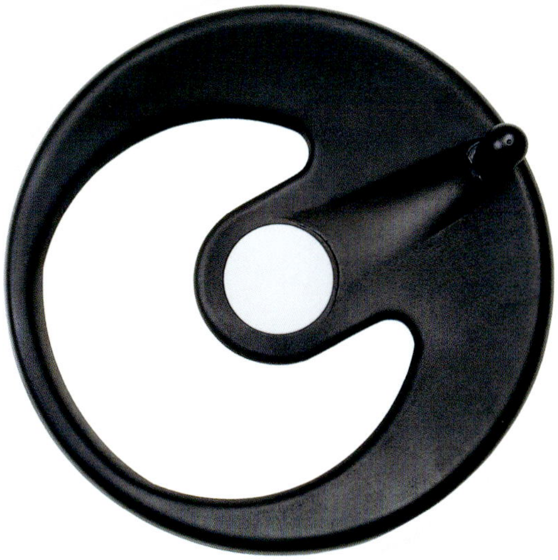

BREERA

Alfa Romeo
Giorgio Giugiaro
Italdesign Giugiaro
2002

L'auto combina il carattere grintoso delle linee dell'automobile dal design sportivo con il comfort di un abitacolo comodo. La linea è filante, il lungo cofano sottolinea la potenza del motore e la profonda rastrematura del frontale e del posteriore danno un'impressione di grande compattezza.
Compasso d'oro-ADI 2004

The automobile combines the tough quality of sports cars with the comfort of a commodious interior. Its racy lines and long hood emphasize the power of the motor, while the deep taper front and rear give an impression of great compactness.
Compasso d'oro-ADI 2004

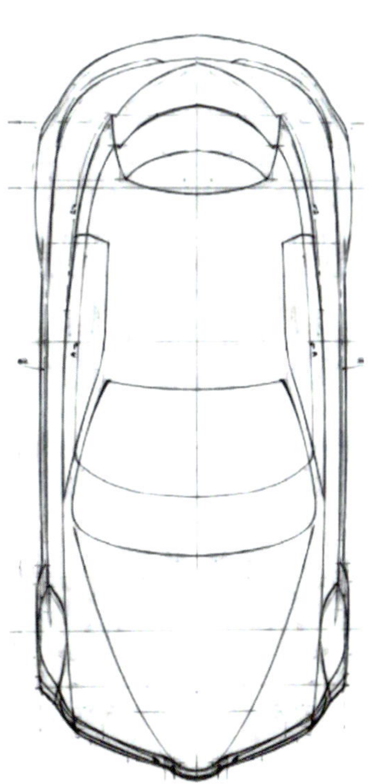

VOLANTINO MONORAZZA
SINGLE-SPOKE HAND WHEEL
Elesa
Elesa spa
2002

Studiato e realizzato in particolare per manovrare gli archivi mobili per uffici, il volantino brevettato è costituito da un disco avente un'ampia apertura a C attorno al perno di rotazione, in modo da alleggerirne il più possibile l'impatto visivo, senza rinunciare alla resistenza meccanica.

Conceived and built to maneuver around mobile office files, the patented single-spoke hand wheel is made up of a disc with a wide C-shaped opening around the rotation center, so as to lighten the visual impact as much as possible, without giving up mechanical strength.

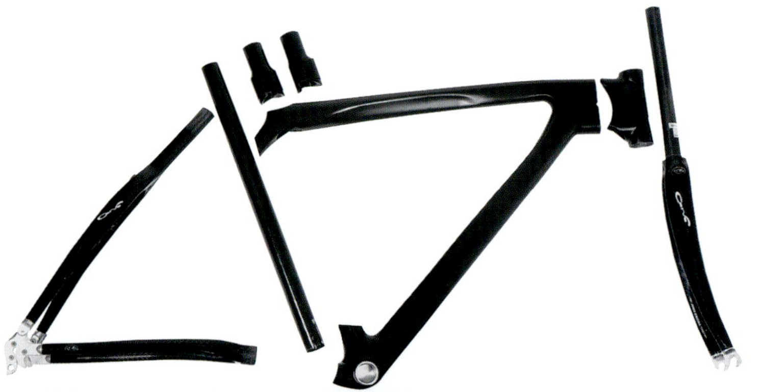

RIB 33
FB design
Fabio Buzzi
2001

Scopo del progetto, che deriva da specifici requisiti operativi richiesti dalla guardia di finanza italiana e da altre organizzazioni, era di generare un mezzo capace e sicuro per la lotta dell'immigrazione clandestina, anti terrorismo, adatto alla perlustrazione dei porti e delle zone sensibili, costiere e fluviali. Il cuore della barca è l'installazione di nuovo sistema di azionamento dell'anello del rivoluzionario ZF Trimax che ha drasticamente ridotto le dimensioni dello scompartimento di motore, dando spazio supplementare per la squadra e il magazzinaggio.

This project was a response to specific requests from the Italian finance police and other organizations which needed a safe and capable means to combat illegal immigration and terrorism by patrolling ports and other sensitive areas on coasts and rivers. The heart of the boat is the new ZF Trimax ring drive transmission which has drastically reduced the space needed for the motor, making it possible to add space for the squad and for storage.

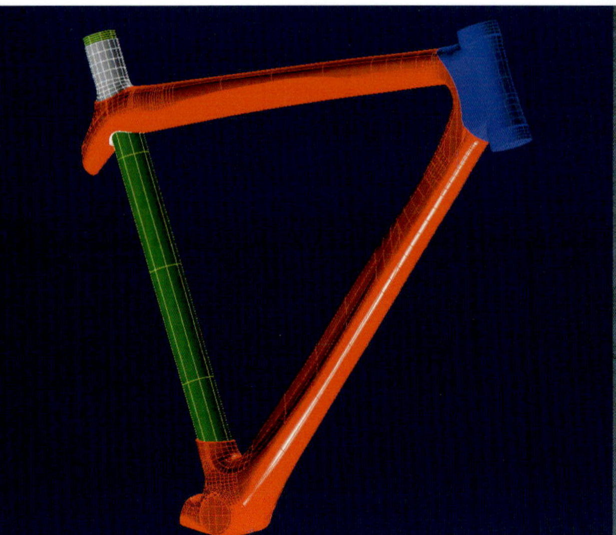

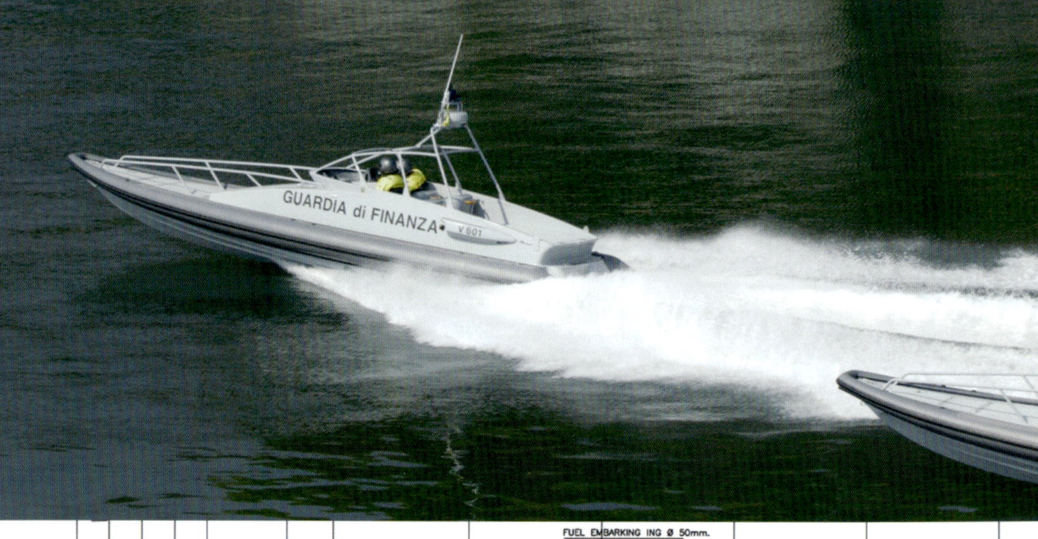

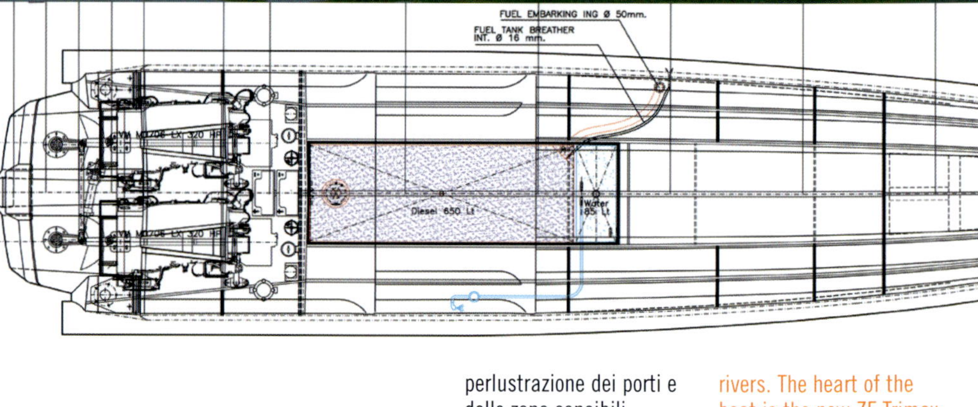

MECANO
Columbus
Alessandra Cusatelli
e Columbus Carbon Lab
2004

Kit modulare costituito da sei elementi in fibra di carbonio, consente di realizzare telai per bicicletta da corsa su misura, leggeri e resistenti, mediante l'incollaggio delle parti. Disponibile in tre misure può essere adattato a seconda delle esigenze, intervenendo sulla geometria del telaio, anche grazie al dispositivo brevettato per la regolazione e l'angolazione dello sterzo e del tubo sella.

Modular kit made up of six elements in carbon fiber, making it possible to create custom-made racing bicycles that are light and tough by gluing the parts together. Available in three sizes, it can be adapted according to the cyclist's needs, by altering the geometry of the frame, aided by the patented mechanism for regulation of the angle of the handlebars and of the seat.

DISCO E PINZA PER FRENO IN CARBONIO CERAMICO
BRAKE DISK AND CALIPER IN CARBON CERAMIC
Brembo
Brembo Technical Department
2003

Estremamente leggero – risparmia più del 30% del peso rispetto agli analoghi in ghisa – l'impianto in materiale ceramico composito (Brembo CCM) assicura ottima efficienza di frenata in tutte le condizioni di utilizzo, assieme a lunga durata, pari quasi a quella della vettura per uso stradale. Utilizzato sulla Ferrari Enzo e sulla Ferrari 360 Modena Challenge Stradale.
Compasso d'oro-ADI 2004

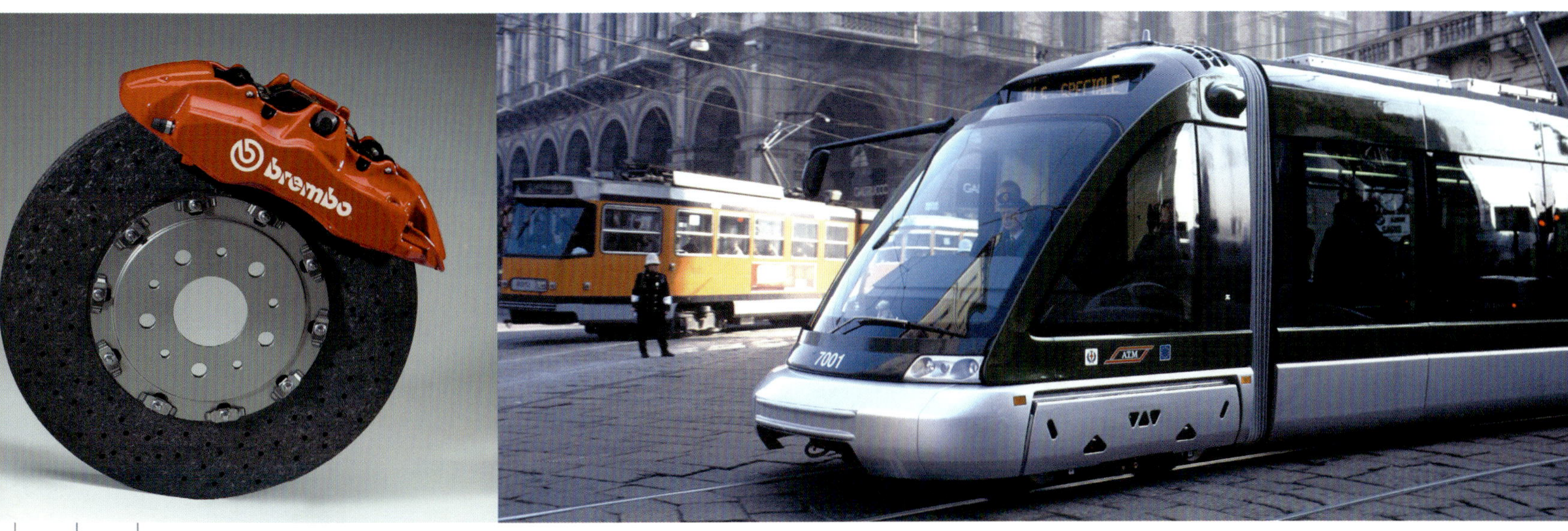

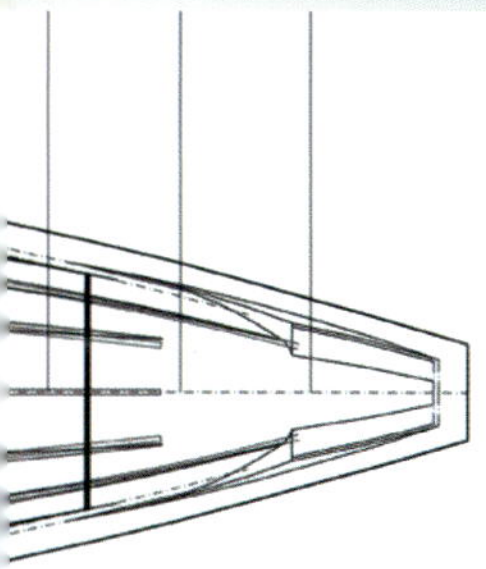

Extremely light – with a more than 30% saving compared to similar units in cast iron – the composite ceramic material (Brembo CCM) has excellent braking efficiency in all conditions, along with a durability almost as good as the ones used in street vehicles. It is used on the Ferrari Enzo and the Ferrari 360 Modena Challenge Stradale.
Compasso d'oro-ADI 2004

EUROTRAM
Bombardier Trasportation Italy
Zagato
1999

Adottato dal comune di Milano, l'Eurotram è un veicolo dal design innovativo, a pianale ribassato, molto spazioso, con pedana estraibile e postazione riservata al trasporto di disabili. Tra le altre caratteristiche: display luminosi per l'annuncio visivo delle fermate, annunci sonori delle medesime, cicalini per la segnalazione dell'apertura delle porte, illuminazione interna, climatizzazione dell'intera vettura.
Compasso d'oro-ADI 2001

Adopted by the city of Milan, the Eurotram is a vehicle of innovative design, with its low floor, spaciousness, and access for the handicapped. Other characteristics include light displays and sound announcements for stops and for door openings, interior lighting, and air-conditioning throughout.
Compasso d'oro-ADI 2001

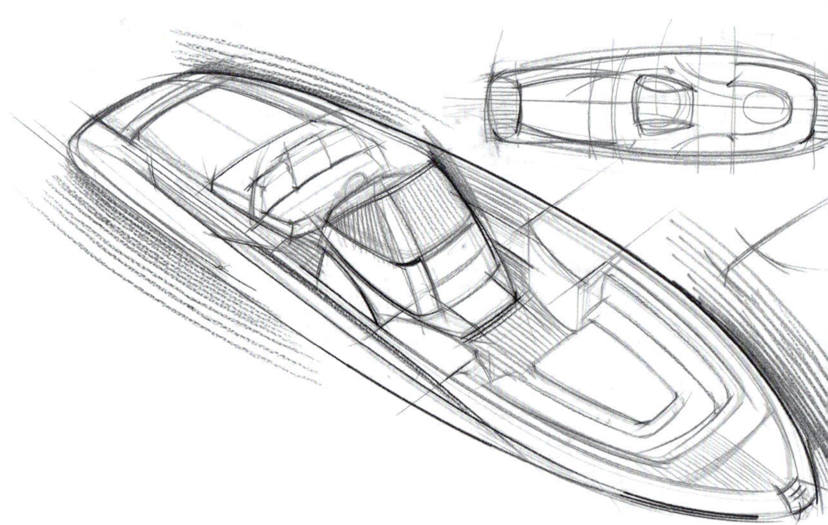

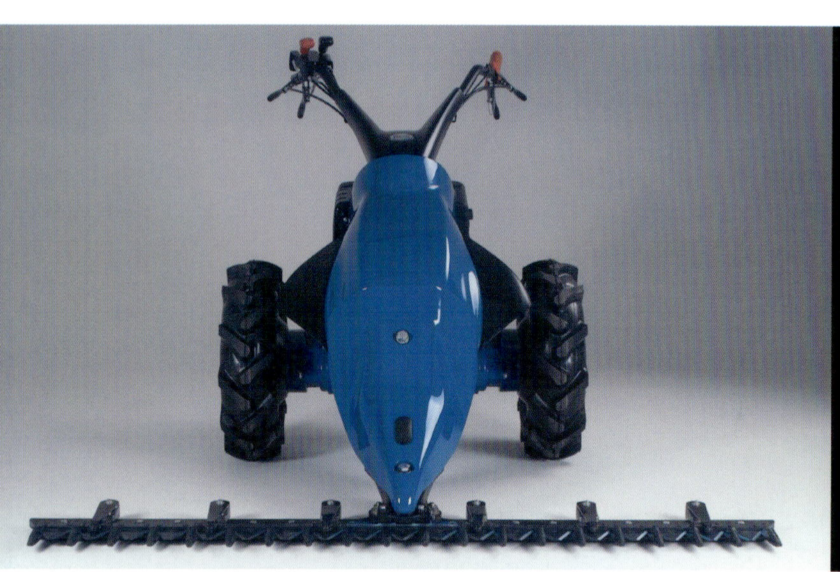

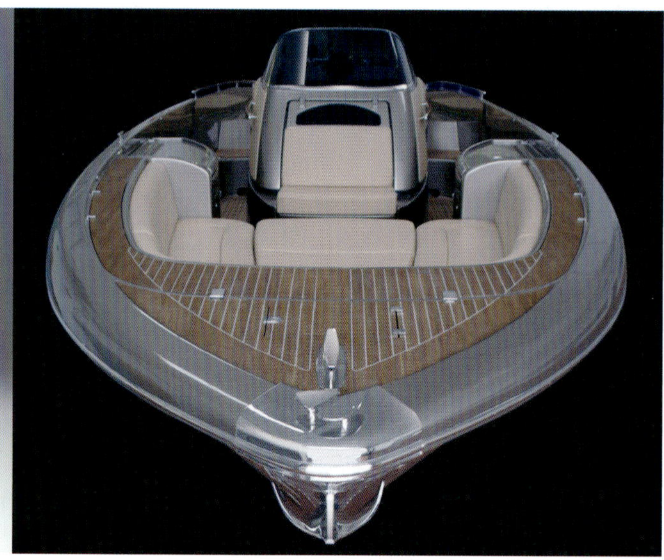

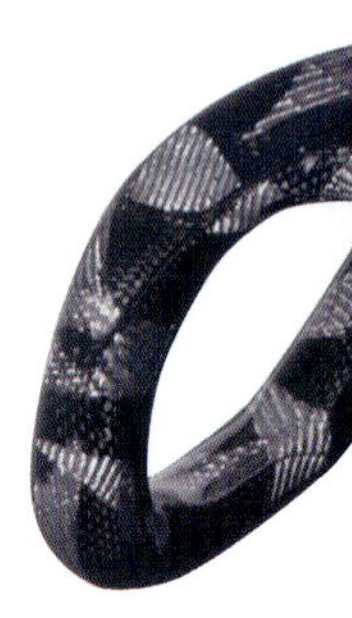

630WS MAX
Bcs
Diquattrodesign
2003

La motofalciatrice è studiata per le necessità di una macchina 'no limits' – falciare in condizioni di estrema pendenza, con equilibri precari con le frizioni di sterzo –, grazie a un nuovo e brevettato sistema che consente di manovrarla con disinvoltura mediante due leve poste alle estremità del manubrio.

This mower was designed to respond to the need for a 'no limits' machine that can mow on steep slopes, with precarious surfaces, thanks to a new patented system making it possible to maneuver it easily through two levers placed at the ends of the handles.

SUNRIVA 33
Riva Ferretti Group
Mauro Micheli
e Officina italiana design
2004

Nata dal progetto Acquariva 33' – di cui eredita scafo e motorizzazione – l'imbarcazione è un center-consolle 30 piedi, curato nella selezione dei materiali e nelle finiture. La costruzione autonoma di scafo e consolle centrale permette l'assemblaggio finale delle parti, semplificando il processo produttivo e garantendo la rigidità.

Born of the Acquariva 33' project – from which it inherits the hull and motor – this 30-foot center-console boat shows a careful selection of materials and of finishing touches. The autonomous construction of the hull and center console makes possible a final assembly of parts, simplifying the productive process and insuring rigidity.

RAM
Cinelli
Ufficio tecnico gruppo Cinelli, Fabrizio Pirovano, Alessandra Cusatelli
2001

Monoscocca e interamente realizzato in fibra di carbonio alto modulo, il manubrio adotta un'inedita forma sinuosa soprattutto per soddisfare a requisiti ergonomici; la forma a V infatti consente di aggrapparvisi ogni qualvolta il percorso lo consente: per tirare in salita, per appoggiarsi negli allunghi o per riposare.

Its monocoque body entirely of high module carbon fiber, the handle adopts an unusual sinuous form to satisfy ergonomic needs; the V-shape makes it possible to hold on whenever the route allows it: to pull while climbing, to rest on long stretches.

SILENT 2
Alisport
2003

Realizzato in carbonio, Silent 2 è un aliante ultraleggero, ideato per lo sport del volo a vela, dalle alte prestazioni e dotato di motore estraibile per decollare autonomamente.

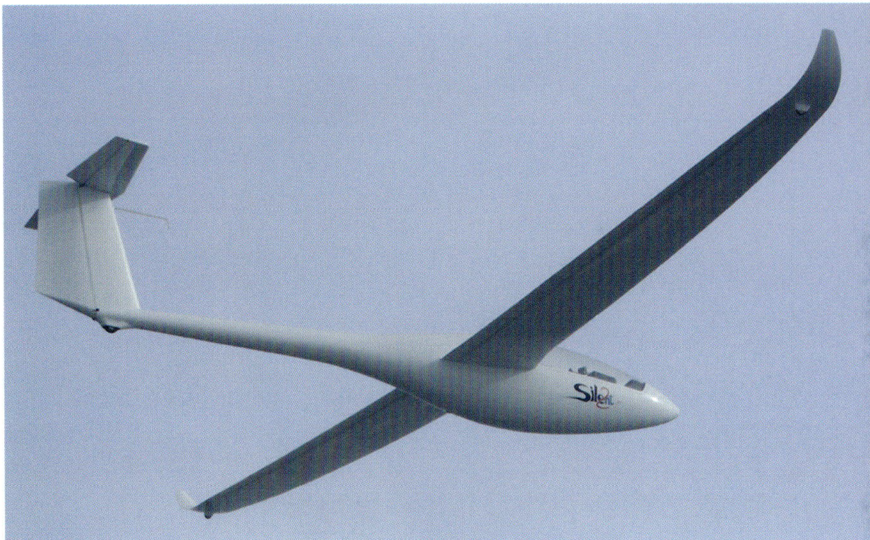

Le ali di nuova concezione, completamente ridisegnate rispetto ai modelli precedenti, sono caratterizzate da pianta ellittica, winglets di grandi dimensioni e apertura aumentata a 13 m.

Made of carbon fiber, Silent 2 is an ultra-light high-performance sailplane, with an extractable motor for self-launching. The innovative 13 meter wings have been completely redesigned and are elliptical in shape, with big winglets.

P ZERO ACQUA
Pirelli
Pirelli
2001

Scarpa sportiva, ispirata al mondo della vela, dalle forme morbide e a punta tonda, caratterizzata da una fascia esterna in TPA e, per garantire la massima stabilità del piede, da suola antisdrucciolo zigrinata come un copertone – che non si vede ma lascia l'impronta di chi la indossa. Realizzata con pellami resistenti all'acqua e inserti di tessuti tecnici, ha rinforzi in fili metallici antitaglio mutuati dalla tecnologia dei cavi di trasmissione Pirelli.

Sport shoe inspired by the world of sailing, soft in its lines with a round toe, an external band in TPA and, to guarantee stability for the foot, an anti-slip sole grained like a tire tread – which you don't see but which leaves the footprint of the person wearing them. Made of water-resistant leather with inserts of techno-fabric, it has reinforcements of anti-cut metal thread adapted from Pirelli transmission cable technology.

Ogni cosa che indossiamo è stata profondamente trasformata dall'introduzione dei nuovi materiali e sollecitata da rinnovate esigenze legate ai comportamenti: il progetto per l'abbigliamento in Italia ha saputo fornire dialogo e risposta a queste necessità.

Vestiti oggetti

Everything we wear has been profoundly transformed by the introduction of new materials and new needs linked to new behavior: clothing design in Italy has responded to these needs.

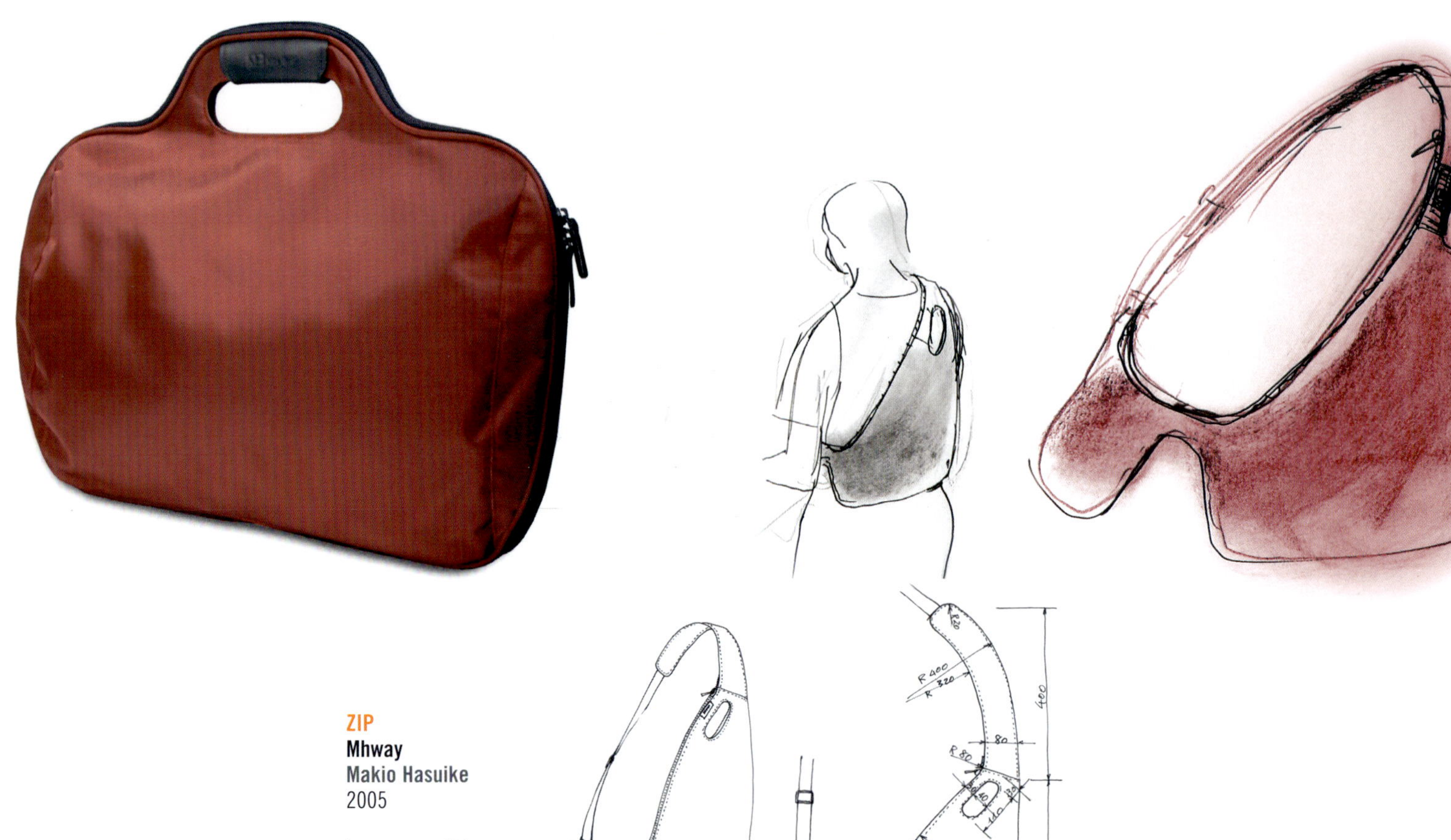

ZIP
Mhway
Makio Hasuike
2005

La sagoma di borse e cartelle della serie è percorsa da una zip, inclusa la parte dell'impugnatura, in modo che la maniglia integrata al corpo della borsa non è più un elemento applicato ma espressivo: diventano così oggetti dalla configurazione morbida e dalla superficie continua.

The outline of the purses and briefcases of this series is marked by a zip, including the handle, so that it is integrated into the purse and no longer solely an applied element: the purse thus becomes an object of soft lines and continuity of surface.

Series of twelve different lines of safety shoes, which combine elegance of form with special performance: from the notable resistance of the toe to the protection of the areas of the foot at risk, from the anatomical sole, removable and anti-static, to the "luminous" inserts.

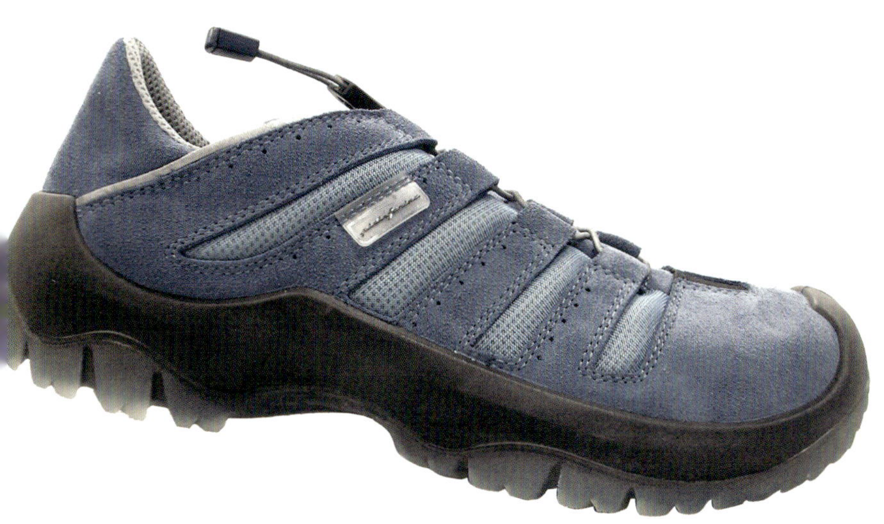

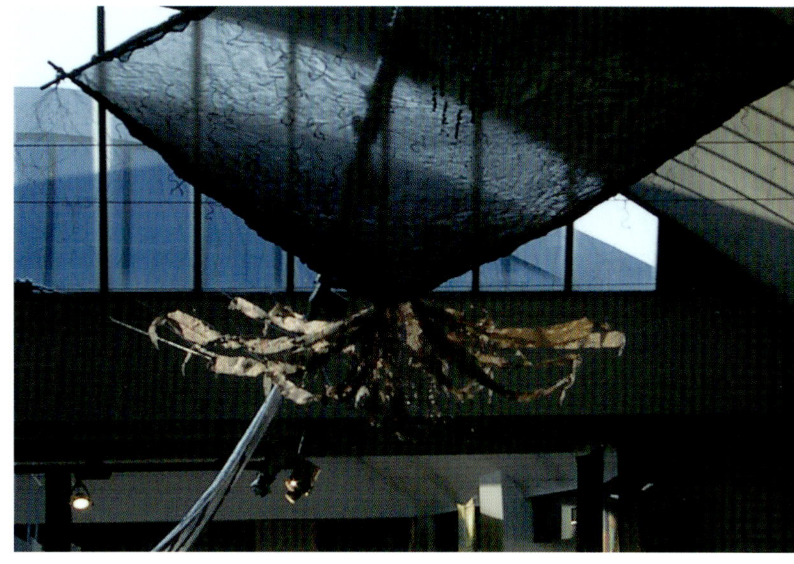

3M SAFETY SHOES
3M
Pininfarina
2005

Serie di dodici differenti linee di scarpe antinfortunistiche, che coniugano l'eleganza formale con particolari prestazioni: dalla notevole resistenza del puntale alla protezione di aree del piede a rischio, dalla suola anatomica, removibile e antistatica, agli inserti "luminosi".

AQUILONE
KITE
Gegia Bronzini
Marisa Bronzini
1991

Opera realizzata attraverso l'impiego di tessuti della collezione Bronzini, che si distinguono per la lavorazione di fattura artigianale (tessitura a mano su telaio a due licci) – che connota l'intera produzione –, l'impostazione dei disegni e dei colori e la scelta delle trame, dove prevalgono le fibre naturali accanto a quelle artificiali e ad altre inconsuete come pelle e rame.

Project realized using fabrics from the Bronzini collection distinguished by the special craftsmanship (hand-woven on two-heddle loom) marking all its production, by the design and colors and choice of weave, where natural fibers prevail, alongside artificial ones and unusual ones like leather and copper.

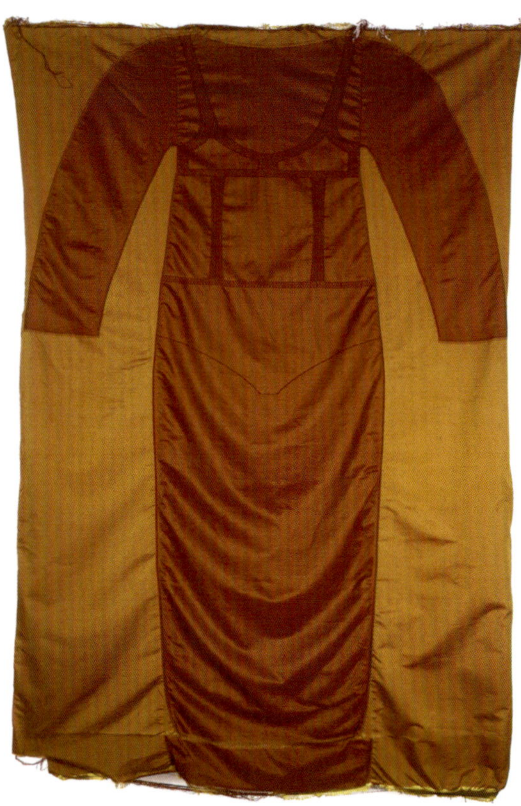

UNTITLED
Giorgio Correggiari
Giorgio Correggiari
1987 sgg.

Gli studi sull'abito nascono dall'idea di costruire l'abito "finito" senza più nessuna cucitura, per mettere in vendita "l'abito a metri"; un progetto sviluppato in due percorsi: quello del tubo e quello del tessuto. Mai commercializzati.

Studies on dress born of the idea of making a "finished" article of clothing without any sewing, selling a "dress by the meter"; the project was developed along two lines, that of the tube dress and that of the material. Never put on the market.

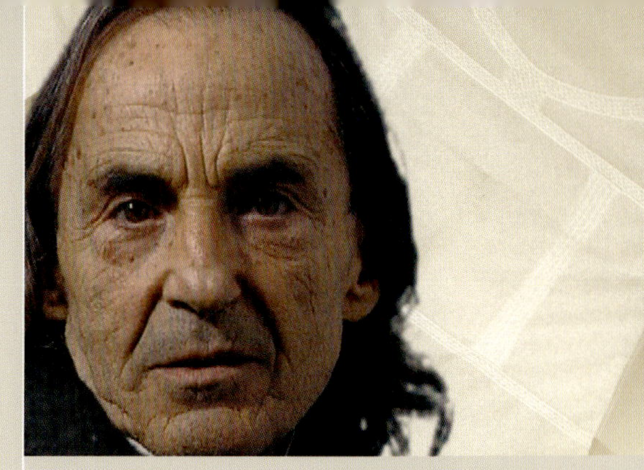

GIORGIO CORREGGIARI
DESIGNER

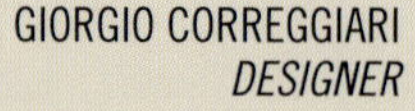

Il mio progetto risale a una ventina d'anni fa; trovavo che il classico figurino non avesse più senso e bisognasse invece inoltrarsi nella ricerca dell'abito direttamente confezionato dal telaio. Quindi con l'aiuto dei tecnici ho progettato e realizzato l'abito a metri che usciva dal telaio, così la pezza finita non era più una pezza di tessuto ma una "pezza piena di pezzi".
Il soggetto della mia sperimentazione è la materia – che io amo profondamente –, che deve essere mixata, ripensata, lavorata e vista con un'ottica a trecentosessanta gradi.
Ad esempio, non è vero che solo il telaio è in grado di costruire la materia tessile, ci sono altre macchine capaci di conferirle aspetti completamente diversi. Non auspico la costruzione di nuove attrezzature o il raddoppio della produzione, ma il recupero di vecchi modelli, al di fuori dell'ambito delle macchine tessili, che possono essere adattati a una riprogettazione della materia. Questo ritengo possa portarci a una nuova visione della materia, a inedite tattilità ed emozioni, completamente diverse da quelle tradizionali.

My project began about twenty years ago; I found that the classic fashion sketch didn't make sense any more and that it was necessary to move forward and look for a way of making clothing directly on the loom. With the aid of technicians, I planned a piece of clothing which came off the loom in meters, so that the resulting bolt of cloth was no longer a piece of fabric but a "piece full of pieces".
The subject of my experimentation is the material – which I love deeply – that needs to be mixed, rethought, worked, and seen from a 360-degree view.
For example, it is not true that it is only a loom that can create fabrics; there are other machines able to confer on them completely different appearances. I don't want new equipment to be built or production to be doubled, but rather the recovery of old models, outside the context of machine tools, that could be adapted to a redesigning of the material. I believe that this could bring us to a new vision of the material, to a new touch and new emotions, completely different from the traditional ones. ”

GOAL, GARMENTS FOR ORBITAL ACTIVITIES IN WEIGHTLESSNESS
Politecnico per ASI
Agenzia Spaziale Italiana
SpaceLAB unità di ricerca
ProgettoProdotto/
Annalisa Dominoni,
Dipartimento Indaco
2003

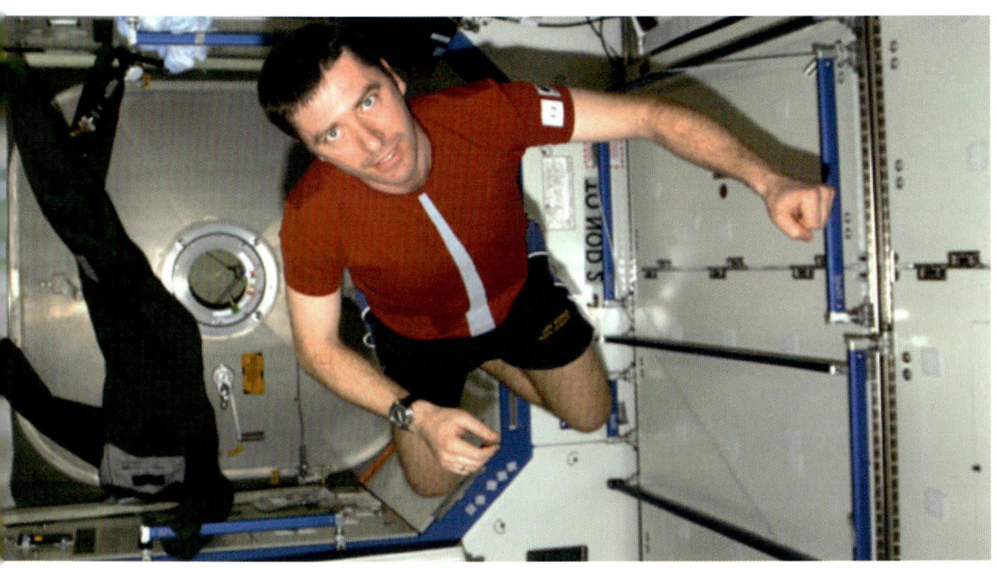

Frutto di un lavoro di ricerca messo a punto dal Politecnico di Milano, il set di abbigliamento GOAL per la vita e il lavoro nello spazio, si basa sulla sperimentazione di filati e finissaggi termoregolanti e batteriostatici, idonei alle peculiarità dell'ambiente confinato, e sullo studio di tagli e modelli per adattarsi ai cambiamenti fisiologici degli astronauti in orbita.

Fruit of research completed by the Politecnico of Milan, the GOAL series of clothes for life and work in space is based on experimentation on thermal-regulating and bacteria-static weaves and finishes appropriate to confined quarters, and on the study of the cut and models adapted to the physiological changes of astronauts in orbit.

SAILING SNEAKERS E HIGH TOP SNEAKERS LINEA ROSSA
Prada
Miuccia Prada
1998

Nel 1997 Patrizio Bertelli, esperto velista, decide di lanciare una sfida all'America's Cup del 2000 in Nuova Zelanda, creando il Prada Challenge for the America's Cup 2000:

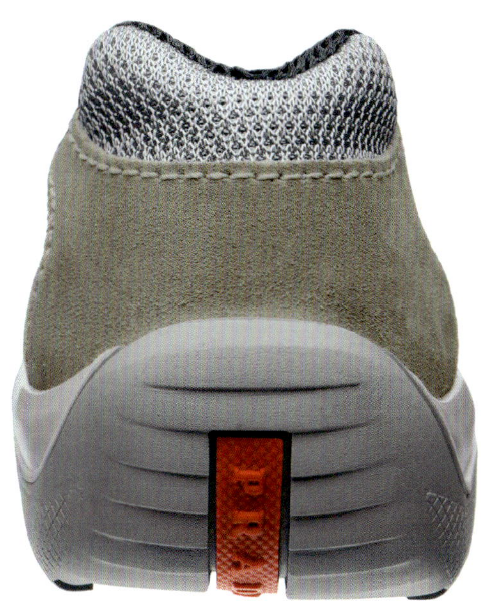

una sfida sportiva di altissimo livello che servirà anche da laboratorio di ricerca per nuovi materiali, forme e tecniche di fabbricazione per la linea Prada dedicata al tempo libero e allo sport attivo, identificata dall'inconfondibile Linea Rossa. Il successo della sneaker da vela, grazie anche alle vittorie di Luna Rossa, oltrepassò presto i confini dei campi di regata per diventare un simbolo; di questo modello ne sono stati infatti venduti ben 1.600.000 esemplari.

In 1997, Patrizio Bertelli, expert yachtsman, decided to throw his hat into the ring in New Zealand, creating the Prada Challenge for the America's Cup 2000: this event was to serve also as a research lab for new materials, forms, and manufacturing techniques for the Prada line dedicated to free time and active sports, identified with the distinctive Linea Rossa. The success of the sailing sneakers, thanks also to the Luna Rossa's success, soon spread beyond the world of regattas, and became a symbol; in fact, this model sold 1,600,000 pairs.

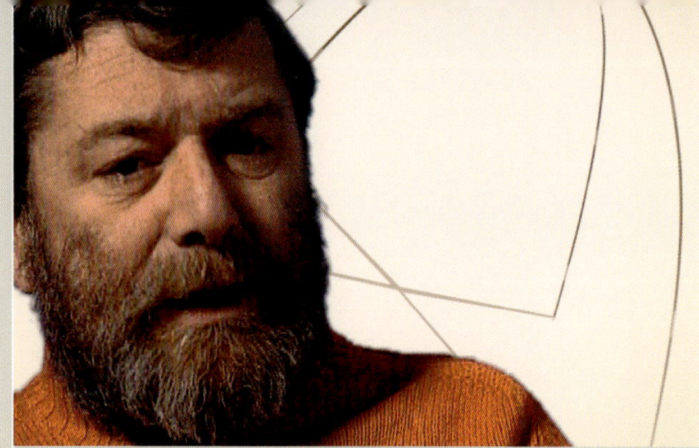

CARLO RIVETTI
IMPRENDITORE
ENTREPRENEUR

“ Molto è cambiato nel mondo della moda perché sono variati i riferimenti. Una volta l'elemento centrale poteva essere il segno grafico o la ricerca delle forme, mentre oggi si lavora molto di più sui materiali, e questi stanno mutando molto. Intanto, per fare una ricerca approfondita non ci si può muovere solo nel settore dell'abbigliamento. Noi cerchiamo di guardare a tutti i mondi tessili: la bionica, l'automotive, l'arredamento.
La nostra azienda ha come carattere distintivo la differenza tra moda e design, perché è stata fondata da un designer, quindi concepita come laboratorio per sostenere e affiancare lo stile; dal 1975 ad esempio abbiamo una tintoria sperimentale, dove testiamo e implementiamo la nostra ricerca. È proprio la sperimentazione sui trattamenti tessili che fa la differenza tra la nostra e le altre aziende.
Anni fa quando si parlava di moda si usavano i termini collezioni e stile, adesso anche lo stilista più tradizionale parla di "fase progettuale" e io credo che, in qualche maniera, ci possano essere delle commistioni tra moda e design. Per questi due mondi sarebbe anche utile confrontarsi di più perché, anche se diversi tra loro, rappresentano due sistemi dell'eccellenza italiana.

Much has changed in the world of fashion, because the points of reference have changed. Once the central element might have been the graphic sign, research on form, and so forth, while today there is far more work on materials, and these are changing greatly. To do deep research you cannot remain in the world of fabrics for clothing. We try to look at all materials: bionic, automotive, decoration.
Our company has the distinction of investigating the difference between fashion and design, because it was founded by a designer, and conceived as a laboratory to support style; since 1975 we have, for instance, an experimental dye plant, where we test everything and carry out our research.
It is precisely experimentation on treatments for fabrics which distinguishes us from other firms.
Years ago when people spoke of fashion they used the terms collections and style, now, they speak of the "planning phase" and I believe that there can be some sort of crossover between fashion and design. For the worlds of fashion and design it would be useful to speak to each other more often, to make comparisons, because even if they are different worlds, they do represent two systems of Italian excellence. ”

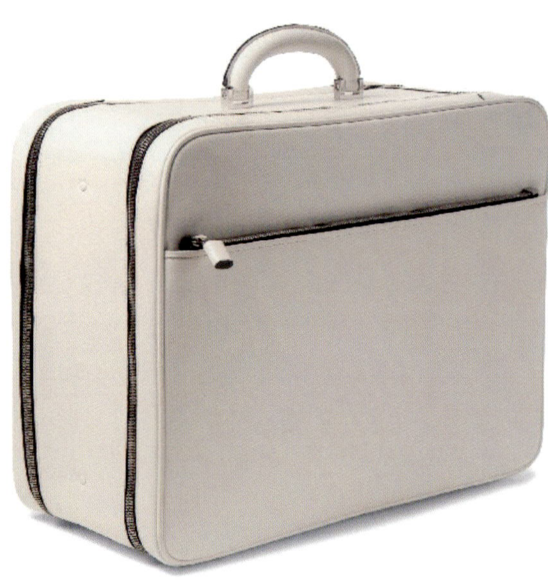

AVIETTA
Valextra
Giovanni Fontana
1977

Destinata a un bagaglio 48 ore da cabina aerea, la borsa è costituita da due scomparti di diverso spessore, il più piccolo dei quali può contenere una borsa a tre soffietti. Brevettata, è la prima "pilot bag", studiata per stare nella cappelliera di un aereo ed è realizzata in un particolare cuoio a piccola paglia intrecciata, esclusivo della casa milanese.

This weekend carry-on bag has two compartments of different thickness, the smaller of which can hold a purse of three sections. This patented "pilot bag" is designed to fit into the overhead compartment, and it is made of a little straw leather weave, exclusive to the Milanese company.

PREMIER
Valextra
1973

Il portadocumenti brevettato, che fa parte della collezione permanente del MoMa di New York, rappresenta un'armonica fusione di eleganza e funzionalità; il materiale utilizzato è un vitello a concia vegetale, un trattamento che non intacca le fibre della pelle. Il taglio a costa viva viene rifinito manualmente e tinto a lacca.

This patented briefcase, part of the permanent collection of the MoMa in New York, represents a harmonious fusion of elegance and functionality; the material is vegetal-cured calf, a treatment that leaves the grain intact. It is hand-finished and colored.

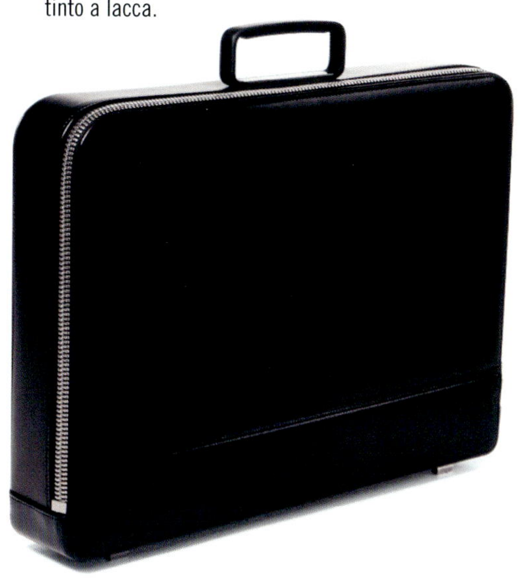

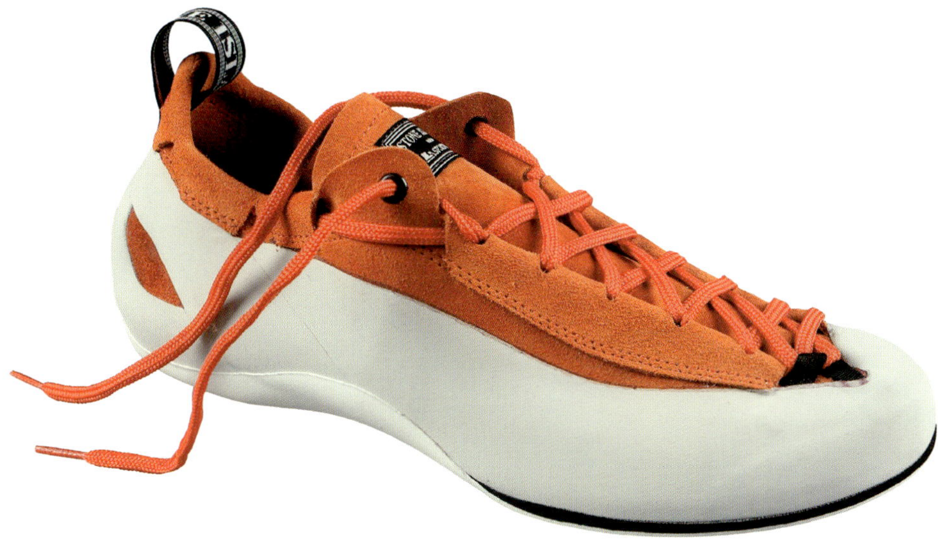

42159383
CP company
Stone Island
Paul Harvey e ufficio tecnico interno
2004

Prodotto che traduce in termini funzionali e non solo estetici la forma e la costruzione tecnica di calzature per free-climbing, con allacciatura brevettata, intersuola speciale e massima curvatura verso l'interno, garantisce aderenza anatomica al piede e alla caviglia e leggerezza, assicurando il comfort della camminata. Brevettata in collaborazione con La Sportiva.

Product which transforms into functional as well as aesthetic terms the form and technical construction of footwear for free-climbing, with patented lacing, special inner sole, and maximum curvature toward the outside, guaranteed anatomical adherence to the foot and ankle, along with lightness, guaranteeing comfortable walks. Patented with La Sportiva.

SERIE 100
CP company
Stone Island
Paul Harvey e ufficio tecnico interno
2001

Progetto sperimentale che prende vita da un unico materiale, un filo di nylon. Lavorando sulle sue caratteristiche di trasparenza, versatilità e leggerezza, il nylon viene trasformato in garze e tessuti di diverso spessore per generare capi di impronta "architettonica".

Experimental product given substance by the single component, nylon thread. Working on its transparency, versatility, and lightness, the nylon is transformed into gauze and fabrics of different thickness to engender clothes of an "architectonic" imprint.

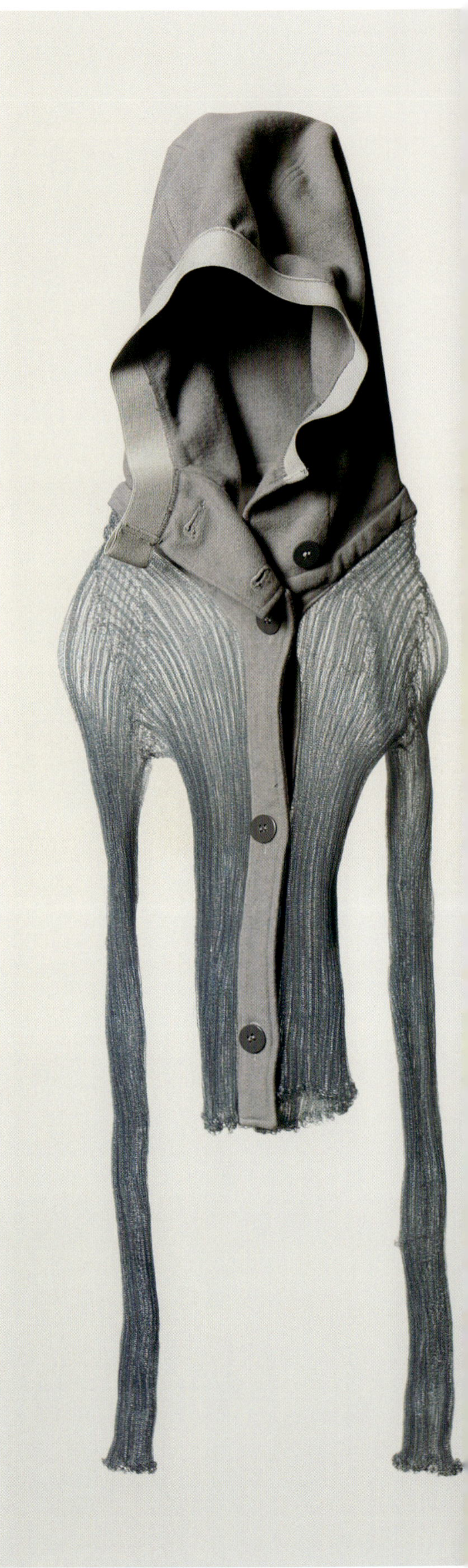

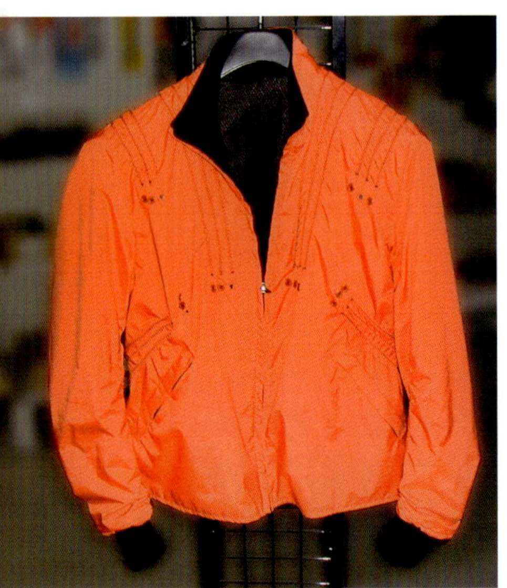

INDUMENTO REFRIGERANTE
COOLING GARMENT
Dorimi
Savino Luca Dantone
2003

Sistema brevettato di refrigerazione per indumenti e capi di abbigliamento, pensato soprattutto per contrastare condizioni climatiche di calura e per categorie di lavoratori costretti a lavorare in condizioni di temperatura particolarmente elevata. Pratico, portatile, facilmente ricaricabile, leggero e poco ingombrante per non appesantire l'indumento, ha una buona autonomia di funzionamento.

Patented system for clothes intended for hot climates or workers constrained to work in high temperatures. Practical, wearable, light and easily recharged, it functions with a good autonomy.

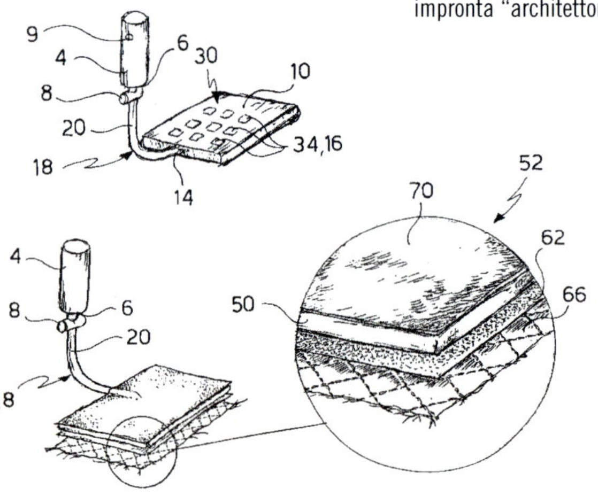

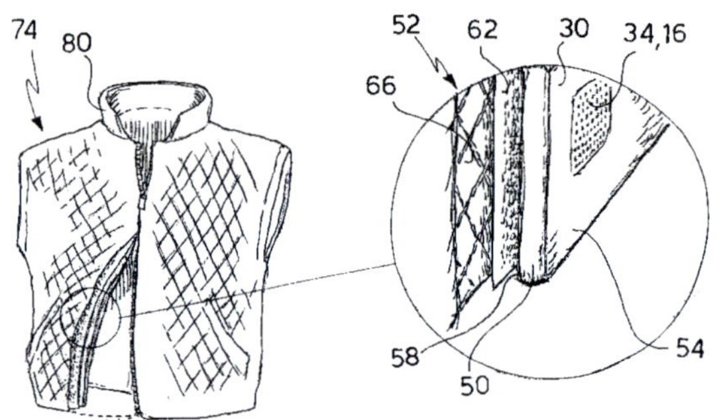

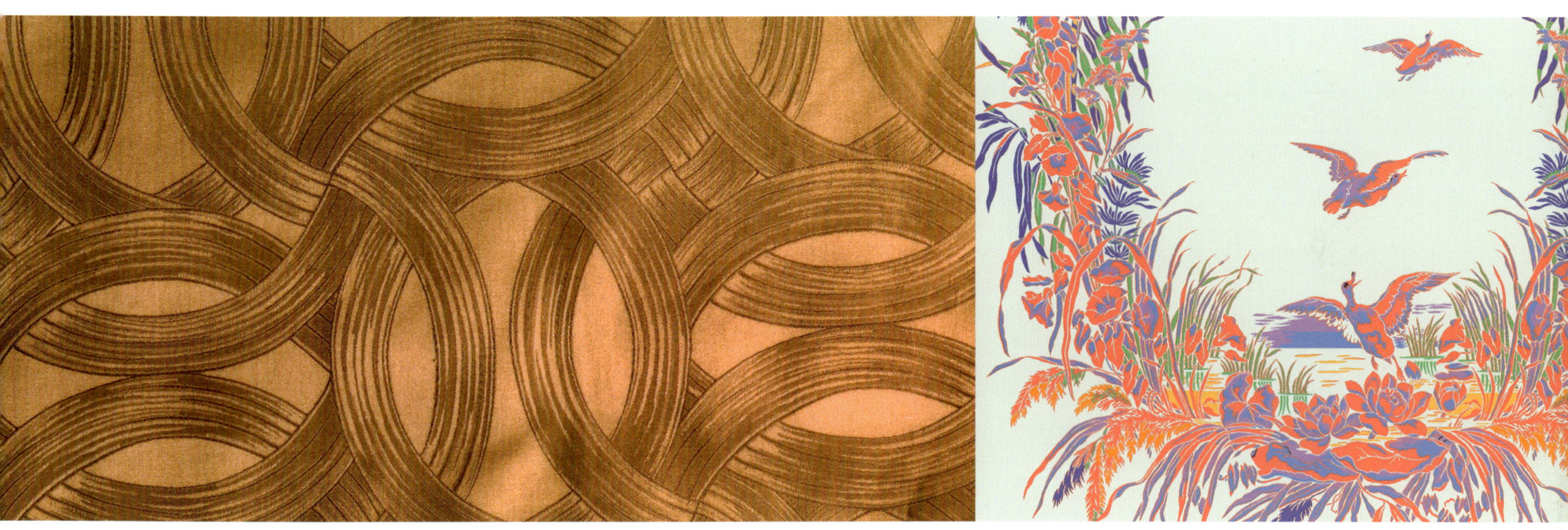

COLLEZIONE TOP
TOP COLLECTION
Frette
2006

Tessuti della linea di biancheria Frette, una serie di raffinati prodotti destinati alla camera da letto caratterizzati da materiali di grande qualità realizzativa ed estrema attenzione ai dettagli.

Frette white fabrics, a refined series of products for the bedroom characterized by great craftsmanship with extremely careful detailing.

VOLO D'ANATRE
Frette
1880-2002

Prova di tessitura contemporanea che riproduce il disegno ideato e realizzato in azienda nel 1880. Il disegno preparatorio evidenzia con colori differenti le armature per realizzare le sfumature jacquard nel tessuto; il disegno tecnico (messa in carta) riproduce invece l'intreccio dei fili a telaio per realizzare il disegno.

A contemporary proof of a weave reproducing the company's design created and realized in 1880; the preparatory sketch which stresses the armature to realize the jacquard nuances of the cloth; technical representation on paper tracing the threads of the weave that made the design.

L'innovazione nei prodotti di design – oltre che dal pensiero e dalla creatività individuale – trae di frequente stimolo dagli sviluppi legati ai nuovi materiali e tecniche di produzione.

Idee materiali

Innovation in design products – beyond that coming from individual thought and creativity – often finds stimulus in the development of new materials and production techniques.

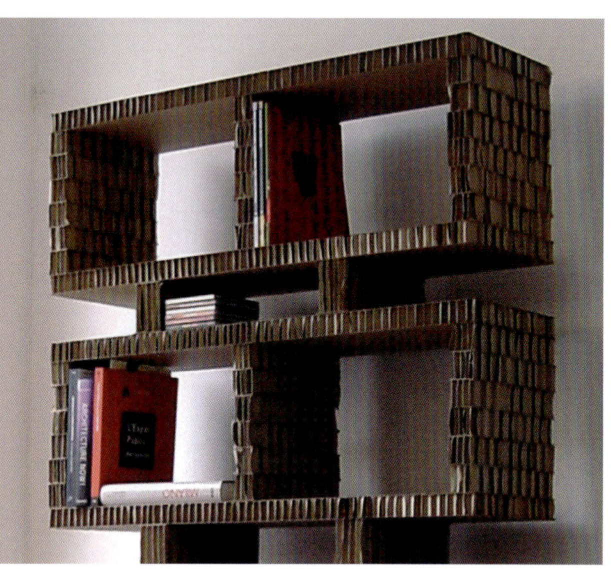

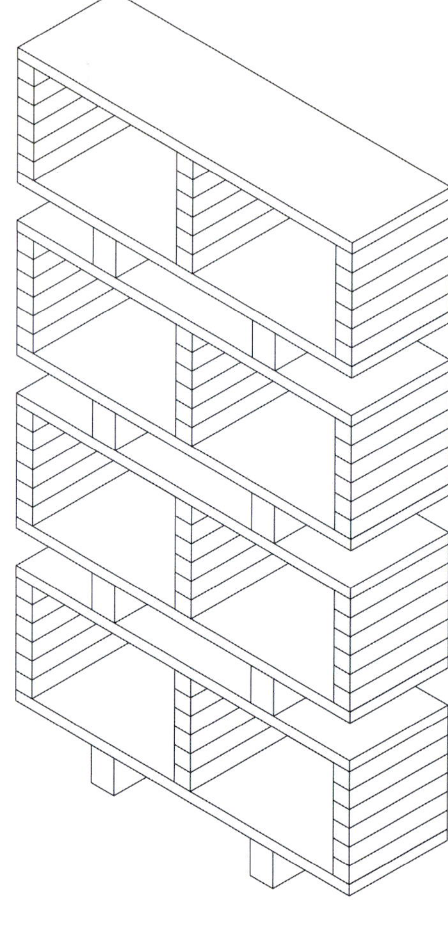

BOOKSTACK
A4Adesign-Comieco
A4Adesign
2004

Libreria costruita con pannelli di cartone alveolare, dalla notevole leggerezza, nata per rispondere a una serie di requisiti, come la riciclabilità totale del prodotto, l'utilizzo di materiale riciclato, la monomatericità del prodotto e la facile scomponibilità, ottenuta con una sovrapposizione massima di 4 moduli.

Bookcase built of remarkably light honeycomb panels created to answer a series of requirements including the total recyclability of the product, production from recycled material, the use of a single material, the fact that it could be broken downs into parts, stackable to a maximum of 4 modules.

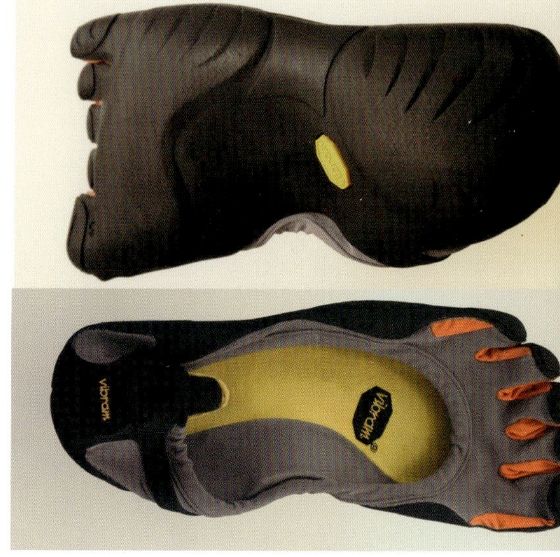

5FINGERS
Vibram
Robert Fliri
2002

Calzatura per arrampicata pensata per dare la percezione del piede nudo e, allo stesso tempo, proteggere i piedi. È concepita come un guanto, sottile, leggero e flessibile che avvolge il piede come una seconda pelle e segue tutti i suoi movimenti, anche quelli delle singole dita.
La tomaia è realizzata in tessuto leggero, elastico e resistente all'abrasione; la suola è gomma-mescola Vibram TC1.

Footwear for climbing designed to give a barefoot feeling which, at the same time, protects the foot. It was conceived as a thin, light, flexible glove fitting the foot like a second skin, following all its movements, including the movements of each toe. The upper is made of a light and elastic material that resists abrasion; the sole is mixed rubber Vibram TC1.

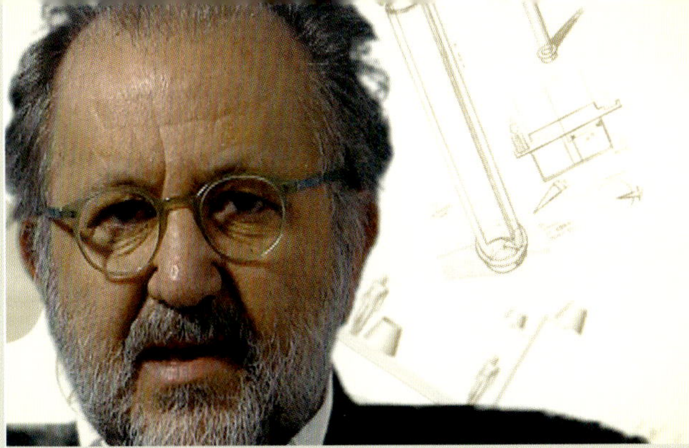

CARMELO DI BARTOLO
DESIGNER

“ Non si trattava di progettare una lampada ma di riflettere sul modo di progettare una luce. Una luce che viene definita leggera perché è l'aria stessa che la trasporta e la moltiplica, perché abbiamo ragionato a partire da certi aspetti di bioluminescenza osservabili in natura (come nel caso delle meduse e dei polipi giganti) e sul trasportare la luce. L'altro elemento del progetto è legato alla tecnologia, per questo abbiamo sfruttato le potenzialità di questa pellicola speciale che può essere configurata in modi differenti e generare effetti diversi. Il design come metodologia diventa l'integratore che permette ai tanti attori – gli operatori dello sviluppo della qualità del prodotto –, di essere fra loro collegati e di ottenere soluzioni di qualità. Possiamo, in questo caso, parlare in sostanza di design process.

It was not a matter of designing a lamp but of reflecting on the mode of projecting light. A light defined as light because it is transmitted and multiplied by the air itself, because we reasoned on certain aspects of bio-luminescence observable in nature (as in the case of jelly fish or giant octopus) and on transmitting light. The other element of the project is linked to technology, and for this we studied the potential of this special film that can be configured in different ways to configure different effects.
Design as methodology becomes the integrator that enables many actors – operators developing the quality of the product – to connect with each other and to obtain quality solutions. In this sense we can speak truly of a design process. ”

APRES-JOUR
Comune di Segrate
3M Italia
Design Innovation
Udus-Urban Design
University Stage
e Marco Pintimalli
(concept)
2005

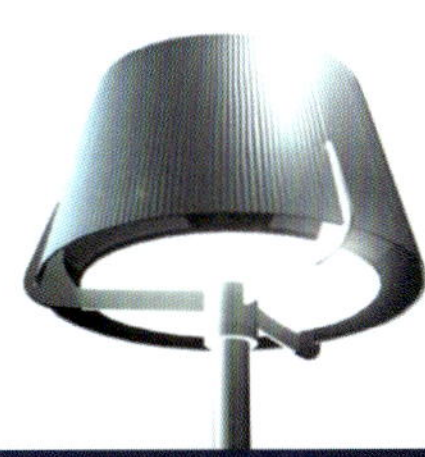

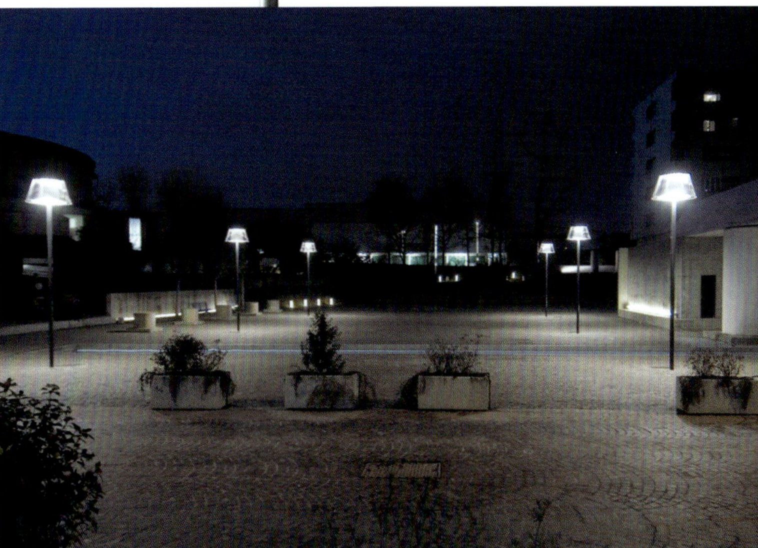

Apparecchio destinato all'arredo urbano, prodotto da 3M/Lms Lighting Center, costituito da un palo in acciaio su cui è fissato un diffusore, in doppia camicia di Petg termoformato, con all'interno la pellicola ottica microprismatica Olf. La luce arriva a terra mediante un riflettore in acciaio inox, piegato e metallizzato, con schermo in vetro acidato. Un foro superiore sul riflettore indirizza invece il flusso sulla base superiore del paralume che, opportunamente sagomata e verniciata bianca opaca, rende luminoso il diffusore esterno.

A device for urban lighting produced by 3M/Lms Lighting Center, a steel pole to which a diffuser has been attached, made of double thermoformed Petg containing microprismatic Olf optical film. Light reaches the ground thanks to a bent stainless steel reflector with an acid glass screen. A hole above the reflector sends the light at the same time onto the upper base of the diffuser which, thanks to its shape and its opaque white painted finish, gives luminosity to the outside of the diffuser.

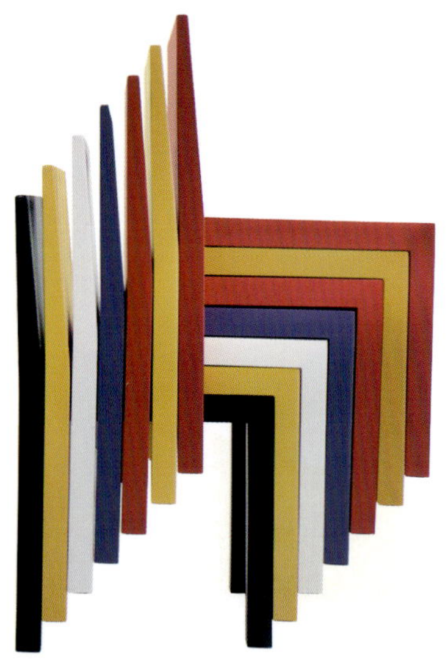

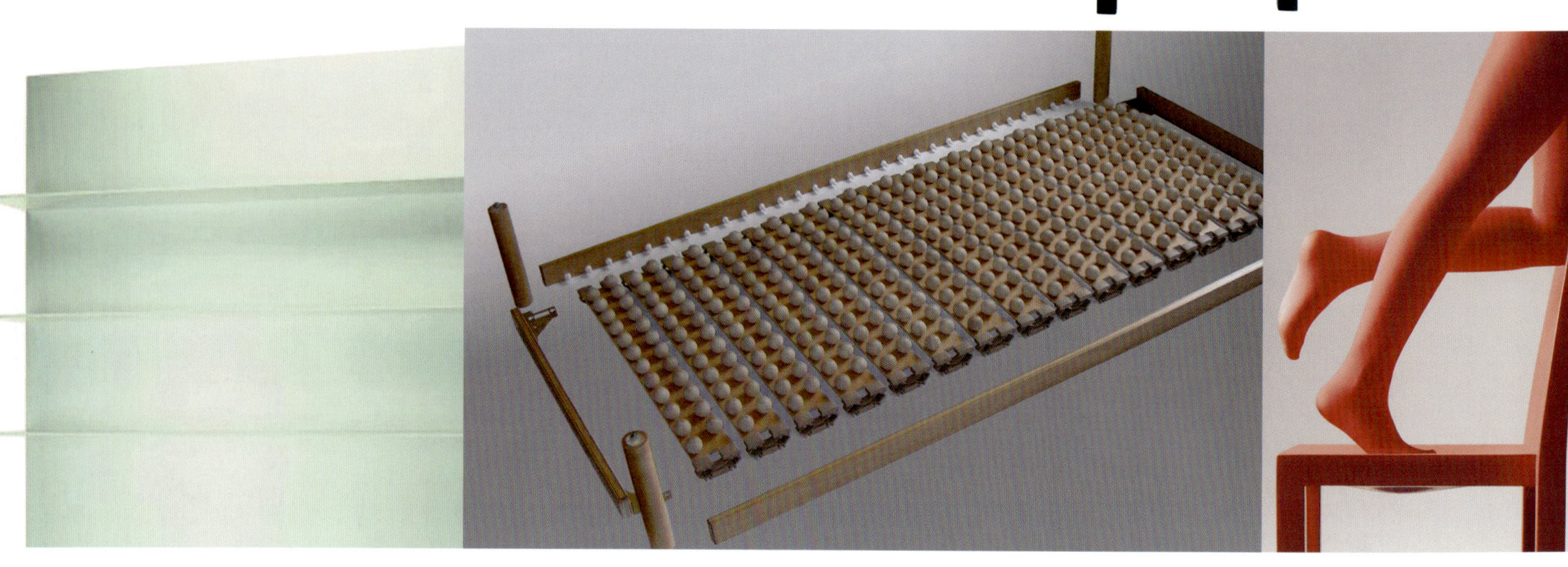

IKARI
PANNELLI
PANELS
DOLUFLEX
Donati Group
Ufficio tecnico
Donati Group
1998

L'elemento caratterizzante la famiglia di pannelli Doluflex®, brevettata, è una lamiera grecata ottenuta in linea con un sistema di formatura a freddo. Il successivo incollaggio a una lamiera piana determina la produzione di un pannello flessibile che viene utilizzato per l'esecuzione di elementi curvilinei, mentre incollandola tra due lamiere piane si ottiene un pannello sandwich con elevate caratteristiche meccaniche.

What characterizes the family of Doluflex® panels is a corrugated sheet panel produced in a cold forming system. The successive gluing to a flat sheet produces flexible panels used in creating curved elements, while by gluing it to two flat sheets a sandwich panel is created with high mechanical strength.

BIOSFERA
Curvati Fossati
Valentino Fossati
2003

Rete fissa brevettata, è costituita da un piano di sfere tornite in legno di faggio associato a un telaio e doghe in legno multistrato lamellare di faggio, capace di favorire l'eliminazione dell'umidità rilasciata dal corpo della persona e assorbita dal materasso durante il riposo, convogliandola nella parte inferiore del materasso ed evitando così il ristagno.

Patented fixed bedspring made of a flat element of shaped spheres in beech wood associated with a frame and slats in beech plywood, able to favor elimination of the body's humidity absorbed by the mattress at night by drawing it downward in the mattress and thus avoiding stagnation.

R606UNO
Segis
Bartoli Design + Fauciglietti Engineering
2004

Prima applicazione del nuovo polimero brevettato R606, ne sperimenta le possibilità funzionali in una seduta la cui rigorosa configurazione è contrapposta alla materia soffice, applicata in stampo unico al supporto interno.

First application of the new patented R606 polymer, it experiments with its functional possibilities in a seat whose rigorous form is countered by the soft material, applied in a single pressing to the interior support.

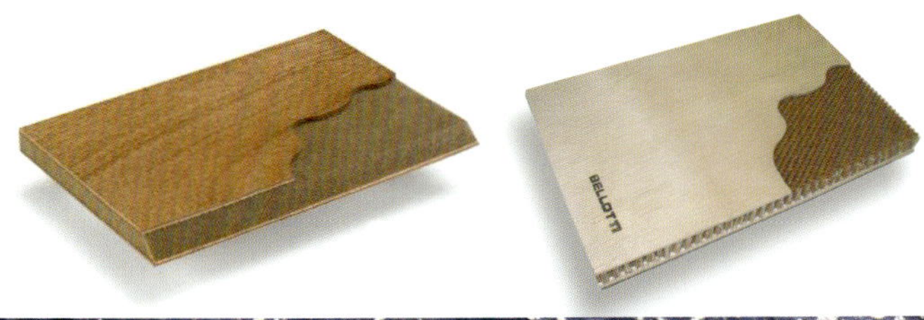

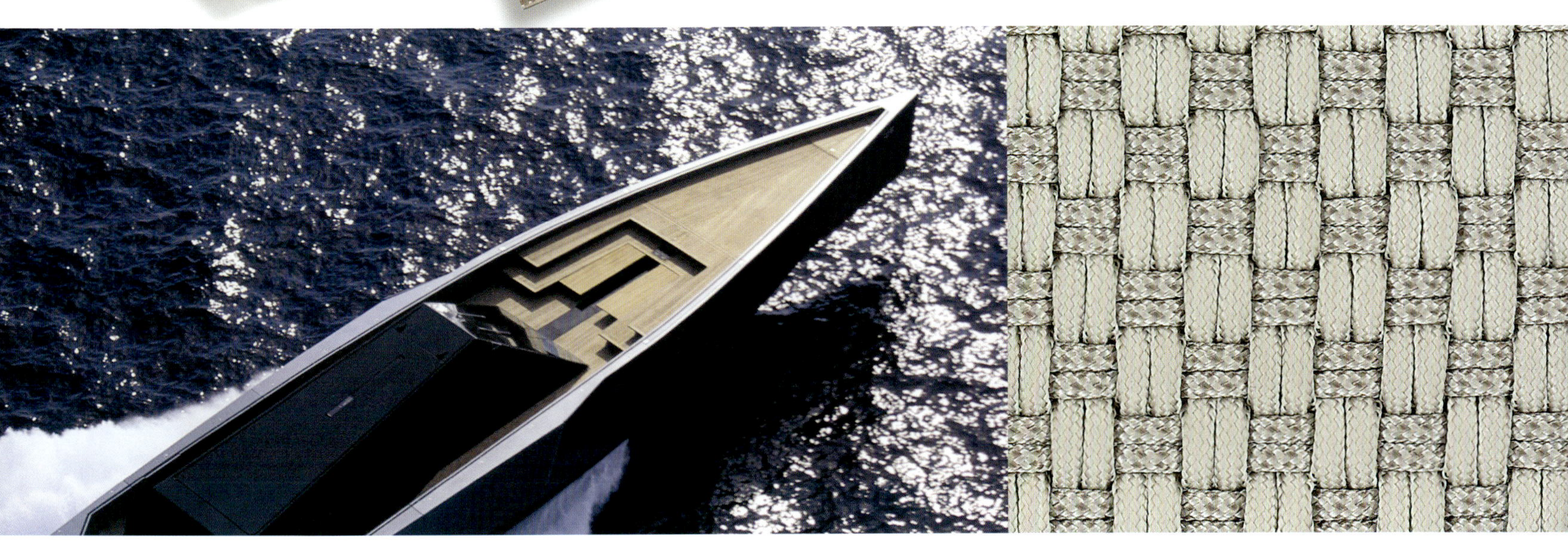

PANNELLI
PANELS
LARIMAR E NOMEX
Bellotti
Laboratorio ricerche e sviluppo Bellotti
1993, 1998

Nomex® Decore™ è costituito da un inserto alveolare in fibra aramidica Nomex® DuPont e facce in compensato marino di Okoumé; Larimar® 60 è realizzato invece con un inserto in schiuma rigida di Pvc a cella chiusa e facce del medesimo compensato.
Pannelli compositi forniti dall'azienda, assieme ai tradizionali compensati marini ed al legno massiccio, per realizzare gli interni e gli arredi di Wally Power 118, yacht di 36 metri superveloce.

Nomex® Decore™ is made of a spun-laced core in Nomex® DuPont aramidic fiber faced with marine plywood from Okoumé; Larimar® 60 is made of a rigid foam closed-cell PVC core faced with the same wood. The company supplied composite panels, along with the usual solid wood and plywood for use at sea, for the interiors and furnishings of Wally Power 118, a very fast 36-meter yacht.

ROPE
Paola Lenti
Paola Lenti
2003

Materiale brevettato, è una corda ad elevato contenuto tecnologico realizzata intrecciando un filato poliolefinico modificato – simile alle corde utilizzate in montagna o in barca a vela –, tenace ed estremamente resistente agli agenti esterni. Interessato da forme, dimensioni e tecniche di lavorazione diverse, produce tessuti di differente aspetto e consistenza, utilizzabili anche come rivestimenti o tappeti.

This patented material is a high-tech rope made by weaving a modified polyolefin thread – like ropes used in the mountains or on sailboats – tough and extremely resistant to external agents. Useful in different forms, sizes, and processing techniques, it produces fabrics of varying appearance and consistency, usable also on walls or as rugs.

La ricerca scientifica più avanzata dialoga strettamente con il mondo dell'impresa e della produzione, allo stesso modo di quella legata alla didattica, che si sviluppa nel ricco contesto formativo nel settore del design presente nella provincia di Milano.

Scienza e ricerca

The most advanced scientific research is in a close conversation with the world of business and production, as is the world of education, which enriches design sector training in the province of Milan.

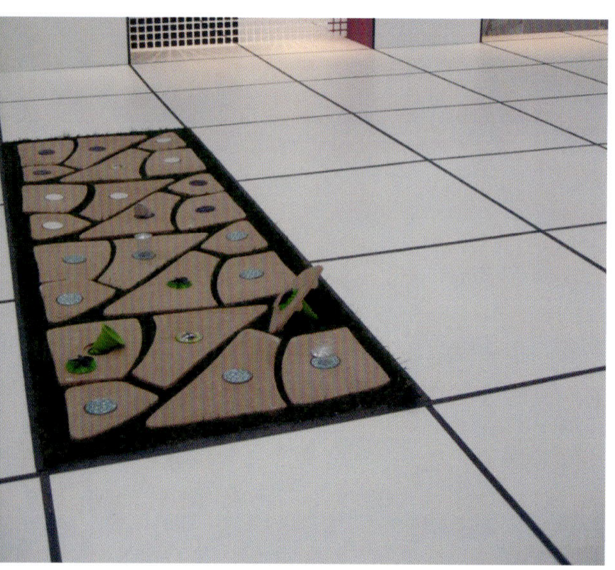

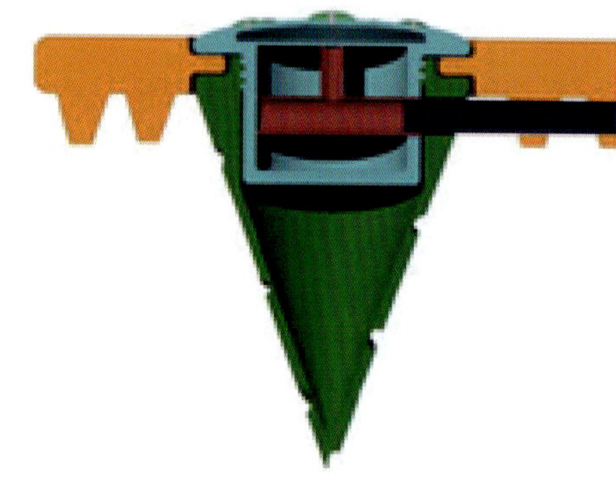

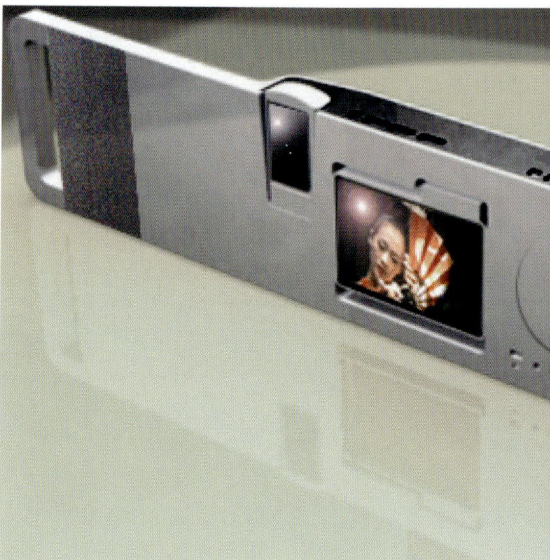

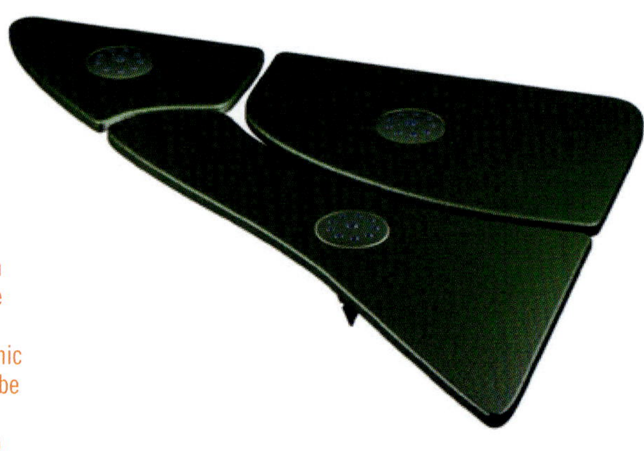

GIARDINELLO
Domus Academy
Panayotis Goudas,
Francisca Livingstone,
Ivana Babic
2004

Risultato di una sperimentazione condotta per Assopiastrelle, è una piastrella modulare da esterni, costituita da tre forme diverse, di derivazione organica, che possono essere usate insieme o separatamente; ancorate al terreno attraverso un elemento conico, possono essere dotate di luce elettrica o solare, annaffiatoio, suono, candele, idrometro o tappo texturizzato.

The result of experimentation conducted for Assopiastrelle, this is a modular tile for outside use, made up of three different forms of organic inspiration, which can be used together or separately; anchored to the ground through a conical element, they can be equipped with solar or electric light, watering systems, sound, candles, water meter or textured closures.

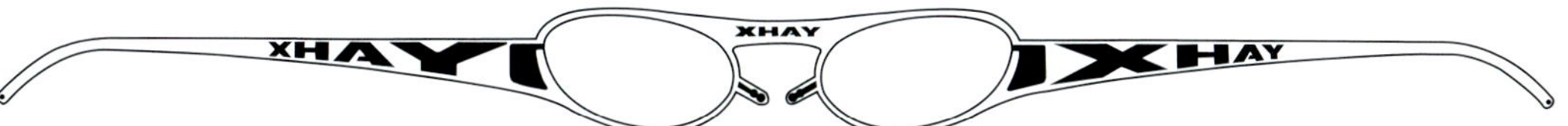

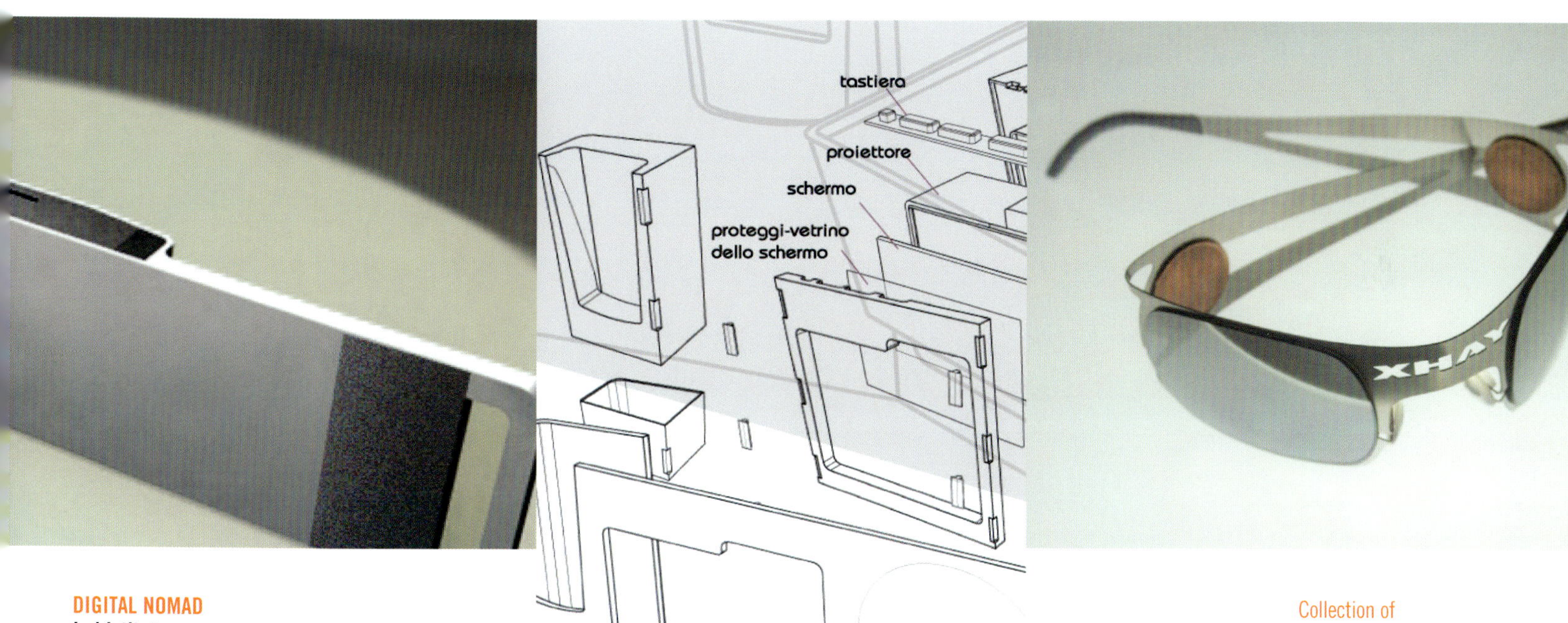

DIGITAL NOMAD
Ied Istituto europeo di design
Sudo Masaki, Cho Ae-Jo, Hsu Kuei-Lin
2006

È il progetto di un *home theater*, pensato per fornire un'elevata interazione con l'utilizzatore, in quanto è portatile, trasformabile e dotato di *touch panel* per memorizzare messaggi. Rivestito da una pelle in silicone, può essere piegato e flesso grazie a due sottili lastre di piombo annegate all'interno, mentre le parti rigide che contengono gli elementi elettronici sono in plastica Abs.

This is the plan for a home theater conceived as highly interactive, and it is portable, transformable, and equipped with a touch panel to memorize messages. Clad in a silicon skin, it can be bent and curved thanks to two thin lead sheets within, while the rigid parts containing the electronic elements are in abs plastic.

XHAY
Oraic.com Virtual Company
Salvatore Mocciaro
1999-2006

Collezione di occhiali indeformabili, completamente pieghevoli, realizzati a partire da lamine fotoincise di metallo, estremamente flessibili, uniscono design a ricerca tecnologica attraverso un particolare sistema costruttivo brevettato.

Collection of non-deformable glasses that can be folded up completely, made on the basis of photoengraved metal blades, extremely flexible, design joined to technology in a special patented construction.

PROGETTO GOMMA/FERRO
RUBBER/IRON PROJECT
Politecnico di Milano
Adele Martelli
e Luca Martorano
2005

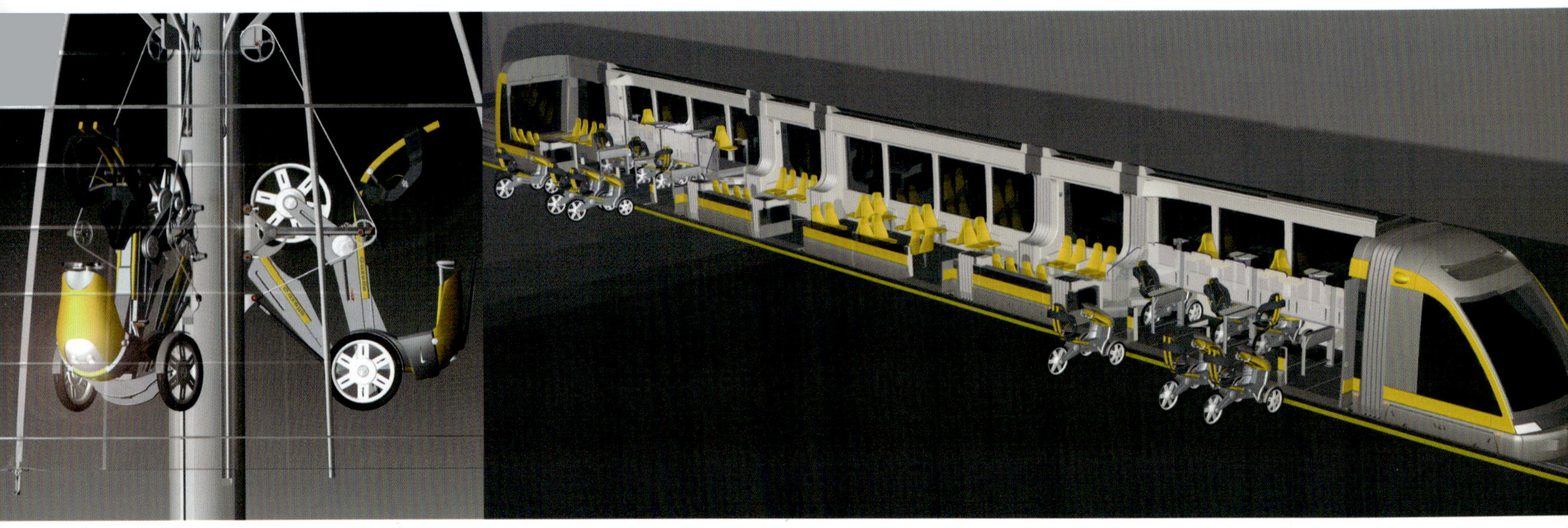

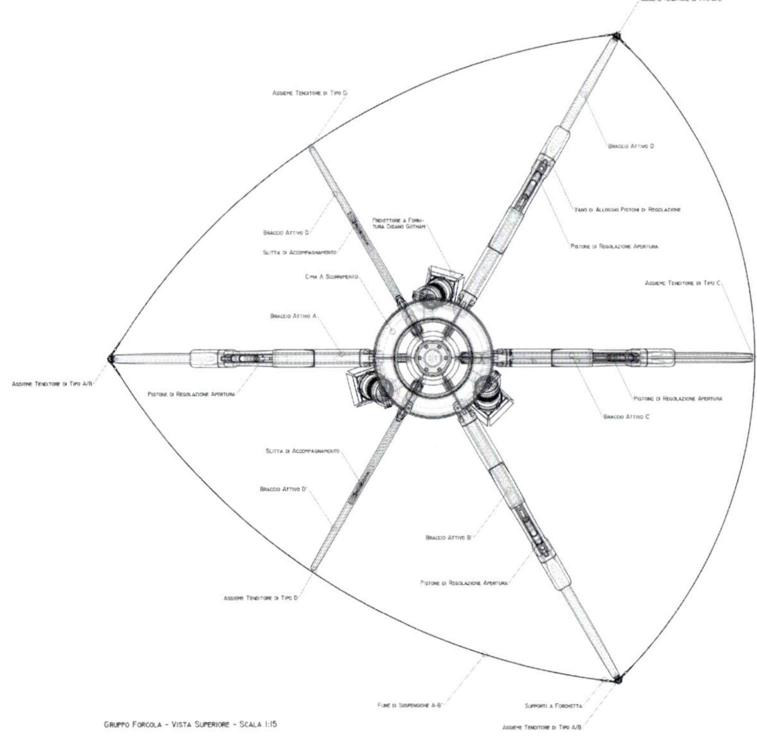

Il progetto – con ATM, azienda trasporti milanesi – è originato dalla volontà di offrire un servizio di trasporto pubblico alternativo a spostamenti per cui viene preferito il trasporto privato. Da un livello di pianificazione che prevede la condivisione di veicoli leggeri, adatti a coprire le brevi-medie percorrenze, trasportabili in vetture ferrotranviarie, il progetto è arrivato al disegno di tre componenti principali del sistema: il parcheggio scambiatore per l'erogazione dei veicoli, la vettura ferrotranviaria che li accoglie e il veicolo stesso.

The project with ATM was engendered by a wish to offer an alternative public transport service which would be preferred to private transport. The plan first entailed sharing of light vehicles to cover short to middle distances, vehicles which can be carried in rail cars. It was then expanded to include the design of three of the main components of the system: the exchange parking area for picking up the vehicles, the rail car that receives them, and the light vehicle itself.

SCULTURA
SCULPTURE
Naba Nuova accademia di belle arti di Milano
2006

Rivisitazione di un'opera di Gianni Colombo, tra i fondatori della scuola, realizzata dagli studenti dei laboratori di arti visive, scenografia, restauro, grafica e comunicazione multimediale, moda e design.

A reworking of a piece by Gianni Colombo, one of the school's founders, done by students of the labs of visual arts, set design, graphics and multimedia communication, fashion and design.

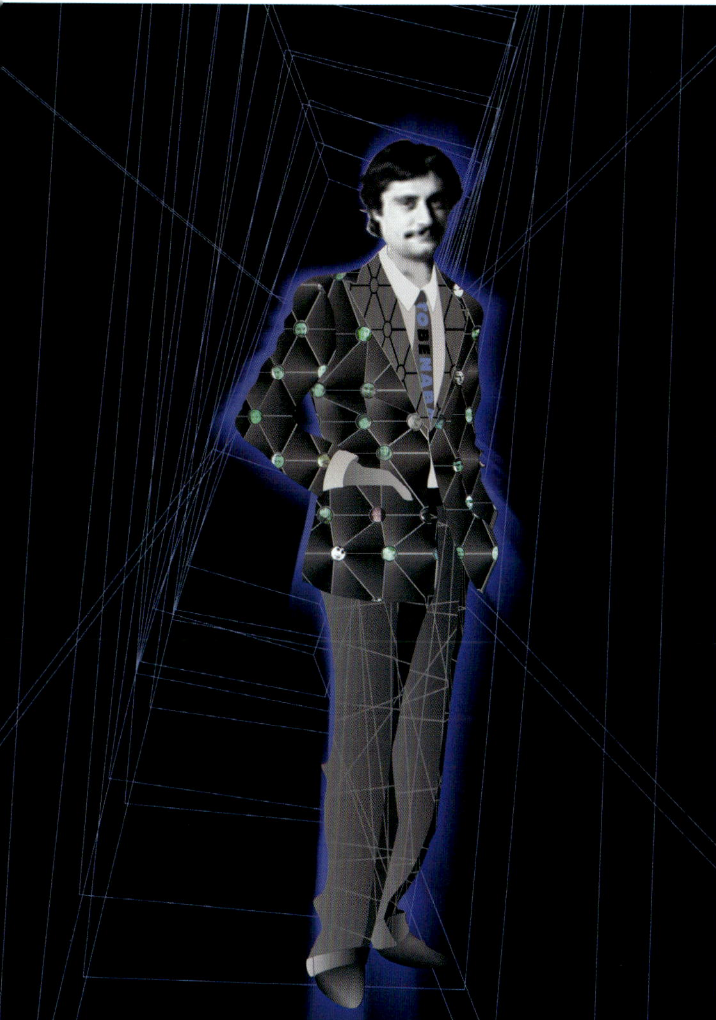

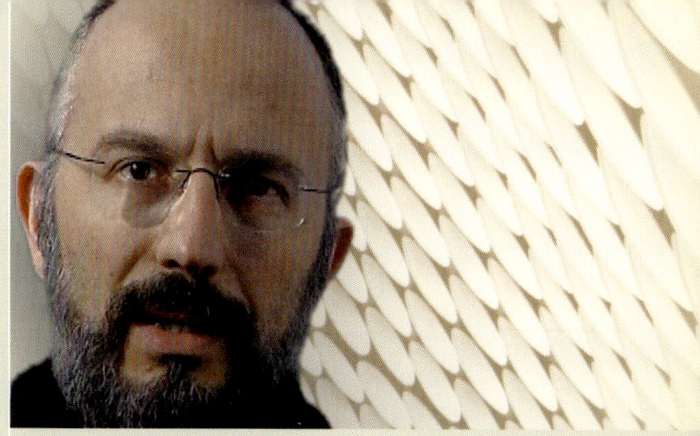

STEFANO MENEGHETTI
ART DIRECTOR

“Fondamentalmente l'interaction designer dovrebbe interpretare, trasformare, tradurre un certo tipo di tecnologia in modo tale che questa risulti fruibile da un determinato tipo di pubblico che non ha tempo per approfondire la meccanica dell'oggetto.
L'interazione, su qualsiasi fronte, può essere attiva o passiva, automatica o riflessiva, e il tutto poi potrebbe essere più o meno emozionale. Ovvero io posso operare in modo automatico con un oggetto, come accade quando conduco un'automobile, mentre posso sperimentare un accrescimento dell'interfaccia riflessivo ad esempio usando i videogiochi. Questo è importante per formare le persone, perché una volta che io ho appreso alcune conoscenze e abilità all'interno di un ambiente virtuale, sono in grado di operare a distanza. Si tratta di un'applicazione che riguarda ad esempio l'utilizzo di ambienti virtuali per eseguire delle operazioni ad alto rischio. Dobbiamo abituare e insegnare all'uso di nuovi tipi di interfaccia se vogliamo poi far evolvere l'interfaccia stessa.
Ultimamente il nostro lavoro “immateriale” si fonde con il materiale, cioè lavoriamo con i designer che hanno l'esigenza di integrare il loro design con interfacce digitali, come accade per esempio nella telefonia della terza generazione.

Fundamentally, the interaction with designers should interpret, transform, and translate a certain type of technology so that it can be enjoyed by people who don't have time to deepen their understanding of the object's workings.
This interaction may be active or passive, automatic or reflected, on whatever front, and it all can be more or less emotional. I can operate an object automatically, as happens when I drive a car, while I may experience a growth of the reflective interface playing video games, for example. This is important in training people, because once I learn something inside the context of virtual reality, I am also able to operate at a distance. This entails an application that concerns the use of virtual spaces to execute high-risk operations. We must get used to and teach the use of new types of interface if we want to make the interface itself evolve.
Recently our “immaterial” work concerns the material, and we work with designers who need to integrate their design with digital interfaces, as happens for example in third-generation telephony.”

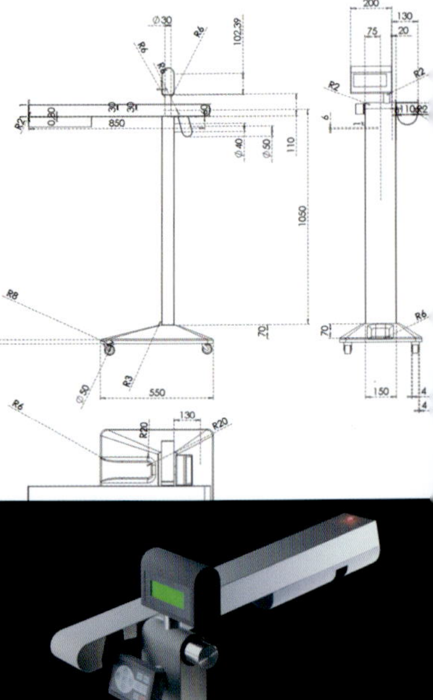

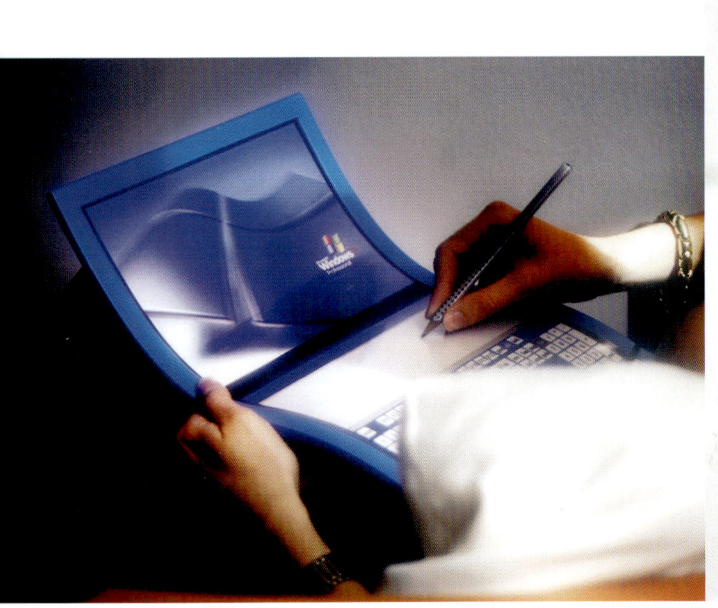

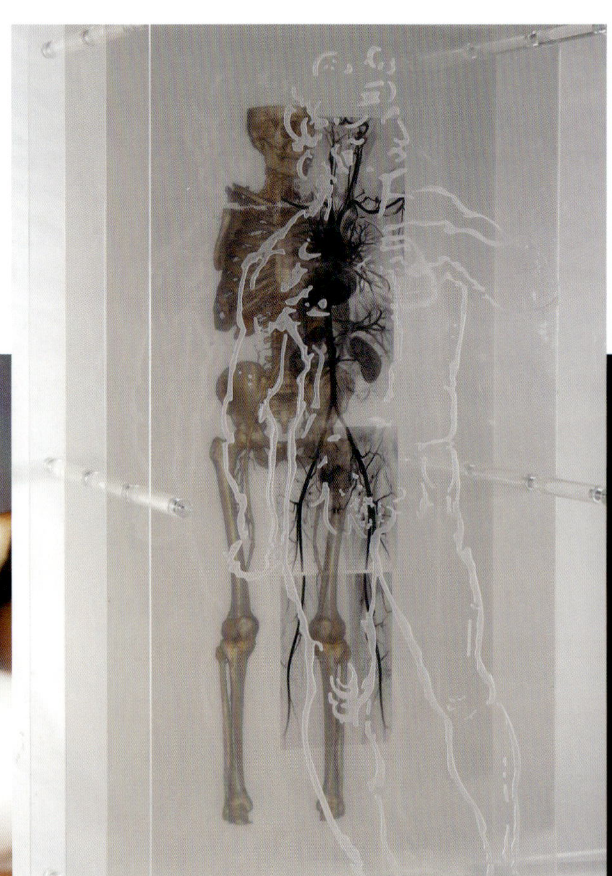

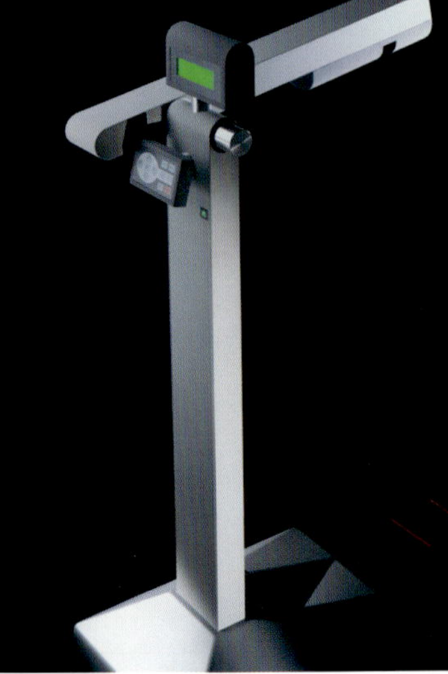

FLEXVIEWER
Scuola politecnica di design
Janaina Ferreira Santos, Michal Gherman, Fernanda Valenzuela
2002

L'oggetto è costituito da due elementi flessibili modulari, uno schermo e da un *touch pad* – che può diventare una tastiera virtuale – assemblati all'unità di elaborazione, unica parte rigida del dispositivo. La dotazione di una penna a infrarossi, adatta a tutte le superfici, permette di usare solo lo schermo e l'hardware, eliminando così la tastiera e rendendo l'apparecchio più compatto.

The object consists of two flexible modular elements, a screen and a touch pad – which can become a virtual keyboard – attached to the processing unit, the only rigid part of the device. The equipment includes an infrared pen for all surfaces, making it possible to use the screen and the hardware without using the keyboard, and rendering the device more compact.

SCULTURA
SCULPTURE
Bracco
Licia Paolucci/Jad
2001

Lo sviluppo recente dei mezzi di contrasto, associato a software sempre più raffinati, permette al medico di ricostruire al computer immagini molto precise del corpo per avere diagnosi sempre più accurate e precoci.
Il modello in plexiglas ricostruisce la figura umana con immagini reali ottenute con Tac spirale multislice (apparato scheletrico) e con risonanza magnetica (albero vascolare) con l'utilizzo di mezzi di contrasto Bracco.

The recent development of contrast agents,associated with ever more refined software, makes it possible for a doctor to reconstruct on the computer images of the body that are very precise, so as to have increasingly accurate and early diagnoses.
The model in plexiglass replicates the human figure in real images obtained with multislice spiral CT (vascular apparatus) and Magnetic Resonance exams (vascular tree) with contrast agents developed by Bracco.

HPL HIGHT POWER LASER
Elettronica Pagani
Stefano Carozzi
2003

Apparecchio per laserterapia a cura antalgica nelle patologie reumatologiche, traumatologiche dermatologiche e neurologiche, coniuga in modo corretto e gradevole il rapporto tra tecnologia elettromedicale e progetto di design. Richiudibile facilmente e con semplici gesti, con un ingombro particolarmente contenuto, consente veloci spostamenti e può essere riposto anche in poco spazio.

Device for laser applications in the anthalgic treatment of rheumatic, traumatic, and dermatological pathologies, it is a correct a pleasant example of the relation between electro-medical technology and a design product.
Easily closed, compact, it can be moved rapidly, and it requires little storage space.

JET-LAG

Accademia di belle arti di Brera
Scuola di nuove tecnologie dell'arte

Benedetta Panisson;
Simone Bertuzzi
e Simone Trabucchi;
Rita Casdia
2006

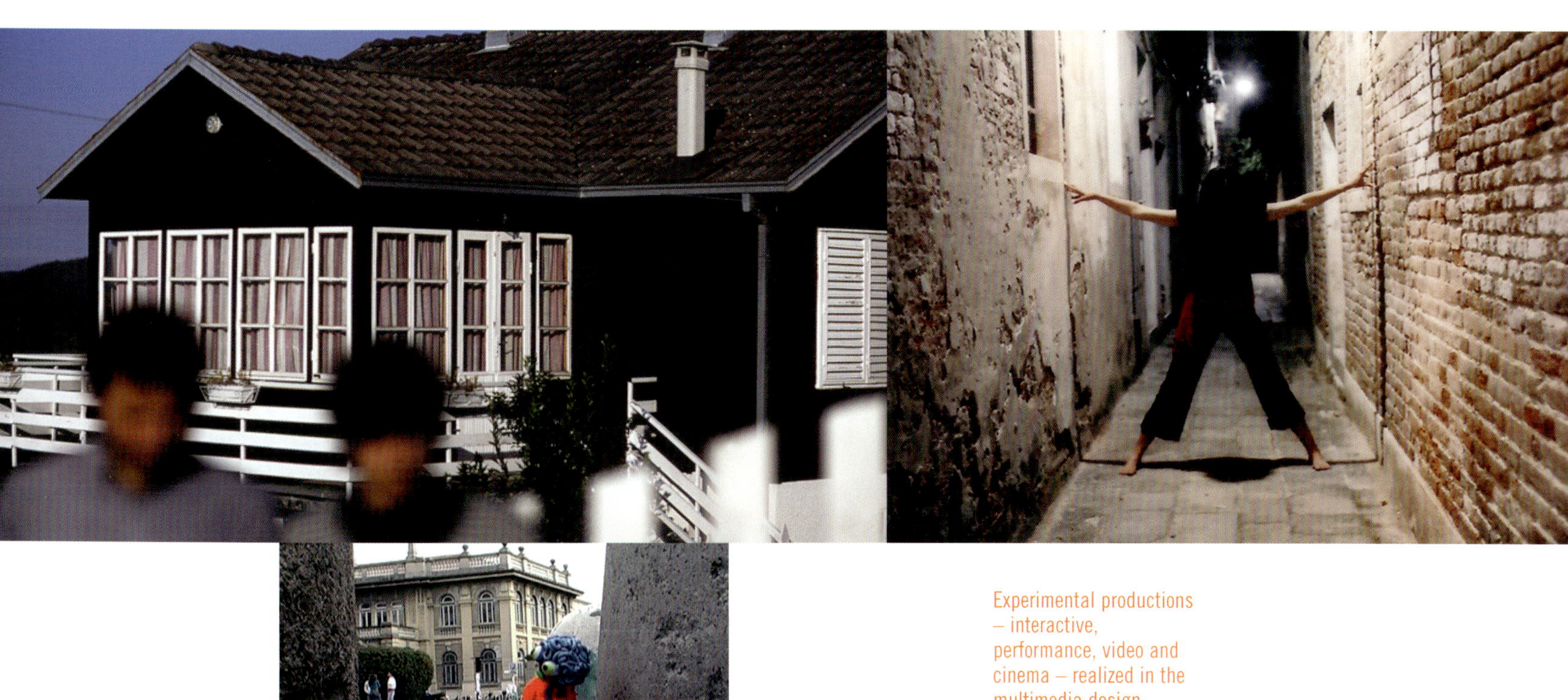

Produzioni sperimentali – interattive, performative, video e cinematografiche – realizzate all'interno del corso di progettazione multimediale. Le ricerche (Sole, Invernomuto e Don't come to Venice) indagano l'esperienza dello spostamento dei ritmi che avviene e ci permea dopo un viaggio attraverso vari fusi orari e molti chilometri, andando a ricreare le medesime sensazioni di disturbo percettivo in uno spazio-tempo più ristretto, come quello della dimensione urbana e quotidiana.

Experimental productions – interactive, performance, video and cinema – realized in the multimedia design course. The projects (Sole, Invernomuto and Don't come to Venice) investigate the experience of the changed rhythms which permeate us after a trip through various time zones and long distances, in an attempt to recreate the same disturbing sensations in perceiving a more constricted space-time, than that of the daily urban dimension.

La progettazione visiva si concretizza in un'ampia varietà di mezzi e strumenti in grado di comunicare al meglio dalla città alle imprese, ai prodotti.

Segni e grafie

Visual design takes the form of a wide variety of means and tools for better communication, from the city, to businesses, to products.

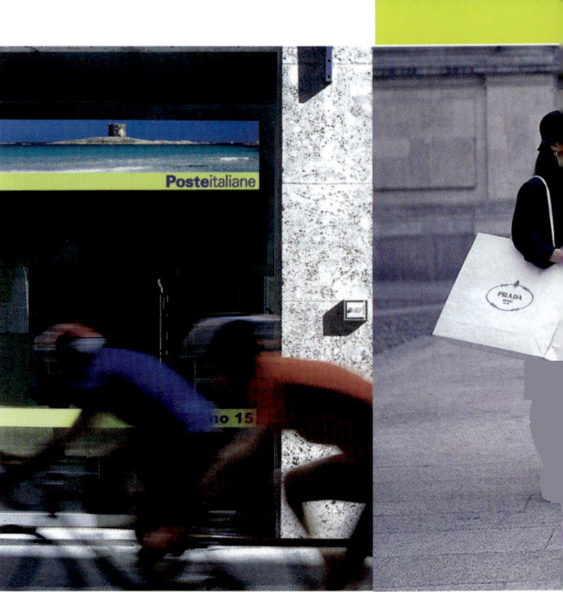

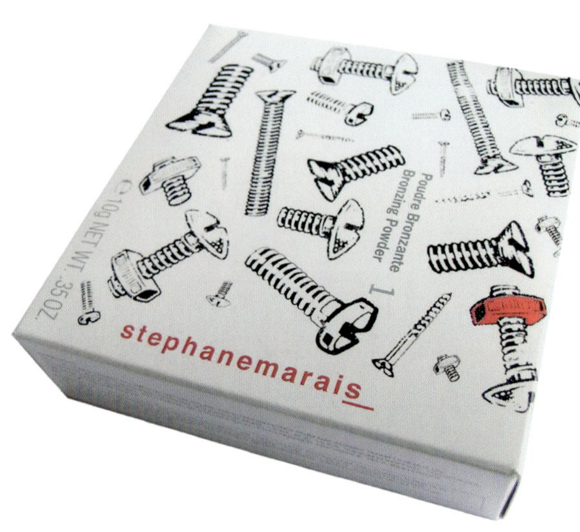

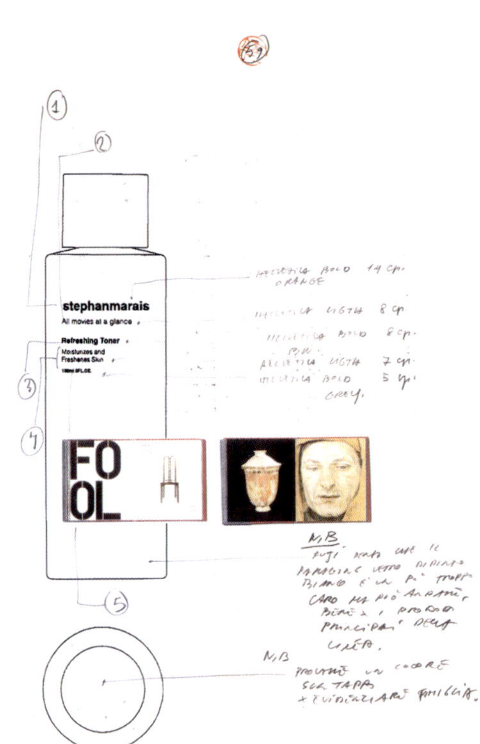

PACKAGING
STEPHANE MARAIS
SMB
Sergio Calatroni
e Miyuki Yajima
con Hisayuki Amae
e Antonio Pio Giovanditto
(Sergio Calatroni
Artroom)
2004

Esteso intervento per packaging di prodotti cosmetici, si caratterizza per la riconoscibilità del brand, la diversificata soluzione delle confezioni e la versatilità del segno grafico, di notevole richiamo in particolare per una clientela giovanile.

Extensive intervention for cosmetics packaging, marked by brand recognition, diversified packaging and versatility of graphics, attractive especially for a young clientele.

COLLANE EDITORIALI
PUBLISHING SERIES
Feltrinelli
Bob Noorda e
Salvatore Gregorietti
Unimark International
1981

Iniziata negli anni sessanta, la collaborazione si sostanzia nei primi anni ottanta con l'incarico di ridefinire la corporate identity della società, tra cui nuovi marchio e logotipo.

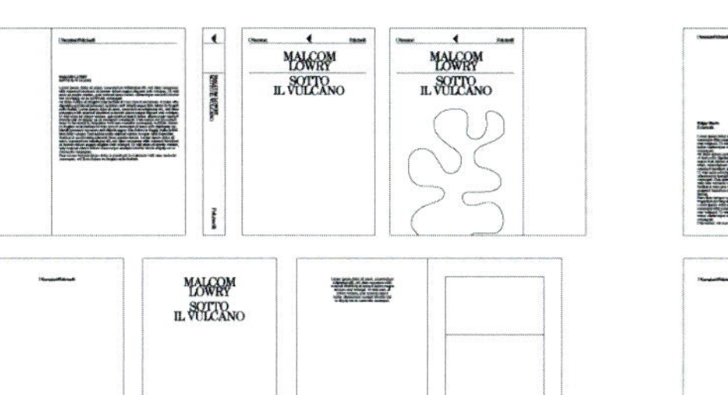

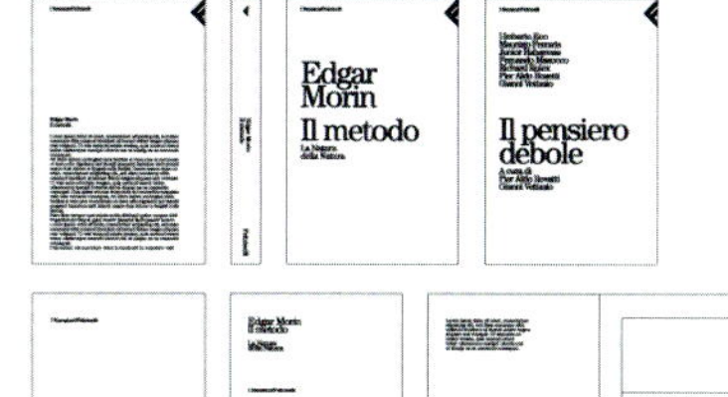

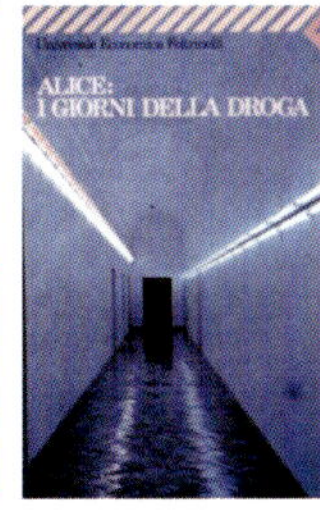

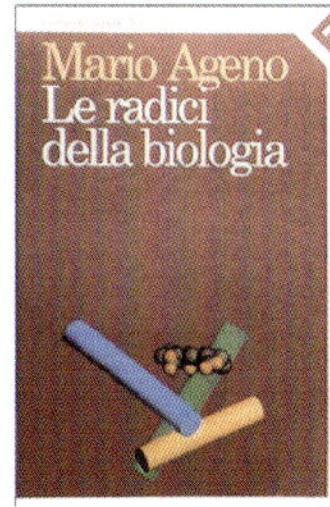

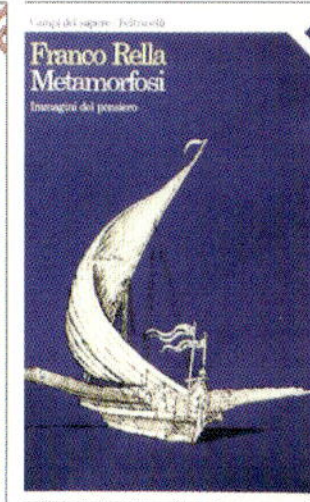

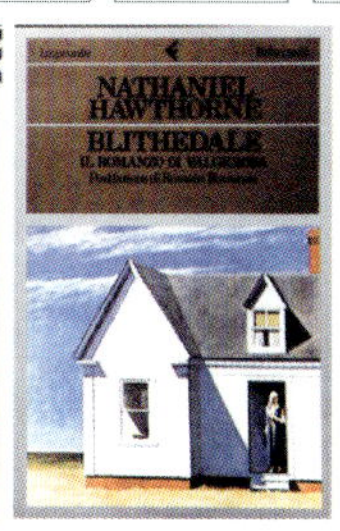

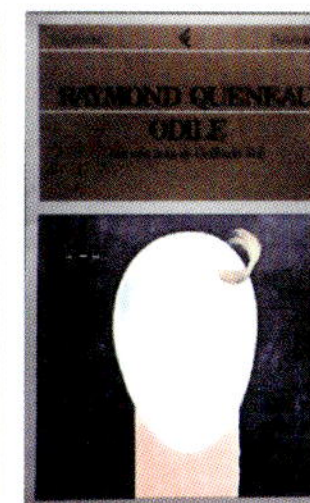

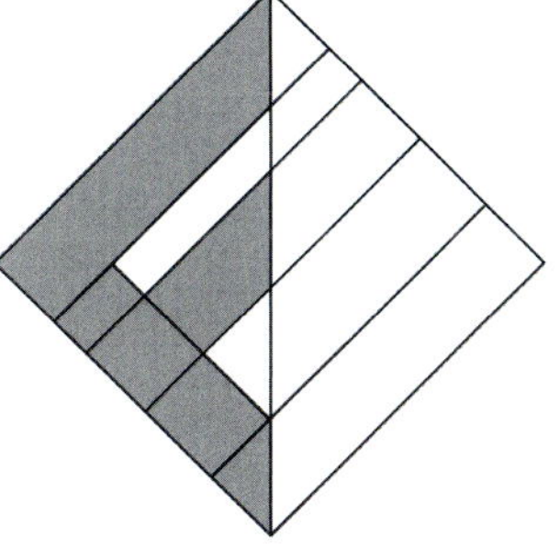

Nascono così la F, ruotata a 45 gradi e tagliata verticalmente posizionata sul margine alto destro della copertina dei libri, e il logotipo in carattere Century, che diviene anche il carattere istituzionale della casa editrice.
La definizione del manuale di applicazione ne ha permesso la declinazione successiva da parte degli uffici grafici interni.

This cooperation began in the 1960s, and grew in the 1980s with the task of redefining the company's corporate identity, including a new trademark and logo. That was how the F was born, rotated 45 degrees, cut vertically and placed on the upper right hand margin of the book covers, along with the logo in Century font, which became the institutional font of the publishing house as well. A manual then made its application in the internal graphic offices possible.

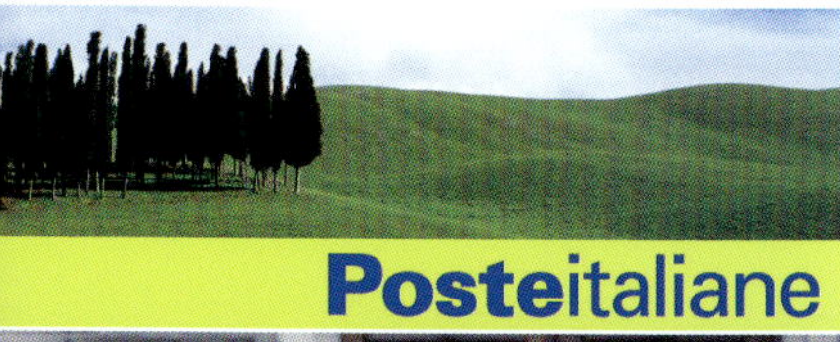

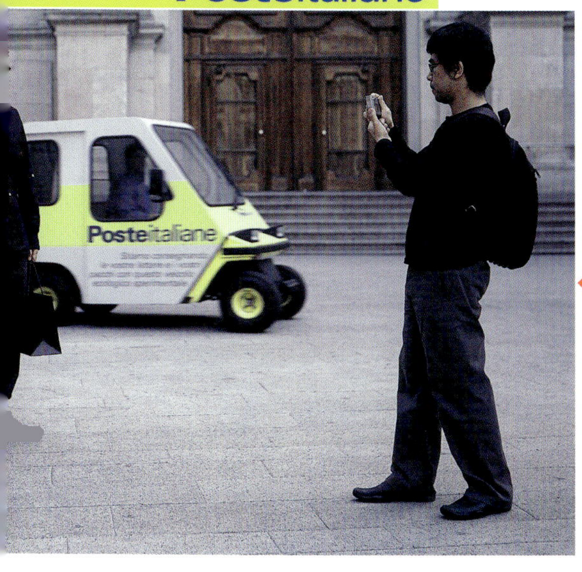

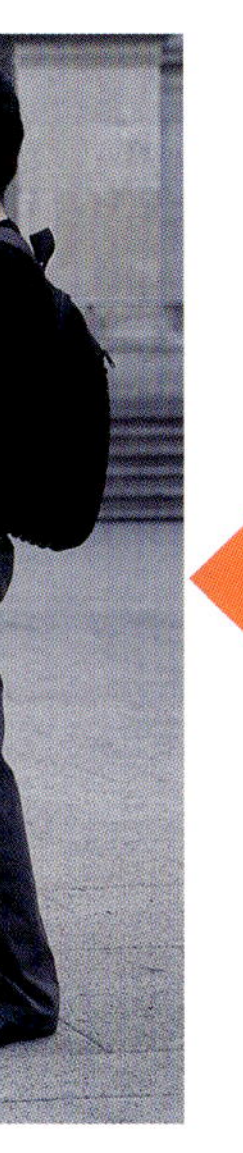

CORPORATE IDENTITY
Poste Italiane
Fragile
(Michele De Lucchi
e Mario Trimarchi)
1998-2003

Intervento realizzato all'interno del progetto complessivo di ammodernamento dell'identità istituzionale della società affidato allo studio Michele De Lucchi, che ha riguardato sia i luoghi – dagli interni di agenzie postali agli allestimenti commerciali –, sia gli strumenti – apparecchiature, arredi, grafica, forme di comunicazione – necessari a rendere operativo e visibile il processo di razionalizzazione gestionale, aggiornamento tecnologico e di formazione del personale della società.

Intervention, conducted as part of the overall program of modernization of the post's institutional identity, entrusted to the studio of Michele De Lucchi, which concerned both the places – from the interiors of post offices to commercial presentations – and the tools – equipment, furnishings, graphics, forms of communication – necessary to make visible and functional the process of rationalization of the company's management, technological modernization, and personnel training.

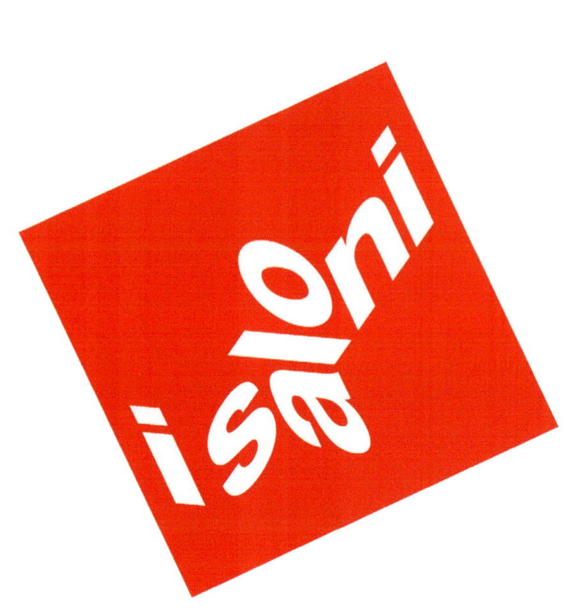

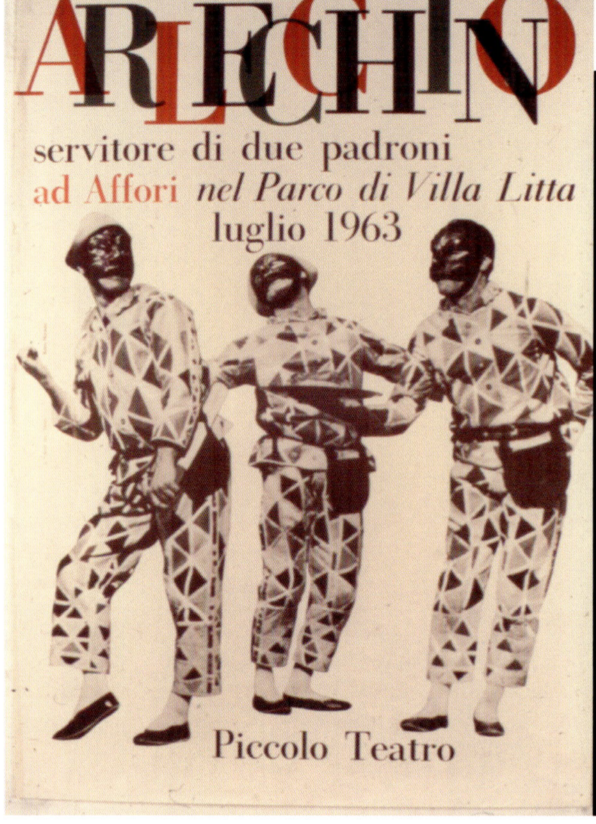

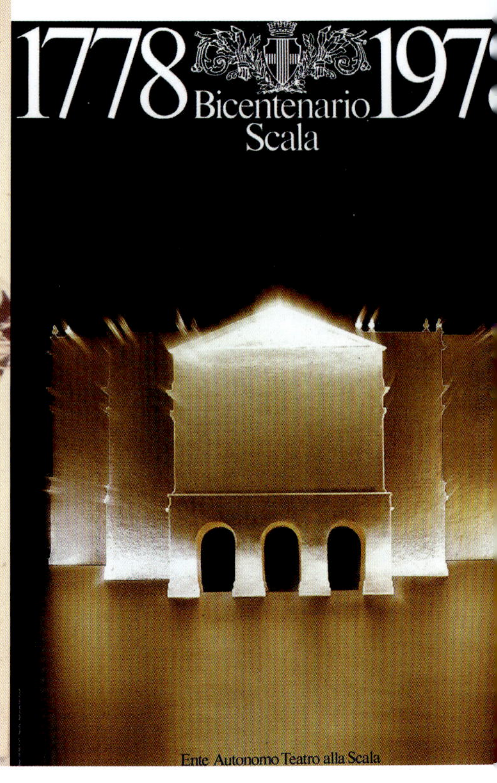

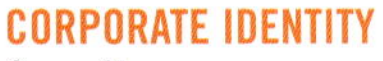

CORPORATE IDENTITY
Cosmit
Studio Cerri & Associati
2003

Cosmit, società organizzatrice del Salone Internazionale del Mobile – la più significativa rassegna mondiale dell'arredamento – si affida per la propria immagine coordinata a importanti grafici tra cui Vignelli Associates (1994-2002; Compasso d'oro-ADI 1998) e Studio Cerri & Associati/Pierluigi Cerri, Alessandro Colombo dal 2003.

Cosmit, the company organizing the Salone Internazionale del Mobile in Milan – the most significant fair in the field – has always commissioned its visual communication to important graphic designers, including Vignelli Associates (1994 -2002; Compasso d'oro-ADI 1998) and Studio Cerri & Associati/Pierluigi Cerri, Alessandro Colombo from 2003.

POSTER "ARLECCHINO SERVITORE DI DUE PADRONI"
Piccolo Teatro di Milano
Remo Muratore
1963

Espressività nel taglio dell'immagine e nel lettering, funzionali a generare connessioni con il contenuto dello spettacolo, caratterizzano il manifesto progettato da un importante grafico italiano del novecento per uno dei maggiori spazi teatrali nazionali.

Expressiveness in the cut of the image and in the lettering, which suggest connections with the play's content, distinguish this poster, which was produced by an important Italian graphic designer of the 20th Century for one of the most important Italian theaters.

POSTER "DUECENTO ANNI ALLA SCALA"
Teatro alla Scala
G&R Associati
1978

Manifesto dedicato al bicentenario dell'importante teatro, dove in maniera magistrale il trattamento tipografico e dell'immagine – centrale e su fondo scuro – è studiato per far concentrare l'attenzione sugli elementi essenziali dell'informazione.

Poster dedicated to the bicentennial of the theater, where the typographical treatment and the image – central and on a black background – intends to focus attention on the essential elements of information.

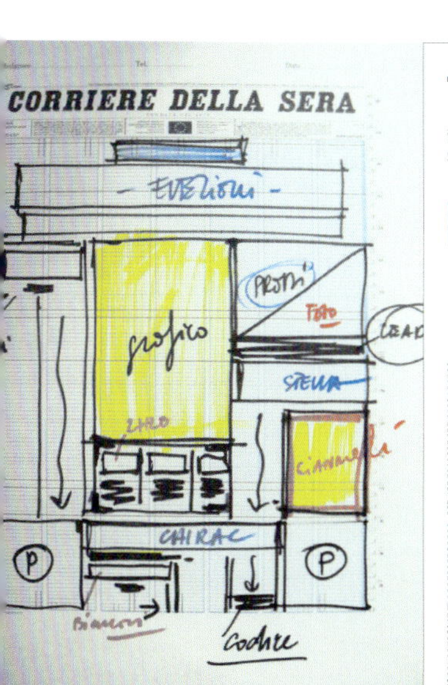

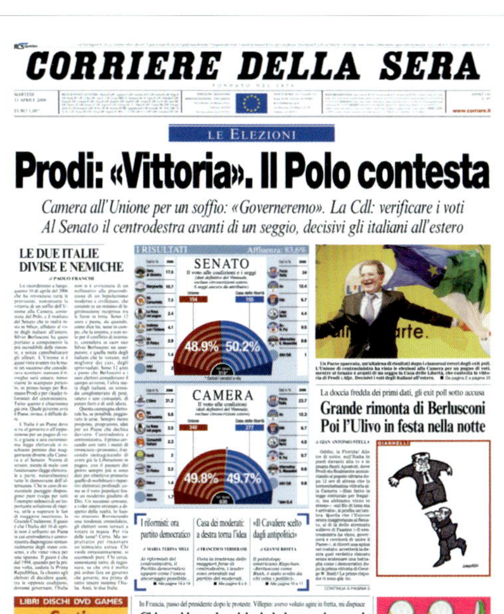

CORRIERE DELLA SERA

LE ELEZIONI

Prodi: «Vittoria». Il Polo contesta

Camera all'Unione per un soffio: «Governeremo». La Cdl: verificare i voti
Al Senato il centrodestra avanti di un seggio, decisivi gli italiani all'estero

LE DUE ITALIE DIVISE E NEMICHE

I RISULTATI

SENATO

48.9% 50.2%

CAMERA

49.8% 49.7%

La doccia fredda dei primi dati, gli exit poll sotto accusa

Grande rimonta di Berlusconi Poi l'Ulivo in festa nella notte

Chirac sblocca la crisi: via la legge sui precari

IL CASO DI MARIO SPEZI

UN ARRESTO E TANTI DUBBI

LIBRI DISCHI DVD GAMES

Gratis a casa tua!

ibs.it internet bookshop

www.ibs.it

BIKKEMBERGS

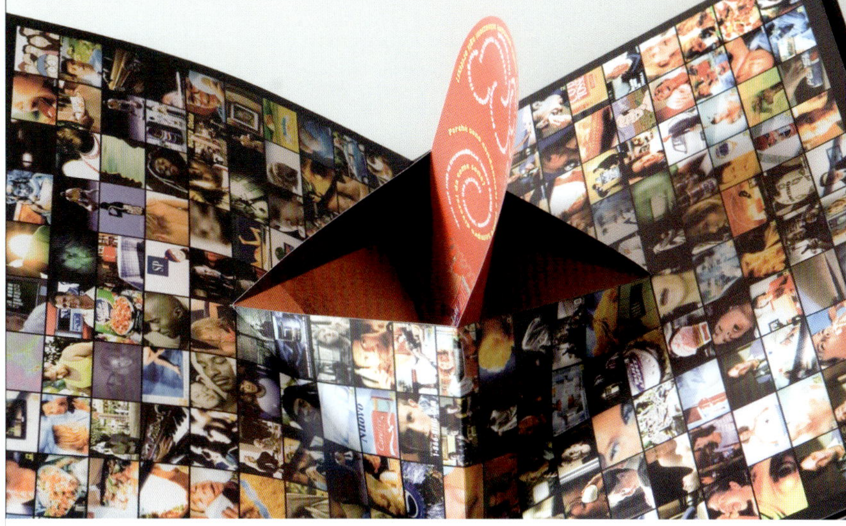

QUOTIDIANO
DAILY
"CORRIERE DELLA SERA"
RCS Corriere della Sera
Gianluigi Colin
(art director)
e Gianni Valenti
(capo redattore centrale)
con Bruno Delfino
e staff grafico interno
2005

La stampa a colori dell'intero quotidiano è stata l'occasione per la revisione del progetto grafico, compresa la riduzione del formato, con esiti di più agevole consultazione e chiarezza nella struttura delle parti. Il risultato mantiene inalterata l'identità del quotidiano coniugando con efficacia tradizione storica e innovazione.

Introduction of color printing for the whole daily was the occasion to rework its graphics, including reduction of the format, making for easier reading and clarity in the structure of the parts. The result does not change the paper's identity, at the same time linking innovation and tradition.

TRASH ZAPPING PIXEL
Bruno Viappiani
Antonio Barrese
Barrese & Buddensieg
2004

Interessante volume dove un racconto visivo, costruito con carte differenti, metodologie di stampa e lavorazioni speciali, mostra le innovative e numerose tecniche di stampa e capacità esecutive di questa industria tipo-litografica, specializzata anche nella realizzazione di tipologie di prodotti grafici per beni di largo consumo.

Interesting volume where a visual tale, told with different papers, press methods, and special processes, shows the numerous innovative press techniques and capacities of this typographical and lithographic industry, specialized in the realization of graphic products for popular consumer products.

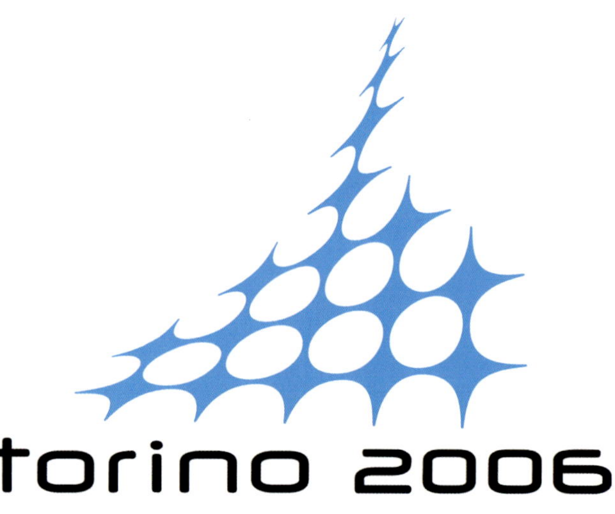

LOGOTIPO
LOGO
Olimpiadi invernali
Torino 2006
Studio
Husmann Benincasa
2001

Il disegno del logotipo si basa essenzialmente sulla distorsione tridimensionale della sagoma della Mole Antonelliana che diventa una dinamica montagna definita da geometrici cristalli di ghiaccio, a richiamare la struttura urbanistica della città ma anche una rete, emblema delle tecnologie e dello spirito di comunanza tra i popoli innato nella manifestazione.

The design of the logo is based essentially on the outline of the Mole Antonelliana which becomes a dynamic mountain defined by geometric ice crystals, to suggest the urban layout of the city but also a network, emblematic of technology and of the spirit of community among peoples that is inherent in the event.

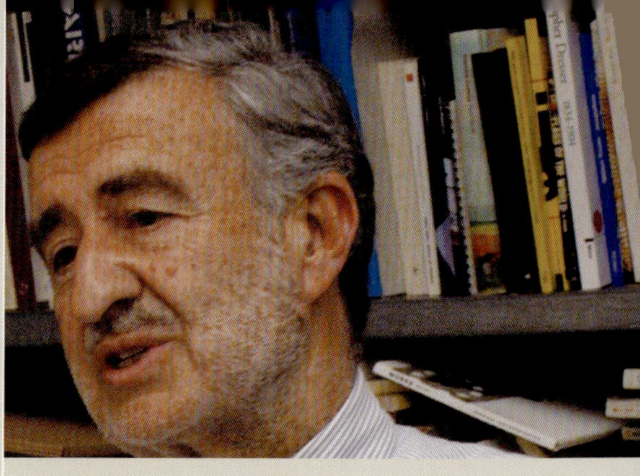

ITALO LUPI
ARCHITETTO
ARCHITECT

“ Alcuni volumi usciti a metà degli anni novanta hanno stabilito finalmente l’esistenza di una scuola milanese di design grafico, ponendola al pari con quelle svizzera e olandese e facendoci abbandonare il giudizio di provincialismo che ha portato a una interpretazione riduttiva dei fenomeni italiani, perché ci si accorge che alcuni punti di svolta nella professione si sono verificati proprio in Italia. La ragione è forse nel fatto che sono confluite qui culture differenti, culture provinciali che si sono assommate a culture alte. Grazie alle presenze internazionali, ad esempio, la scuola svizzera veniva qui modificata perdendo certi rigori, ma soprattutto acquisendo un sapore caratteristico e unico nel panorama mondiale. Riassume questa via italiana al modo di comunicare Massimo Vignelli; lo mostra quanto abbia influenzato la grafica americana che è mutata veramente dopo il suo arrivo. Vignelli, all’interno di una griglia all’apparenza molto rigida, introduce elementi di forte invenzione che costituiscono il “colpo di pollice” decisivo. Questa è una caratteristica tipica di altri autori italiani. Forse, soprattutto negli anni Cinquanta e Sessanta, la grafica era milanese, e naturalmente l’eccellenza era Olivetti. La rottura della regionalizzazione avviene dopo il 1968. Adesso a Milano c’è un tessuto di giovani, usciti anche da scuole specifiche dedicate a questa disciplina che sta portando a risultati interessanti.

Some books from the mid-1990s finally clarified the existence of a Milanese school of graphic design, placing it on the same level as the Swiss and Dutch schools, forcing us to give up the negative provincial judgment on things Italian, because it became clear that some turning points in the history of the design profession took place precisely in Italy. The reason perhaps lies in the fact that different cultures converged here, provincial cultures that added up to a high culture. Thanks to international influences, the Swiss school changed by losing a certain severity here, acquiring a unique character in the global panorama. Who symbolizes this Italian road to a mode of communication is Massimo Vignelli; what demonstrates this fact is his influence on American graphics which really changed after his arrival. Vignelli introduced, into an apparently rigid grid, strong creative elements that constituted a decisive design “coup”. This was characteristic of other Italian authors as well. Perhaps it was above all in the 1950s and 1960s that graphics became Milanese, and naturally who excelled most was Olivetti. The rupture in regionalization took place after 1968. Now Milan is home to a world of young people who have come out of schools set up for this discipline with interesting results. ”

LOOK OF THE CITY
Olimpiadi invernali Torino 2006
Italo Lupi, Ico Migliore e Mara Servetto
2005

Immagine con cui la città di Torino si è presentata al mondo durante le Olimpiadi invernali 2006: un sistema elegante e rigoroso caratterizzato da segni grafici essenziali e dai colori rosso cinabro e nero che connotano, tra l'altro, dai grandi pannelli identificativi e informativi ai filiformi elementi segnaletici urbani.

Image Turin presented to the world during the 2006 Winter Olympics: an elegant and rigorous system characterized by essential graphic signs and by the colors vermilion red and black that marked the big identification and information panels as well as the linear elements of city signs.

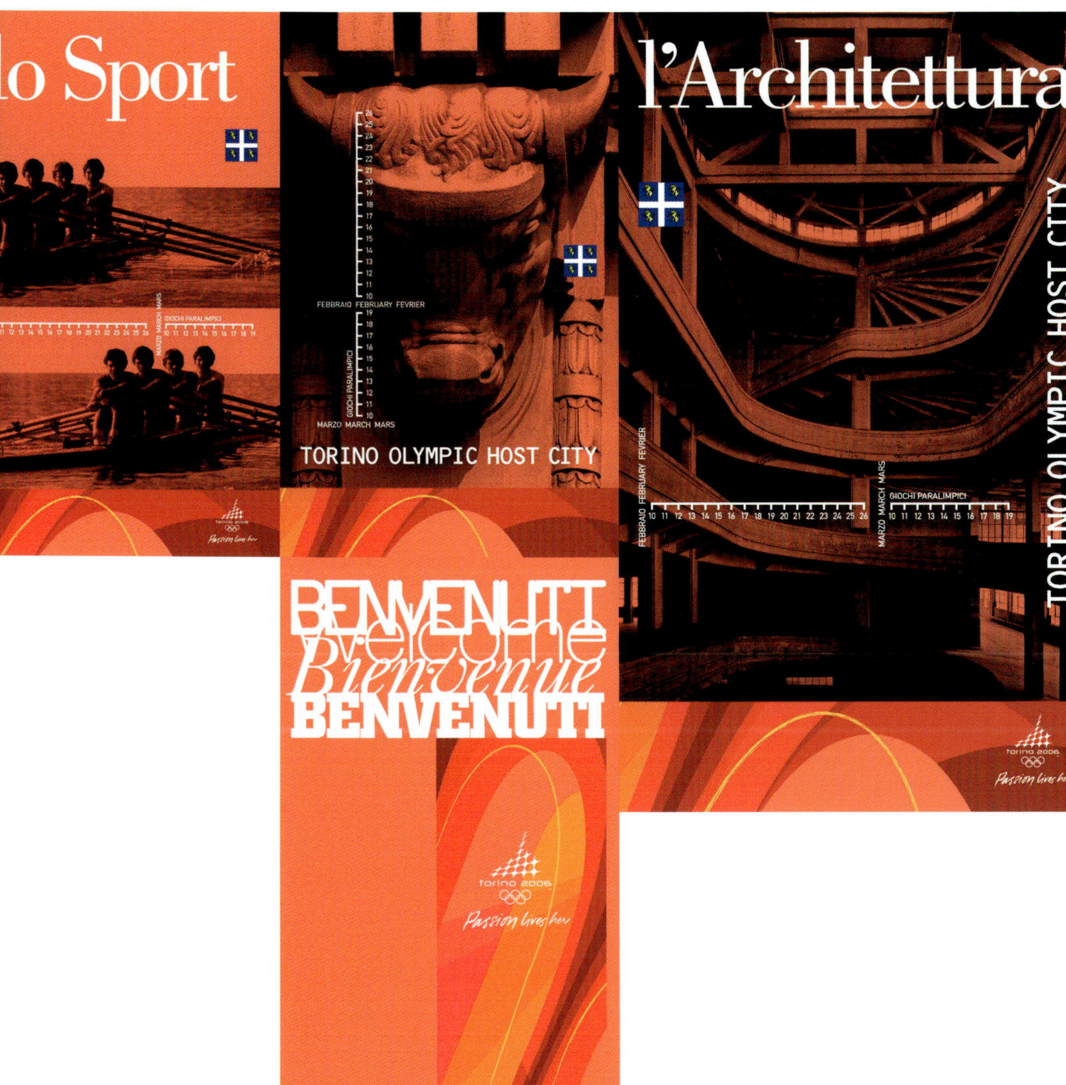

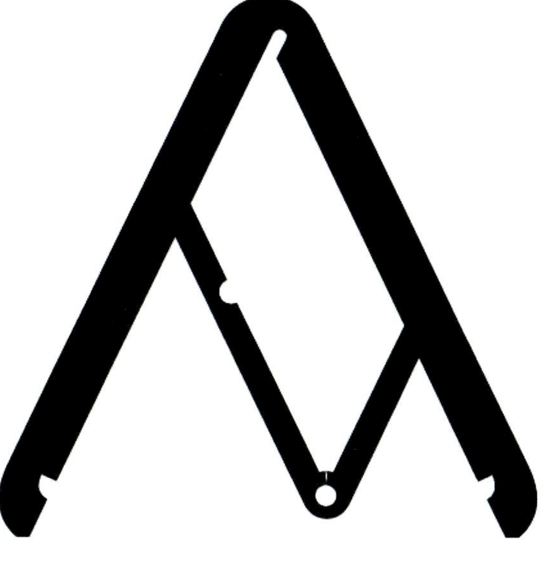

MARCHIO
TRADEMARK
COMPASSO D'ORO
ADI Associazione per il disegno industriale
Albe Steiner
1954

Efficace e rigorosa sintesi visiva contraddistingue il marchio per il Compasso d'oro, premio assegnato dal 1954 ai prodotti di eccellenza del design italiano.

Efficacious and rigorous synthesis distinguish the trademark of the Compasso d'oro, a prize assigned since 1954 to products of excellence in Italian design.

LOGOTIPO
LOGO
Pirelli
Pierluigi Cerri
1997

Il logotipo Pirelli fu disegnato nel 1946; ridefinito nel 1961, viene rielaborato nel 1982 da Salvatore Gregorietti / Unimark International assieme al manuale d'uso e da Pierluigi Cerri nel 1997 che ne definisce le appropriate applicazioni, anche cromatiche.

The Pirelli logo was designed in 1946; redefined in 1961, it was elaborated yet again in 1982 by Salvatore Gregorietti / Unimark International along with a user's manual, and then in 1997 Pierluigi Cerri defined its appropriate applications also in terms of colors.

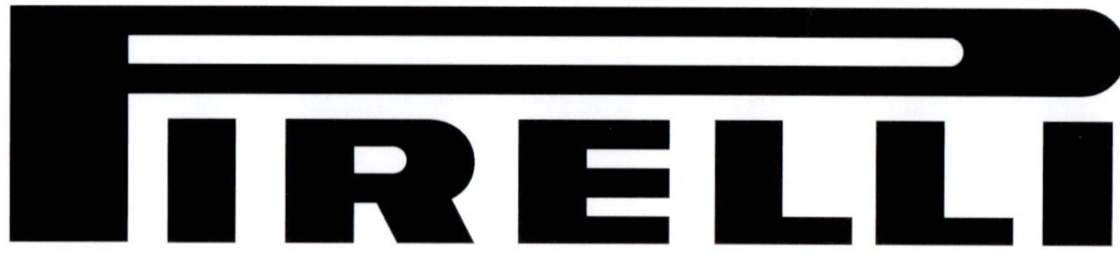

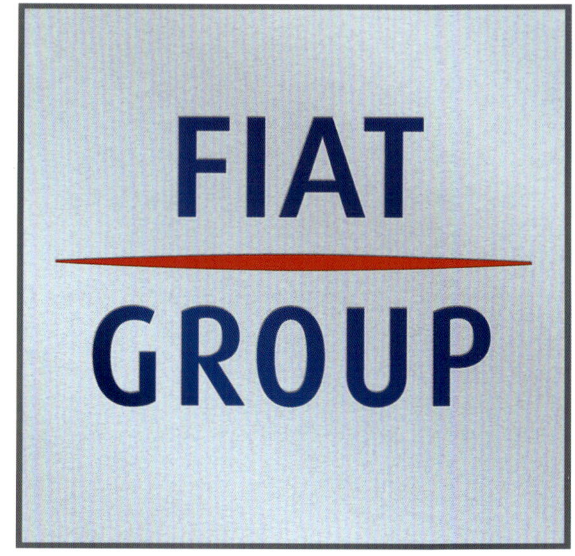

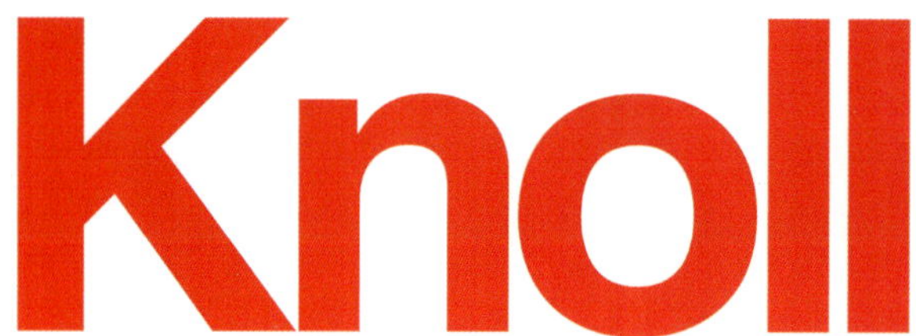

CORPORATE IDENTITY
Knoll International
Vignelli Associates
1966-80

Coerenza funzionale e comunicativa – tratti distintivi dei lavori dello studio Vignelli – connotano questa lunga collaborazione per la realizzazione dell'immagine coordinata di un'importante azienda americana di furniture design.

Functional and communicative coherence – distinctive qualities of the works coming out of the Vignelli studio – connote this long collaboration in realizing a coordinated image for the important American furniture design company.

LOGOTIPO
E CORPORATE IDENTITY
Fiat Group
Robilant Associati
2005-06

Nelle intenzioni dei progettisti, il nuovo logotivo della società automobilistica ha forma quadrata per richiamare i concetti di razionalità e solidità, fondo grigio argenteo per riferirsi alla tecnologia, scritte blu per dar conto della continuità con il vecchio marchio, tratto di separazione calligrafico rosso come segno dell'apertura dell'azienda verso l'esterno.

In the intention of the designers, the new logo of the automotive company is square, to denote rationality and solidity, with a silver grey background connoting technology, letters in blue to show continuity with the old trademark, and the calligraphic dash to signify the company's openness to the outside world.

GRAFICA ***GRAPHICS***
Triennale di Milano
Autori vari
1923 ad oggi until now

La grafica della Triennale di Milano, dalla sua fondazione nel 1923, proprio perché si è avvalsa dei maggiori protagonisti in questo campo, configura un panorama variegato e di grande interesse che conferma il fondamentale ruolo culturale dell'istituzione milanese.

The graphics of the Triennale di Milano, from the time of its foundation in 1923 until now, precisely because the protagonists in this field were called on to do work, makes up a varied and fascinating panorama, confirming the fundamental cultural role of the Milanese institution.

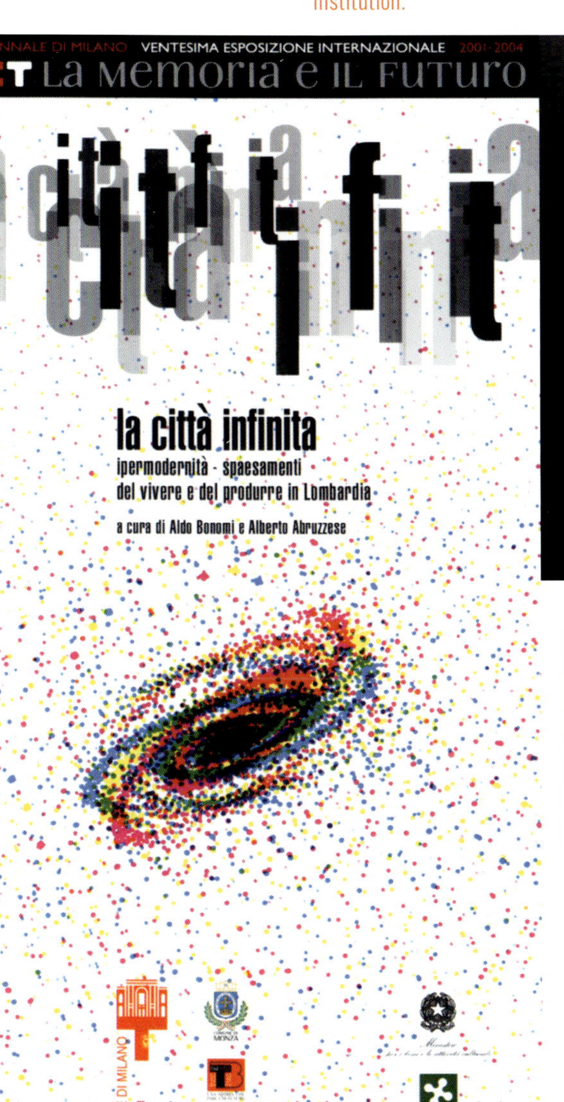

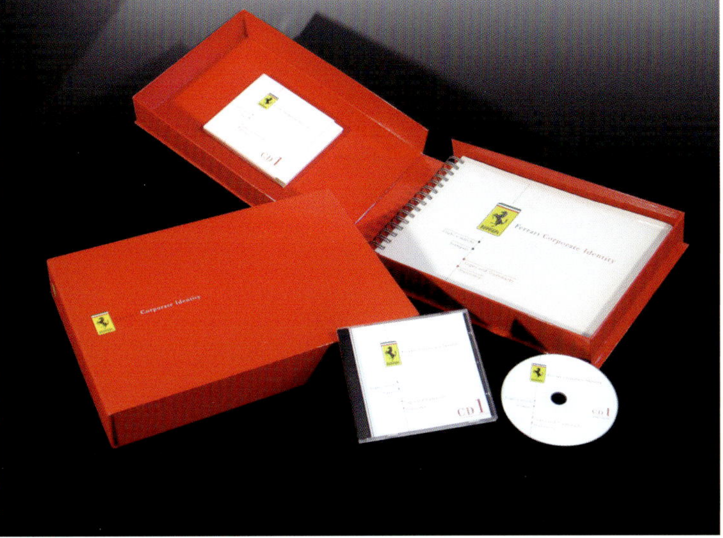

STEMMA E IMMAGINE COORDINATA ***ARMS AND CORPORATE IDENTITY***
Provincia di Milano
Ino Chisesi, Giancarlo Iliprandi e Susanna Vallebona
1997-99

Stemma e logotipo sono gli elementi basilari della nuova immagine della Provincia di Milano. In particolare, lo stemma che unisce sole e luna è ripreso dal simbolo dell'abbazia di Mirasole sovrastato dalla croce rossa in campo bianco, in ricordo della bandiera del popolo milanese in lotta contro Barbarossa, circondato dal blu che caratterizza gli emblemi delle istituzioni europee.

The coat of arms and logo are basic elements in the new image of the Province of Milan. The coat of arms that joins the sun and the moon was taken from the symbol of the Abbey of Mirasole under a red cross in a white field, a reminder of the flag of the Milanese people in their struggle against Barbarossa, surrounded by the blue characterizing the emblems of European Union institutions.

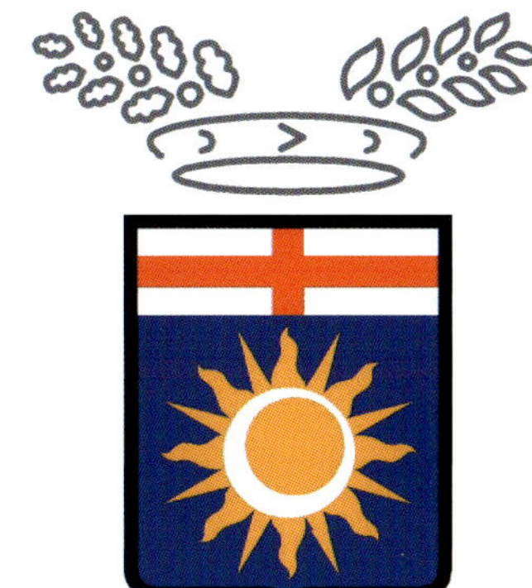

Provincia di Milano

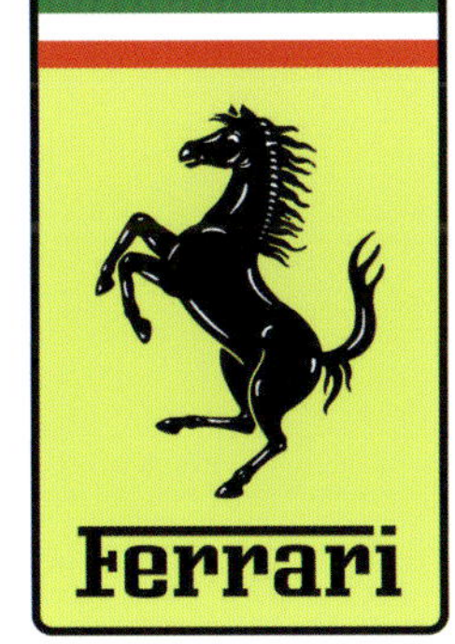

CORPORATE IDENTITY
Ferrari
In Testa
Ferrari Comunication Department (coordinamento e supervisione)
2005

Progetto di nuova guideline e marchio Ferrari, ideato dallo studio Seidldesign di Stoccarda, che basandosi sugli elementi grafici "tradizionali" del marchio ne attualizza il linguaggio comunicativo.

Plan for a new guideline for the Ferrari trademark, elaborated by the Seidldesign studio of Stuttgart, which, based on the "traditional" elements of the trademark, brings the communication of its language up to date.

Biografie Biographies

Claudio Abbado
Direttore d'orchestra è stato direttore della Scala di Milano e di molti altri enti musicali e orchestre internazionali. Orchestra conductor, director of La Scala of Milan and of many other musical organizations and international orchestras.

Alberto Abruzzese
Professore di sociologia delle comunicazioni di massa all'Università di Roma, è autore di numerose pubblicazioni e ricerche sul tema. Professor of sociology of mass communication at the University of Rome and author of many writings on the subject.

Giulio Ballio
Ingegnere, dal 2002 è Rettore del Politecnico di Milano. Engineer, since 2002 Rector of the Politecnico of Milan.

Luigi Barzini Jr. (1908-84)
Fra i maggiori giornalisti italiani lavorò per varie testate, tra cui il "Corriere della Sera". One of the most important italian journalist who worked for various newspapers including the "Corriere della Sera".

Alberto Bassi
Storico e critico del design, docente alla facoltà di design e arti dell'Università IUAV di Venezia. Historian and design critic, teacher at faculty of design and arts of the IUAV University of Venice.

Stefano Boeri
Architetto e teorico impegnato in particolare sui temi delle mutazioni della città contemporanea, è direttore della rivista "Domus". Architect and theoretician specializing in themes concerning contemporary urban transformations. Editor of "Domus".

Paolo Boffi
Imprenditore e fondatore dell'azienda omonima, è presidente di Assarredo, associazione di Federlegno Arredo. Entrepreneur and founder of the business bearing his name, he is president of Assarredo, association of Federlegno Arredo.

Aldo Bonomi
Sociologo, è autore di saggi e ricerche sull'intreccio tra modificazioni economiche, produttive e sociali del territorio urbano contemporaneo. Sociologist, he is author of essays and research on the relation between economic, productive and social changes in the contemporary urban territory.

Ampelio Bucci
Economista, è direttore di Mies, società di consulenza direzionale, marketing strategico e design direction. Economist and director of Mies, consultants for strategic marketing and design direction.

Omar Calabrese
Sociologo, professore di semiotica all'Università di Siena. Ha insegnato in alcune delle più importanti università del mondo. Sociologist, professor of semiotics at the University of Siena. He has taught in some of the most important universities in the world.

Giulio Cappellini
Architetto e imprenditore, titolare dell'omonima azienda di design, ha disegnato linee d'arredo, collaborato con importanti designer internazionali e curato mostre di design. Architect and entrepreneur, owner of the design firm of the same name, he has designed furniture lines and has worked with important international designers, as well as curating design shows.

Antonio Citterio
Architetto e designer, collabora con le maggiori aziende italiane e internazionali dell'industrial design, in particolare del settore dell'arredo. Architect and designer, he works with the biggest Italian and international companies in industrial design, especially in the sector of furnishings.

Gianluigi Colin
Art director e progettista della nuova grafica del "Corriere della Sera". Art director designer of the new graphics of the "Corriere della Sera".

Umberto Colombo
Chimico e fisico, esperto di energia, di ambiente e di politica scientifica e tecnologica, ha ricoperto numerose cariche pubbliche e private. È stato anche ministro dell'università e della ricerca scientifica e tecnologica. Chemist and physicist, expert on energy, the environment, and scientific and technological policy, he has held many public and private positions. He has also been minister for the university and scientific and technological research.

Aldo Colonetti
Filosofo del design, è direttore dell'Istituto europeo di design e della rivista "Ottagono". Ha realizzato numerose mostre internazionali sul design italiano. Philosopher of design, he is director of the Istituto europeo di design and editor of "Ottagono". He has organized many international exhibitions on Italian design.

Giorgio Correggiari
Stilista, svolge da anni una speciale ricerca sulla lavorazione della materia tessile, già messa in pratica e affinata nell'industria tessile. Stylist, for years he has worked on processing materials, tested and refined by the textile industry.

Giovanna D'Amia
Ricercatrice nell'area della storia dell'arte e dell'architettura moderna e contemporanea. Researcher in the area of history of art and of modern and contemporary architecture.

Arturo Dell'Acqua Bellavitis
Architetto, è vicepresidente della fondazione Triennale di Milano e professore di disegno industriale al Politecnico di Milano. Architect and vice president of the Triennale di Milano foundation, as well as professor of industrial design at the Politecnico of Milan.

Michele De Lucchi
Architetto e designer, è professore alla facoltà di design e arti dell'Università IUAV di Venezia. Architect and designer, he is professor at the faculty of design and arts of the IUAV University of Venice.

Claudio Demattè (1942-2004)
Economista, tra i padri della formazione manageriale italiana, è stato tra i fondatori della SDA Bocconi, importante scuola di direzione aziendale. Economist and one of the fathers of management training in Italy, he was a founder of the SDA Bocconi, an important school for business.

Gabriele De Vecchi
Artista e designer, fondatore del Gruppo T, attivo nell'arte programmata e cinetica, è titolare dell'Argenteria De Vecchi, bottega artigiana che si occupa di design e oggettistica. Artist and designer, founder of the Gruppo T, active in programmed and kinetic art, he owns the Argenteria De Vecchi, an artisan shop which handles design and objects.

Carmelo Di Bartolo
Designer, partner fondatore di Design Innovation, opera come consulente per il progetto, la ricerca e lo sviluppo. Designer, founding partner of Design Innovation, he works as a consultant for design, research and development.

Gillo Dorfles
Professore di estetica, fondatore del MAC, tra i più autorevoli critici d'arte e di design italiani a livello internazionale. Professor of aesthetics, founder of the MAC, one of the most authoritative critics of Italian art and design on the international level.

Elio Fiorucci
Fashion designer, antesignano di un approccio anticonformista e innovativo alla moda. Fashion designer, precursor of an anti-conformist and innovative approach to fashion.

Carlo Forcolini
Designer, presidente dell'ADI (Associazione per il disegno industriale). Designer, chairman of the ADI (Associazione per il disegno industriale).

Massimiliano Fuksas
Architetto, da anni dedica un'attenzione particolare allo studio dei problemi urbani nelle grandi

aree metropolitane. Fra le principali realizzazioni, il nuovo Polo Fiera Pero-Rho a Milano. Architect who for years has dedicated special attention to the urban problems of big metropolitan areas. His main works include the new Polo Fiera Pero-Rho in Milan.

Eugenio Gentili Tedeschi (1916-2005)
Architetto, ha realizzato, tra le altre opere, la stazione ferroviaria Garibaldi a Milano. Architect, he designed the Garibaldi railway station in Milan.

Pierluigi Ghianda
Maestro ebanista, è titolare di una tra le più prestigiose botteghe che porta avanti la tradizione dell'alta falegnameria brianzola. Master cabinetmaker, he owns a prestigious shop that carries on the Brianza tradition of high woodwork.

Ernesto Gismondi
Imprenditore, è fondatore di Artemide, tra le maggiori società attive nel settore dell'illuminazione. Entrepreneur and founder of Artemide, one of the major lighting firms.

Giorgio Giugiaro
Tra i maggiori car designer al mondo, ha progettato numerose automobili di successo e prodotti di design; l'ultimo progetto è l'auto Brera, Alfa Romeo. One of the most important automotive designers in the world, he has designed many successful cars and design products; the latest is the Brera for Alfa Romeo.

Vittorio Gregotti
Architetto e critico, ha realizzato progetti in tutto il mondo, tra i quali la recente riqualificazione dell'ex area Pirelli Bicocca a Milano. Architect and critic, he has realized projects throughout the world, including the recent renewal of the old Pirelli Bicocca area in Milan.

Sandro Goppion
Imprenditore, titolare del Laboratorio Museotecnico Goppion, specializzato nella realizzazione di vetrine per la conservazione di beni artistici. Entrepreneur and owner of the Laboratorio Museotecnico Goppion, specialized in realization of showcases for the conservation of works of art.

Italo Lupi
Architetto e grafico, è direttore e art director della rivista "Abitare". Architect and graphic designer, he is editor and art director of "Abitare".

Magutdesign
Studio grafico specializzato nella realizzazione di mostre, cataloghi e corporate identity per la cultura. Graphics studio specialized in creating exhibitions, catalogues, and corporate identities for cultural institutions.

Pietro C. Marani
Storico dell'arte, professore al Politecnico di Milano, è stato condirettore del restauro del Cenacolo di Leonardo da Vinci, di cui è considerato uno dei massimi esperti a livello internazionale. Art historian, professor at the Politecnico of Milan, he was co-director of the restoration of Leonardo da Vinci's *Last Supper*, on which he is one of the world's most important experts.

Alberto Meda
Ingegnere, è docente all'Università IUAV di Venezia. Svolge l'attività di industrial designer con importanti aziende. Engineer and teacher at the IUAV University of Venice. He works as industrial designer with important businesses.

Stefano Meneghetti
Direttore creativo di Inkemodo, divisione comunicazione e design di E-tree del gruppo Etnoteam, attivo nel settore dell'e-busines, digital design e internet. Creative director of Inkemodo, communication and design division of E-tree of the Etnoteam group, operating in e-busines, digital design and internet.

Augusto Morello (1928-2002)
Operatore culturale e teorico del design, fondatore dell'ADI e del Compasso d'Oro, è stato dal 1999 al 2002 presidente della Triennale di Milano. Cultural operator and theoretician of design, founder of the ADI and the Compasso d'Oro, from 1999 to 2002 he was chairman of the Triennale of Milan.

Vanni Pasca
Storico e critico del design, presiede il corso di laurea in disegno industriale di Palermo. Historian and critic of design, he conducts degree courses in industrial design in Palermo.

Renzo Piano
Tra i maggiori architetti internazionali, ha incarichi importanti in varie parti del mondo, come la nuova sede del "The New York Times" a New York. Tra i premi ottenuti, il Pritzker nel 1998. One of the most important international architects, he has important commissions in various parts of the world including that of the new headquarters of "The New York Times" in New York. He was awarded the Pritzker prize in 1998.

Luigi Piccinato (1899-1993)
Architetto e urbanista, docente in varie università e autore di numerosi piani per città italiane e straniere. Architect and city planner, professor in several universities and author of many plans for cities in Italy and abroad.

Antonio Pinna Berchet
Avvocato, vicepresidente e segretario generale della Fondazione 3M. Lawyer and vice president and secretary general of the Fondazione 3M.

Arnaldo Pomodoro
Scultore di fama internazionale, nel 2005 ha aperto a Milano la Fondazione a lui intitolata. Internationally famous sculptor, in 2005 he opened in Milan the foundation that bears his name.

Gio Ponti (1891-1979)
Architetto e designer, ha realizzato, tra l'altro, il grattacielo Pirelli a Milano (1955-60) e lavorato per importanti aziende del design. Architect and designer, he designed the Pirelli building in Milan (1955-60) and worked for important Italian design companies.

Emilio Pozzi
Storico e giornalista, docente all'Università di Urbino. Historian and journalist, teacher at the University of Urbino.

Carlo Rivetti
Imprenditore, presidente di Sportswear Company, titolare dei marchi di abbigliamento CP Company e Stone Island. Entrepreneur, he is chairman of Sportswear Company, which owns clothing brands CP Company and Stone Island.

Luca Ronconi
Regista teatrale di fama internazionale, direttore artistico del Piccolo Teatro di Milano. Internationally famous theater director, artistic director of the Piccolo Teatro of Milan.

Giovanni Sacchi (1913-2005)
Modellista, ha realizzato dal dopoguerra modelli e prototipi per i più importanti architetti e designer italiani. Model-maker who in the period after World War II realized models and prototypes for the most important architects and designers in Italy.

Marc Sadler
Designer, specializzato nella progettazione di oggetti altamente tecnologici e d'arredo. Designer specialized in highly technological objects and in furnishings.

Giuliano Simonelli
Professore di disegno industriale al Politecnico di Milano, coordinatore dell'Agenzia SDI Sistema Design Italia. Professor of industrial design at the Politecnico of Milan, coordinator of the Agenzia SDI Sistema Design Italia.

Ornella Selvafolta
Professore di storia dell'architettura al Politecnico di Milano. Professor of history of architecture at the Politecnico of Milan.

Referenze testi Textual references

Studio Azzurro
Gruppo di artisti multimediali noti a livello internazionale per le ricerche e la realizzazione di videoambienti, dedicati a mostre, musei e teatri. Internationally known group of multimedia artists for research and realization of video-spaces for exhibitions, museums, and theaters.

Studio Origoni e Steiner
Studio specializzato nella progettazione di allestimenti di mostre; tra le molte, tutte le esposizioni itineranti di Renzo Piano. Studio specialized in design of exhibitions, including the traveling exhibitions of Renzo Piano.

Fabio Terragni
Amministratore Delegato di Milano Metropoli, l'agenzia di sviluppo partecipata da Provincia di Milano e Camera di Commercio che si occupa di promozione del territorio e che ha organizzato la mostra "Milanomadeindesign". Ceo of Milano Metropoli, the development agency of the Province of Milan and the Chamber of Commerce, which handles promotion of the territory and which organized the exhibition "Milanomadeindesign".

Virgilio Vercelloni (1930-95)
Architetto, urbanista e landscape gardener, autore di numerose pubblicazioni storiche, in particolare su Milano. Architect, urban planner and landscape gardener, author of numerous publications dedicated to the history of architecture and urban planning, especially of Milan.

Orio Vergani (1898-1960)
Inviato del "Corriere della Sera" è stato autore di famosi articoli per la terza pagina del quotidiano. Correspondent for the "Corriere della Sera" is the author of many famous articles for the daily newspaper's cultural page.

Introduzioni
Aldo Bonomi, *Verso un'economia arcipelago. Il territorio di Milano fra dimensione locale e reti globali*, in AA.VV. *L'Ingegno e le Opere. Esperienze di produzione nel milanese*, Jaca Book, Milano 2005, pp. 35-36

La città infinita The infinite city
Emilio Pozzi (a cura di), *Galleria cuore e specchio di Milano*, Comune di Milano/Electa, Milano 1998, p. 11

La città metropolitana The metropolitan city
Eugenio Gentili Tedeschi, *Un acuto d'autore*, in Roberta Cardani (a cura di), *Milano, l'arte, la bellezza, la città, i tesori, i personaggi*, Celip, Milano 2001, p. 361

Vittorio Gregotti, *La nuova Bicocca. Il progetto lungimirante*, in "www.golemindispensabile.it", 2 marzo 2001

Renzo Piano a proposito del progetto per l'area Falck di Sesto S.G., intervista di Rita Querzé, in "Corriere della sera", 16 maggio 2005

Milano città d'arte Milan city of art
Pietro C. Marani, *Leonardo a Milano*, in Roberta Cardani (a cura di), *Milano, l'arte, la bellezza, la città, i tesori, i personaggi,* Celip, Milano 2001, pp. 126, 128

Claudio Abbado, *La Pala di Piero della Francesca*, in Roberta Cardani (a cura di), *Milano, l'arte, la bellezza, la città, i tesori, i personaggi*, Celip, Milano 2001, p. 394

Virgilio Vercelloni, *Atlante storico di Milano, città di Lombardia*, Officina d'arte grafica Lucini per Metropolitana Milanese, Milano 1987, p. 39

Musica e teatro per il mondo Music and theater for the world
Giovanna D'Amia, *Il Teatro alla Scala,* in Roberta Cardani (a cura di), *Milano, l'arte, la bellezza, la città, i tesori, i personaggi*, Celip, Milano 2001, p. 258

Luca Ronconi, *Teatro e città sulla scena moderna*, in Roberta Cardani (a cura di), *Milano, l'arte, la bellezza, la città, i tesori, i personaggi*, Celip, Milano 2001, pp. 468-469

La natura disegnata Nature designed
Leonardo Da Vinci, *Codice Atlantico*, in AA.VV., *Leonardo e le vie d'acqua*, Giunti Barbera Editore, Firenze 1983, cit. a pp. 36-38

Luigi Piccinato, *Guardare Milano*, in "Urbanistica", numero monografico dedicato al piano regolatore di Milano, 18-19, marzo 1956, p. 5

Lo spettacolo della velocità The spectacle of speed
Alberto Abruzzese, *Uomini e macchine*, in Omar Calabrese (a cura di), *Il modello italiano. Le forme della creatività*, Skira, Milano 1998, p. 83

Luigi Barzini Jr., in "Corriere della sera", 9 settembre 1958

Orio Vergani, in "Corriere della Sera", 4 settembre 1927

Il distretto dell'arredo Furniture district
Vanni Pasca, 1972-1990 *Dalla prima alla seconda modernità*, in Aldo Colonetti (a cura di), *Grafica e design a Milano 1933-2000*, Abitare Segesta, Milano 2001, p. 184

Aldo Bonomi, *La Novedratese, città infinita*, catalogo della mostra, Clac, Cantù 2005, sp

Stefano Boeri, *Le tre anime di Milano*, in "Domus", 859, maggio 2003, pp. 72–77

Il distretto del design, in Politecnico di Milano, corso di laurea in disegno industriale, *Sistema design Milano*, Abitare Segesta, Milano 1999, pp. 134-136

Bibliografia essenziale Brief bibliography

Un nuovo modo di lavorare A new way of working
Umberto Colombo, *Caratteri peculiari del modello produttivo industriale italiano*, in Omar Calabrese (a cura di), *Il modello italiano. Le forme della creatività*, Skira, Milano 1998, p. 6

Claudio Demattè, *I segreti del sistema italiano dell'offerta*, in Giampiero Bosoni (a cura di), *La cultura dell'abitare. Il design in Italia 1945-2001*, Skira, Milano 2002, p. 65

Aldo Bonomi, *La Novedratese, città infinita*, catalogo della mostra, Clac, Cantù 2005, sp

Le case del design Houses of design
Gillo Dorfles, *Introduzione*, in A. Rocca, *Atlante della Triennale*, Charta, Milano 1999, p. 8

Giovanni Sacchi, conferenza tenuta all'Università IUAV di Venezia, giugno 2003

Augusto Morello, *Design italiano e Compasso d'Oro ADI*, in Roberto Rizzi, Anna Steiner, Franco Origini (a cura di), *Design italiano Compasso d'Oro ADI*, catalogo della mostra, Adi-Clac, Cantù 1998, p. 19

La vetrina del sistema The showcase of the system
La formula del successo, in Politecnico di Milano, corso di laurea in disegno industriale, *Sistema design Milano*, Abitare Segesta, Milano 1999, p. 24

Massimiliano Fuksas a colloquio con Stefano Casciani, in Anna Giorni (a cura di), *Costruire la città degli scambi. Nuovo Polo Fiera di Milano*, Fondazione Ente Autonomo Fiera Internazionale di Milano-Editoriale Domus, Rozzano (Mi) 2005, p. 105

Ornella Selvafolta, *"Il privilegio dell'attualità": il Salone del Mobile*, in Laura Lazzaroni (a cura di), *Trentacinque anni di design al Salone del Mobile 1961-1996*, Cosmit, Milano 1999, p. 14

Gio Ponti, *Senza aggettivi*, in "Domus", 268, 1952, p. 23

La sfilata del design The défilé of design
Ampelio Bucci, *Il sistema italiano della moda: un nuovo modello industriale e dei consumi*, in idem (a cura di), *Moda a Milano. Stile e impresa nella città che cambia*, Abitare Se gesta-Associazione Interessi Metropolitani, Milano 2002, p. 20

Omar Calabrese, *Introduzione*, in idem (a cura di), *Il modello italiano. Le forme della creatività*, Skira, Milano 1998, p. 2

Intervista a Elio Fiorucci, in *Fiorucci Visual*, Istituto europeo di design, Barcelona 2004, pp. 11

AA.VV., *Made in Italy 1951-2001*, catalogo della mostra, Cosmit-Skira, Milano 2001

Alberto Bassi (a cura di), *ADI Design Index 2005*, Editrice Compositori, Bologna 2005

Paola Bertola, Daniela Sangiorgi, Giuliano Simonelli (a cura di), *Milano Distretto del Design un sistema di luoghi, attori e relazioni al servizio dell'innovazione*, Il Sole 24 ore, Milano 2002

Aldo Bonomi e Alberto Abruzzese (a cura di), *La città infinita*, catalogo della mostra, Paravia Bruno Mondadori, Milano 2004

Andrea Branzi (a cura di), *Il Design italiano tra il 1964 e il 1990*, catalogo della mostra, Electa, Milano 1996

Omar Calabrese (a cura di), *Il modello italiano. Le forme della creatività*, Skira, Milano 1998

Aldo Colonetti (a cura di), *Grafica e design a Milano 1933-2000*, Abitare Segesta-Aim led Milano, Milano 2001

Gillo Dorfles, *Introduzione al disegno industriale*, Einaudi, Torino 1972

Vittorio Gregotti, *Il disegno del prodotto industriale. Italia 1860-1980*, Electa, Milano 1986

iMade: l'innovazione materiale dell'industria italiana dell'arredamento, catalogo della mostra, Clac, Cantù 2000

Gabriella Lojacono, *Le imprese del sistema arredamento*, Etas, Milano 2001

La Novedratese, città infinita, catalogo della mostra, Clac, Cantù 2005

Anty Pansera (a cura di), *L'anima dell'industria*, Skira, Milano 1996

Politecnico di Milano, corso di laurea in disegno industriale, *Sistema design Milano*, Abitare Segesta, Milano 1999

Finito di stampare nel mese di Aprile 2006 da EBS Verona